U0794639

中国石化“十四五”重点图书出版规划项目

中国石化销售企业
综合加能站运营手册

中国石化销售股份有限公司　著

中国石化出版社
HTTP://WWW.SINOPEC-PRESS.COM

内 容 提 要

本书从企业文化、员工管理、形象管理、服务管理、数质量管理、设备管理、HSE管理、经营管理、支付管理和系统管理等方面介绍中国石化综合加能站管理和零售业务，并在吸收借鉴国内外综合加能站经营管理先进理念和经验的基础上，对原“加油八步法”进行升级，增加加氢、充换电等新能源业务内容，文字通俗易懂，操作易用易行。

本书既是中国石化综合加能站的运营标准、一线操作员的作业手册，也是相关管理人员的业务准则和评价标准，适合全国加油站、加气站、加氢站等综合加能站参考使用。

图书在版编目（CIP）数据

中国石化销售企业综合加能站运营手册 / 中国石化销售股份有限公司著. — 北京：中国石化出版社，2022.1（2023.3 重印）

ISBN 978-7-5114-6561-0

Ⅰ. ①中… Ⅱ. ①谢… ②黄… ③王… Ⅲ. ①加油站－运营管理－中国－手册 Ⅳ. ①F426.22-62

中国版本图书馆 CIP 数据核字（2022）第 019130 号

未经本社书面授权，本书任何部分不得被复制、抄袭，或者以任何形式或任何方式传播。版权所有，侵权必究。

中国石化出版社出版发行

地址：北京市东城区安定门外大街 58 号

邮编：100011 电话：（010）57512500

发行部电话：（010）57512575

http://www.sinopec-press.com

E-mail：press@sinopec.com

北京科信印刷有限公司印刷

全国各地新华书店经销

*

787×1092 毫米 16 开本 21 印张 403 千字

2022 年 5 月第 1 版 2023 年 3 月第 3 次印刷

定价：105.00 元

撰写委员会

主　任： 陈成敏　李玉杏

副主任： 宋云昌　叶慧青　刘迎新　冯　云　张　刚　王　欣

撰稿人： 谢慧生　黄志阳　王永杰

编　委： 阳仕舟　陈　华　崔宪海　马　蕾　宋玉江

陈　莉　梁　爽　范亚敏　高天铭　陈建华

刘　鹏　时金强　田　曦　朱　琳　王　奔

胡　炜　周海建　郑远志　陈华峰　徐　红

崔高峻　柏旭东　曾　芳　项　思　刘　丽

图　片： 程　阳　刘　健　王　晹

序言

P R E F A C E

2021 年 10 月 21 日，习近平总书记视察胜利油田时强调，石油能源建设对我们国家意义重大，中国作为制造业大国，要发展实体经济，能源的饭碗必须端在自己手里。中国作为世界最大的能源生产国和消费国，必须加快提升能源全产业链管理水平，促进多种能源协同互进，能源供需双向互动和新模式、新业态发展，提升能源系统整体效率。

中国石化在保障国家能源安全、保障国家经济社会发展方面肩负重要责任和使命。为此，中国石化积极拥抱能源革命，围绕打造世界领先洁净能源化工公司的愿景目标，推动形成“一基两翼三新”的产业格局，加快推进能源转型。“十四五”期间为更好地适应成品油零售市场新业态，打造“油气氢电服”综合能源服务商，中国石化销售股份有限公司组织撰写了《中国石化销售企业综合加能站运营手册》（以下简称《运营手册》）。

《运营手册》坚持以“客户为中心”，高质量打造形象靓丽、服务便捷、现场高效、管理规范、质优量足、安全环保的中国石化综合加能站，努力提升零售市场核心竞争力。同时，在吸收借鉴国内外综合加能站经营管理先进理念和经验的基础上，以 2019 年版《加油站管理规范》为蓝本，新增了加油服务“六步法”、室内收银“五步法”、着装规范、服务评价、司机之家、爱心驿站、加气、加氢、充换电、电子钱包、开票、油气回收、设备故障解决、信息系统操作、经营营销等知识，内容更加全面。

全书图文并茂，通俗易懂，操作易用易行，最大程度精简管理环节，指导员工提高作业效率，是中国石化综合加能站的运营标准，是综合加能站管理者的业务准则，是一线操作员的作业手册，也是综合加能站经营管理水平的评价标准。

各销售企业应当时刻牢记“践行以客户为中心，持续提升客户消费体验”“突出以奋斗为本，发现并激励基层奋斗者”“规范治理管理行为，控制零售环节各类风险”“统筹零售量价资源，为销售企业最大效益做最大贡献”的零售四大初心使命，秉承“严、细、实”的工作作风，积极探索“加能站 + 便利店 + 综合服务”的新模式，学好、用好《运营手册》，持续提升综合加能站的规范化、标准化运营水平，为保障国家能源安全、打造世界领先洁净能源化工公司贡献力量。

中国石化销售股份有限公司董事长、党委书记

目录

CONTENTS

第 5 章　数质量管理

第 6 章　设备管理

第 7 章　HSE 管理

第 8 章　经营管理

第 9 章　支付管理

第 10 章　系统操作

附　件

第 1 章

企业文化

中国石化
SINOPEC
易捷
SINOPEC XPOWER
长城润滑油
能源至净
生活至美
中国石化 SINOPEC
EASY JOY 便利店

企业愿景

打造世界领先洁净能源化工公司

企业使命

为美好生活加油

企业核心价值观

人本、责任、诚信、精细、创新、共赢

企业作风

严、细、实

品牌理念

能源至净、生活至美

发展目标

打造“油气氢电服”综合能源服务商

服务宗旨

打造“人 · 车 · 生活”生态圈，畅享生活每一站

服务承诺

计量准确、质量合格、环境整洁、安全快捷

责任口号

每一滴油都是承诺

HSE 愿景目标

零伤害、零污染、零事故

HSE 方针

以人为本、安全第一、预防为主、综合治理

第 2 章

员工管理

中国石化 SINOPEC
SINOPEC
中国石化 SINOPEC
便利店
易捷
SINOPEC XPOWER
98
95
92
柴油

2.1 岗位设置及职责

2.1.1 岗位设置

根据实际情况，可设置站经理、领班（主管）、营业员（含便利店员、发卡员）等岗位。根据岗位职责、排班方式、营业时间、自助服务等情况，因站制宜，一人多岗，一岗多能。

2.1.2 岗位职责

2.1.2.1 站经理

（1）站经理是加能站的第一责任人，负责领导全站营业员开展各项经营管理和客户服务工作。

（2）分解落实各项经营指标，组织好经营商品（包括油品、天然气、氢气、非油品）的进销调存工作；建立健全客户档案，动态维护好客户资源；积极开展市场调研分析，提出经营建议与措施。

（3）严格执行资金票证管理制度，规范经营行为；加强加油卡和电子钱包等支付方式管理，开展异常交易排查和经营纪律宣贯。

（4）严控数质量管理关键环节，规范作业行为，严把质量关，合理控制损耗，妥善处理数质量纠纷。

（5）落实 HSE 管理体系要求，开展安全环保教育、应急预案演练，风险隐患排查，实现安全运营。

（6）管好站内设备设施，组织做好维护、保养、检维修，使之处于良好运行状态。

（7）熟悉各项经营管理环节和操作规程，合理调配人力，指导、检查、督促各岗位员工的工作，定时或不定时进行全面巡检，做好现场管理工作。

（8）负责站内员工思想教育，带领全体员工遵章守纪，公开、公正、公平实施考核分配，正面激励、引导员工向上发展；坚持站务公开，做好“家”文化建设，创建温馨和谐家园。

（9）参与加能、加油卡业务、非油品销售等工作。

（10）在公司授权范围内，处理站内外日常事务，遇有重大事项及时上报并协同处置。

（11）做好公司和上级交办的其他工作。

2.1.2.2 领班（主管）

（1）组织本班员工开展经营、管理和服务工作。

（2）做好交接班工作。组织班前会，部署当班工作任务和服务要求。

（3）组织好对主要设备的巡查和保养工作。

（4）负责当班账表册审核、营业款清点及缴存。

（5）参与加能服务、非油品销售和当班油品接卸等工作。

（6）落实安全环保制度，协助站经理对本班员工进行安全环保教育，开展应急预案演练，及时、妥善处理突发事件。

（7）专职便利店员、发卡员不在时，负责本班次的非油品进销存和发卡充值等工作。

（8）协助站经理做好加能站其他工作。

2.1.2.3 营业员

（1）主动、热情、规范地为客户提供加能、非油品销售等服务。

（2）掌握所经营商品基础知识、营销政策及信息系统操作；了解设备基本原理和操作技能。专兼职从事加油卡、非油品等业务的，要熟悉相关业务流程和操作规范。

（3）熟悉作业现场安全操作规范，负责工作场所安全监督管理，发现不安全因素和行为及时阻止和汇报，能熟练使用消防器材并会扑救初期火灾。

（4）做好交接班工作，所收现金、支票、票证等如数交清，手续完备、登记准确及时。

（5）做好工作环境及设备设施的卫生管理。

（6）完成站经理交办的其他事项。

2.1.3 培训管理

2.1.3.1 新员工岗前培训

学习各项规章制度、行为规范、岗位操作规程等内容，经考核合格后上岗。

2.1.3.2 在岗员工培训

通过班前会、站务会、师带徒等方式，学习规章制度、业务知识、上级通知、案例分析、操作技能等，持续提升员工的综合能力。

2.2 薪酬考核

2.2.1 考勤管理

（1）加能站设专人考勤，员工请假或缺勤，要在考勤表中准确记录。考勤表须在月底经员工签字确认。

（2）员工请假、离职等申请，需遵守公司相关管理要求。

2.2.2 薪酬

2.2.2.1 联量薪酬

根据员工实际销售业绩计算联量薪酬，多劳多得。

2.2.2.2 补贴

包括岗位补贴、技能补贴、休假补贴、高温补贴等。

2.2.2.3 加班费

根据国家有关规定计算加班费。

2.2.2.4 最低工资

指劳动者在法定工作时间内或依法签订的劳动合同约定的工作时间内提供了正常劳动的前提下，用人单位依法应当支付的最低劳动报酬。

2.2.3 劳动纪律

（1）严格遵守《员工守则》《中国石化销售股份有限公司加油（气）站现场管理禁令》（详见附件1）等相关管理制度。按时上下班，不迟到、不早退、不旷工。

（2）上班时间不串岗、不脱岗、不睡岗，未经允许不离岗，上岗期间不做与工作无关的事务。

2.2.4 员工关怀

（1）以人为本，以“我靠企业成长，企业靠我发展”为核心理念，引导员工讲诚信、守规矩、重友爱、有作为、敢担当，努力实现员工、客户、企业满意。

（2）持续完善“五小”建设，给予员工适当的伙食补贴。

2.2.5 员工热线

热线电话：010-59969114；

电子邮箱：lsygrx@sinopec.com；

邮信地址：北京市朝阳区朝阳门北大街 22 号，中国石化销售股份有限公司零售管理部，邮编 100728。

2.3 社保福利

2.3.1 社会保险

公司为员工建立缴纳社会保险，其中涉及员工个人应缴部分由公司负责代扣，并将公司缴纳及个人缴纳部分一并上缴属地社会保险机构。

2.3.2 公积金

公司为员工建立缴纳公积金，缴纳标准按照国家、公司有关规定执行。

2.3.3 身体健康检查

公司为员工定期组织身体健康检查或职业健康检查，并承担费用。

2.3.4 伙食补贴

员工每月享有固定金额的伙食补贴，由各站统筹用于小食堂伙食餐饮。

小食堂

小宿舍

小浴室

小活动室

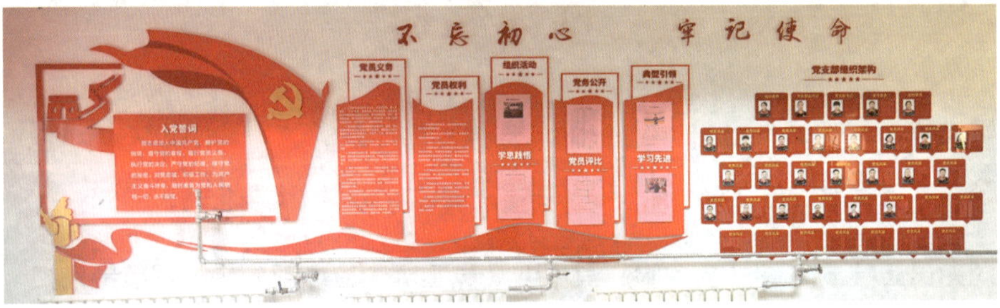

小宣传栏

图 2.1 “五小”：小食堂、小宿舍、小浴室、小活动室、小宣传栏

第 3 章

形象管理

3.1 形象管理概述

（1）各区域卫生环境做到整齐干净、简洁明亮，设备设施完好，工具摆放有序，不堆放杂物，室内通风无异味。

（2）由加能站自行维护的项目，须做好相应个体防护；由专业人员维护的项目，须按要求办理相关手续，加能站不得自行维护。

（3）配备基本的保洁工具。各区域的视觉效果和清洁保养具体要求详见附件2《加能站清洁保养操作手册》。

图3.1　加能站整体形象

3.2 环境形象

3.2.1 加注区

3.2.1.1 加注机

（1）加注机主要包括加油机、CNG 加气机、LNG 加液机、加氢机、车用尾气处理液加液机。

（2）外观整洁，无污渍、无锈迹、无胶痕、无褪色、无破损、无渗漏；加油枪套颜色符合要求；加注机顶部不放置杂物。

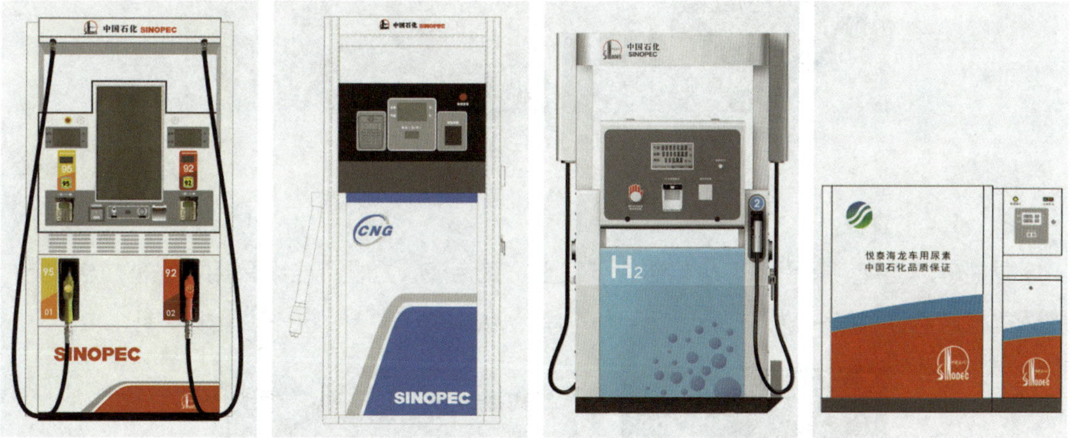

图 3.2 加油机、CNG 加气机、加氢机、车用尾气处理液加液机

3.2.1.2 服务箱、防撞柱

服务箱应放置在泵岛平面上，带广告的服务箱需放置于主入口与立柱或加注设备紧邻处，广告面朝主入口方向。服务箱上不得放置任何杂物。服务箱和防撞柱保持清洁，无积尘、无污渍、无脱色、无变形，变形不可修复的应及时换新。

图 3.3　防撞柱、服务箱无脱色、无变形

3.2.1.3　加注场地

泵岛及加注场地干净整洁，无破损、无污渍。泵岛不锈钢围边无锈蚀、无变形，除灭火器外不可堆放杂物或私人物品。加注场地规范划定车位线，有褪色、脱落应及时翻新，不拉横幅、不张贴宣传标语。

图 3.4　泵岛、加注场地干净整洁

3.2.1.4　立柱

立柱、广告牌、指引牌干净整洁，无积尘、无污渍。立柱广告须采用标准框广告设计，整体立柱广告位高度一致，广告海报平整干净、无破损，宣传内容一致且未过期。

图 3.5　立柱整洁，广告入框

3.2.1.5 罩棚檐口

檐口 Logo 清晰无脱落，颜色鲜亮，无破损、干裂等，无明显污渍或雨痕。檐口灯和罩棚灯全部正常使用，按要求启闭，灯光通透明亮。檐口处不得悬挂横幅或宣传物料，发现故障及时报修。

图 3.6 罩棚檐口清晰无脱落，颜色鲜亮

3.2.2 储罐区

干净整洁，地面无油污、垃圾和杂草。所有警示牌、作业指引、安全指引、品类和罐号标识规范醒目。储罐区无积水、无油污、无锈蚀，密封良好，不栽种油性植物。

图 3.7 储罐区干净整洁，无油污、垃圾和杂草

3.2.3 便利店

（1）店内整体干净整洁，无污渍、无蛛网。玻璃门墙明亮、无印记。门楣、照明灯、易捷 Logo、电子显示屏、广告牌等正常使用。

图 3.8　整体干净整洁，门墙明亮、无印记

（2）货架和商品按要求陈列。灯箱、海报、促销标识、价格标签等内容清晰准确，按要求摆放。商品陈列丰富饱满，整齐有序，安全平稳。

图 3.9　货架商品价格标签清晰准确，商品陈列饱满

（3）收银台面油漆完好，台上不摆放销售报表、资金账表、账号密码等资料；必要物品按规定摆放，张贴物料按公司要求执行。

图 3.10　收银台面油漆完好，必要物品按要求摆放

（4）店内设备设施正常使用，定位摆放。

图 3.11　店内设备设施正常使用，定位摆放

（5）便利店第三方业态区域布置规范有序，员工着装整洁、态度亲切。

图 3.12　第三方业态布置规范有序

3.2.4　厕所

整体干净清洁，无异味、无污渍、无积水、无蛛网、无蚊虫、无小广告。厕所门锁、照明、冲水、洗手等设备正常使用，便池无堵塞。在洗手台墙面正上方、厕所外门约 1.5m 高度的位置，每个蹲位的档门内或内壁一侧约 1m 高的位置，规范张贴评价二维码。

图 3.13　厕所干净清洁，无异味、无污渍

3.2.5 司机之家

室内整体干净整洁，通风良好，各类家具、电器正常使用，定期消毒。餐厅无油渍、无垃圾，桌椅摆放整齐。淋浴间无积水、无堵塞，设施齐全，无损坏。

图 3.14 司机之家设施齐全、正常使用，桌椅摆放整齐

3.2.6 爱心驿站

室外应在显著位置标示服务内容、开放时间、责任人及联系电话、行业组织或地方工会联系方式等信息；室内整体干净整洁，通风良好，服务设施正常使用、功能齐全、卫生清洁，定期消毒。

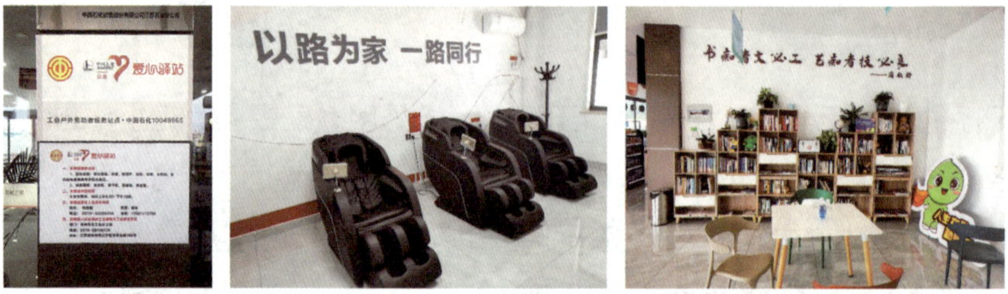

图 3.15 爱心驿站

3.2.7 办公室

室内整体干净整洁，地面、墙面清洁无污渍、无杂物和私人物品。办公设施设备定位摆放，证照有序悬挂，设置专用储物柜，办公文件和用品分类摆放，员工私人物品统一归置。

图 3.16　办公设施设备定位摆放，证照有序悬挂

3.2.8　非油品仓库

室内干燥，通风良好，无日晒、无积水，墙皮和天花板无脱落，不得存放与便利店商品无关的物品和工具。仓库内商品按要求分类，有序摆放（先进先出），标签清晰，堆头码放高度不超过 1.4m。

图 3.17　仓库内商品按要求分类，有序摆放，标签清晰

3.2.9　生活区

员工宿舍、休息室、活动室、厨房、餐厅、浴室等生活区域整体干净整洁，员工个人物品归置有序。厨房、餐厅无油渍、无垃圾，餐厨设备、用餐桌椅摆放整齐，不堆放其他杂物。

图 3.18　生活区域整体干净整洁，员工个人物品归置有序

3.2.10 其他区域

3.2.10.1 绿化带

站内绿植高度适中，无杂草、枯枝、垃圾。不宜种植有果实的树木，罐区不得栽种油性植物。

图 3.19 站内绿植高度适中，无杂草、枯枝、垃圾

3.2.10.2 围墙

墙面平整、干净，墙皮无脱落、无破损、无蛛网、无污渍，整体无倾斜。墙面颜色与站房色彩协调。墙体广告平整干净，无破损、无褪色、无污渍，广告在有效期内。围墙表面有损坏脱落须及时维修。围墙不悬挂横幅。

图 3.20 围墙墙面平整、干净，墙皮无脱落

3.2.10.3 品牌柱

柱体整洁干净，无污渍、无裂痕、无蛛网，油品标识与价格清晰准确，周边区域无垃圾。夜间色彩鲜亮，所有灯具正常使用且灯光均匀，内容无缺失，按要求启闭。

图 3.21 品牌柱整洁干净，夜间色彩鲜亮

3.3 营业员形象

3.3.1 着装规范

（1）员工上岗时，应穿着统一规定式样的合身工装，经站经理或领班检查合格后上岗。季节性换装时，以地市公司为单位，选择统一的换装时间。

（2）穿着要求如下：

①夏装。上衣纽扣系至上数第二个，不挽袖口，上衣下摆束进裤子里；不挽裤腿，扎与裤子颜色相同或相近的深色腰带。

（a）员工　　（b）站经理

图 3.22　夏季工装（非着装示例，下同）

②春秋装。内衣领不高于外衣领，内衣下摆不外露；上衣拉链高度由员工个人根据体感自行决定，但不得低于正面反光条的位置，不挽袖口及裤腿。

（a）员工　　（b）站经理

图 3.23　春秋工装

③冬装。内衣领不高于外衣领，内衣下摆不外露；内胆可拆卸，但不能单独外穿，拉链到顶；外套拉链具体高度由员工个人根据体感自行决定，但不得低于正面反光条的位置。魔术贴要规范粘贴，不挽袖口及裤腿。

（a）员工　　（b）站经理

图 3.24　冬季工装

④鞋帽。穿统一式样的防静电工作鞋；帽子扣戴端正，工帽以站为单位，根据日晒情况，统一确定佩戴时间。

图 3.25　夏帽

图 3.26　秋帽

⑤腰包。视工装而佩戴，原则上着夏装时佩戴，除急救药品外，不放置其他私人物品。腰包佩戴于腰部正前方，不得斜戴。

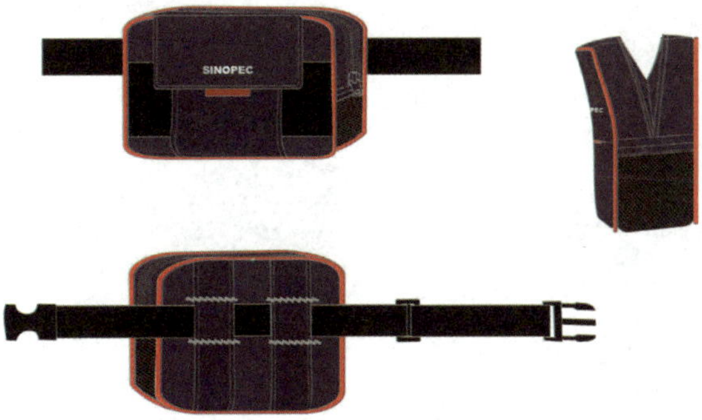

图 3.27　腰包

⑥臂章。魔术帖臂章由省公司统一制作，尺寸与上臂两侧的魔术贴底相符。魔术贴内容原则上以“安全员”岗位、营销宣传及广告类为主。除“安全员”外，不得设置和佩戴其他岗位臂章。

（3）工牌与绶带。

①工牌。工牌分普通工牌和星级工牌，普通工牌适用于所有员工，星级工牌仅适用于获得“服务之星”和“卓越之星”荣誉称号的员工，佩戴时限为取得称号起的一年时间，到期后换为普通工牌（持续获得荣誉称号的除外）。员工上岗须佩戴销售企业统一式样的工牌，佩戴位置为新款工装工牌卡位处。

图 3.28　普通工牌

图 3.29　星级工牌

②绶带。新工装不建议佩戴任何样式的绶带。

3.3.2　仪表要求

（1）员工不剪染怪发，不戴墨镜，过肩长发应束起，不得佩戴过多或过于夸张的饰物。男员工短发不蓄胡须，鼻毛不外露，女员工不化浓妆，保持指甲清洁。

（2）员工上岗精神饱满，站姿挺拔，不倚靠加注设备、墙柱等，不坐在台阶、泵岛、防撞柱、消防箱等上面。

第 4 章

服务管理

4.1
服务流程

4.1.1 加油服务六步法

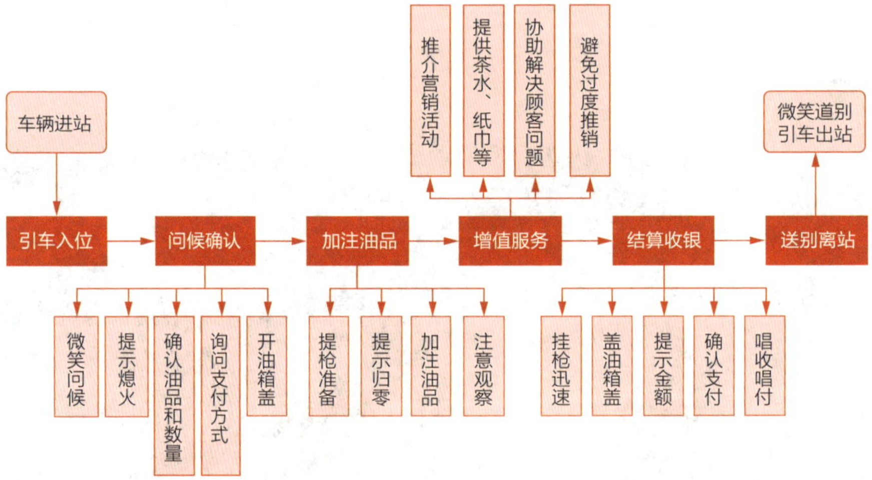

图 4.1 加油服务六步法

4.1.1.1 引车入位

引导车辆准确驶入加油位，示意停车。

4.1.1.2 问候确认

微笑问候，提示熄火，确认油品和数量，询问支付方式，开油箱盖。

4.1.1.3 加注油品

提枪并示意泵码归零，加注油品，注意观察，防止异常。

4.1.1.4 增值服务

在工况允许的条件下，征得客户同意，可提供增值服务，并同步推荐当期营销活动或特色商品。

4.1.1.5 结算收银

挂好油枪，盖油箱盖，提示金额，确认支付完成，唱收唱付。

4.1.1.6 送别离站

微笑道别，引导车辆出站。

加油服务流程详见附件 3《加油站服务流程指导书（试行版）》。

4.1.2 加气服务

4.1.2.1 引车问候

车辆在进站时，营业员应主动引导车辆选择合适加气位置，礼貌招呼并进行相关 HSE 提示（注意车辆限制信息）。

4.1.2.2 安全检查

检查车辆电子标签是否扫描通过（无电子标签，则核对气瓶使用登记证是否在有效期内，登记证信息与车辆气瓶信息是否一致），检查气瓶、管路及其附件是否完好、无泄漏，并确定气瓶压力表是否有余压。

4.1.2.3 加注天然气

（1）充装 CNG。打开车辆防尘盖，将加气枪头插入加气接口，可靠连接。打开枪阀和车辆充气阀，按客户要求加注。加气结束后，关闭车辆充气阀和枪阀手柄，将加气枪回位，盖上车辆防尘塞。

（2）充装 LNG。完成预冷，打开车辆气瓶防尘盖，取下加液枪，吹扫干净加液枪接头和车辆加液接口并连接，按客户要求开始充液。加液结束后，将加液枪归位，盖上车辆防尘盖。

4.1.2.4 增值服务

在工况允许的条件下，征得客户同意，可提供增值服务，并同步推荐当期营销活动或特色商品。

4.1.2.5 结算收银

提示金额，确认支付完成，唱收唱付。

4.1.2.6 送别离站

微笑道别，引导车辆出站。

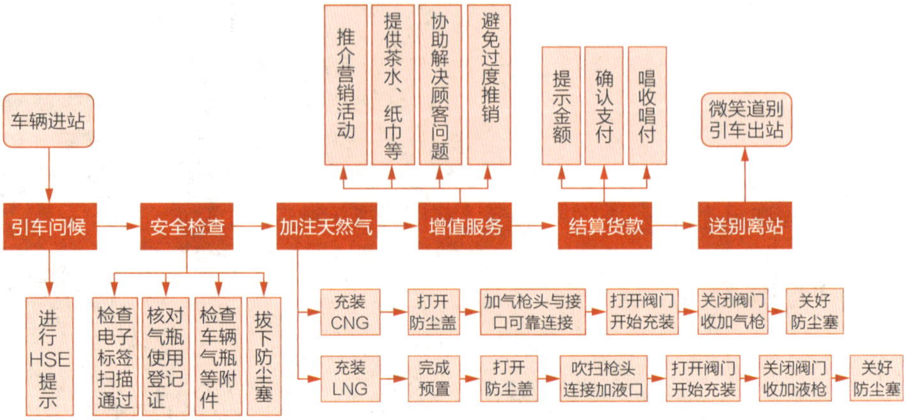

图 4.2　加气服务

4.1.3　加氢服务

4.1.3.1　引车问候

车辆在进站时，员工主动引导车辆选择合适位置便于进行加氢操作，礼貌招呼并进行相关 HSE 提示。

4.1.3.2　安全准备

放置轮挡，连接静电接地线，检查车辆气瓶及相关附件，拔下防尘塞，检查加注口，核实车辆是否满足充装条件。

4.1.3.3　充装氢气

车辆静电接地，打开防尘帽；插入并打开加氢枪，按客户要求加注。

4.1.3.4　增值服务

在工况允许时，征得客户同意，提供增值服务，同步推荐当期营销活动或特色商品。

4.1.3.5　结算货款

充装完成后，将加氢枪归位，盖上防尘帽，取下静电接地线，移除轮挡，检查车辆气瓶及相关部件，签字确认。提示金额，确认支付完成，唱收唱付。

4.1.3.6　送别离站

微笑道别，引导车辆出站。

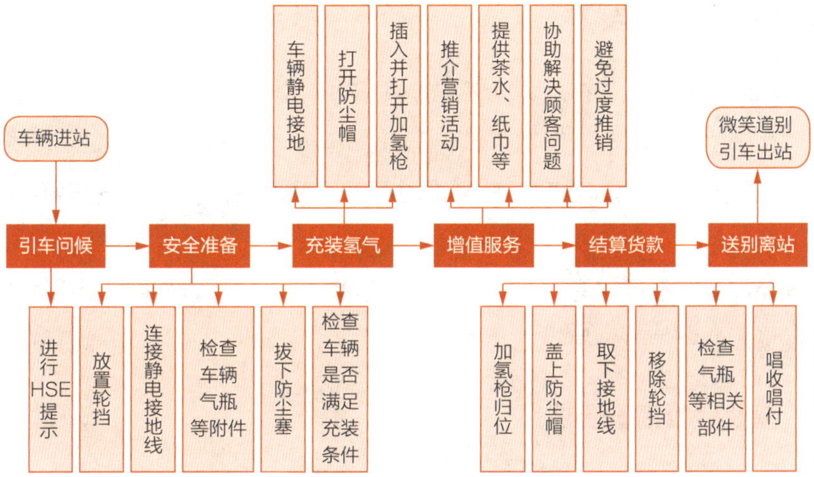

图 4.3　加氢服务

4.1.4　充换电服务

4.1.4.1　自助充电服务

（1）引车入位。引导车辆准确驶入充电区域。

（2）自助充电。提醒客户按照充电指南操作，切断电动汽车动力电源和辅助电源，拉紧手刹，关好车门，连接充电枪，扫码二维码，点击启动充电。

（3）巡视帮助。员工定期巡视充电现场，客户需要帮助或发生异常情况，要及时处理。

（4）充电结束。客户确认充电完成后，自行将充电设备归位，并完成支付，离站。

4.1.4.2　换电服务

（1）引车入位。引导车辆准确驶入换电区域，示意停车。

（2）问候提醒。微笑问候，提示切断电动汽车动力电源和辅助电源，拉紧手刹，司乘人员下车，关好车门。

（3）更换电池。检查车辆正确停放、车辆电源关闭、人员离车等安全状况后，准备开始换电。

（4）结算收银。换电完成后，工作人员确认电池箱更换到位，告知客户换电成功，完成支付。

（5）送别离站。微笑道别，引导车辆出站。

4.1.5 自助加油服务

（1）自助加油站应有员工在现场为客户提供指导，引导车辆，维护现场秩序。

（2）提醒客户禁烟、禁火、禁用手机、消除静电、车辆熄火加油等安全事项。

（3）密切观察现场情况，当客户有需求时，员工及时回应，解答客户疑问，积极协助解决难题。

（4）工况允许时，征得客户同意，提供增值服务，同步推荐当期营销活动或特色商品。

（5）当现场作业繁忙时，员工主动提供加油服务，提高加油效率和现场通过率。

4.1.6 营业室收银五步法

（1）进店问候。主动问候，微笑服务。

（2）油品结算。询问油品、金额等情况，唱收唱付，向客户提供支付凭证。

（3）非油品结算。推荐促销活动，扫码销售，询问支付方式，确认支付完成，唱收唱付，双手递交商品和小票。

（4）开具发票。根据客户需求，协助开具发票。

（5）致谢道别。微笑致谢，礼貌送客。

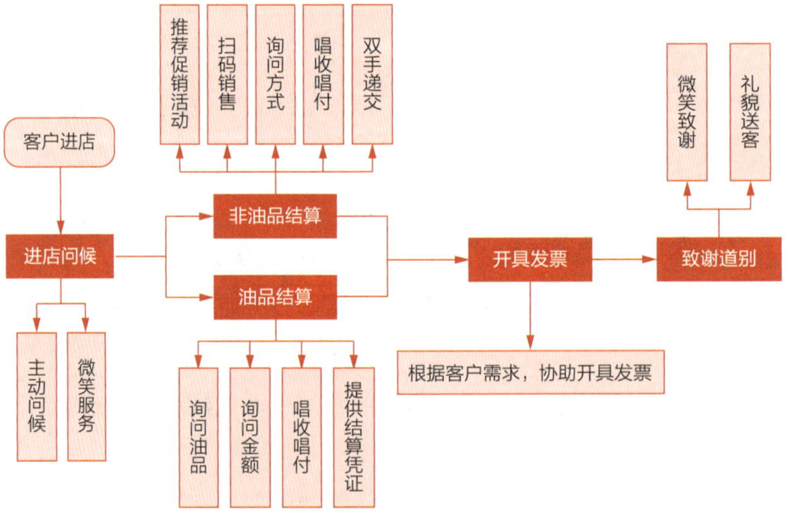

图 4.4　室内收银五步法

室内收银服务详见附件 3《加油站服务流程指导书（试行版）》。

4.1.7 便民服务

4.1.7.1 便民服务项目

（1）提供开水、应急药品、针线包、简易维修工具、充电器等便民服务。

（2）根据当地实际和客户需求，开展特色服务。具备条件的站可增设“司机之家”“爱心驿站”等服务。

4.1.7.2 司机之家

“司机之家”是为货车司机提供舒适便捷、经济实惠的休息场所，让货车司机在行驶途中“喝口热水、吃口热饭、洗个热水澡、睡个安稳觉”。

（1）司机之家提供“2+7+X”项服务。其中，“2”代表加能、便利店购物等 2 项基本服务；“7”代表停车、加水、餐饮、淋浴、洗衣、干衣、休息等 7 项核心服务；“X”代表汽车维修、道路救援、盗油包赔、宣传教育、信息服务、政务服务、法律援助、手机充电等辅助服务，可结合加能站实际合理设置。

图 4.5 司机之家“2+7+X”

（2）司机之家主要分旗舰站、标准站和普通站。在提供两项基本服务的基础上，旗舰站还需要提供 7 项核心服务，标准站还需要提供 5 项以上核心服务，普通站还需要提供 3 项以上核心服务。另外，可结合司机之家的实际情况，合理设置辅助服务项目。

图 4.6 “司机之家”便民服务

4.1.7.3 爱心驿站

“爱心驿站”是向户外劳动者免费提供改善生产生活条件的公益场所，服务对象包括但不限于环卫工人、出租车与网约车司机、快递员、外卖员、巡路工、巡线工、园林绿化工人、交通警察等。

（1）爱心驿站按照“7+X”标准配备设施。其中，“7”代表饮水设备、冰箱（冰柜）、微波炉、桌椅（沙发）、电风扇（空调）、小药箱、多功能电源插座与手机充电口等 7 项基础设施，“X”代表爱心驿站根据需要适当拓展的其他设施。

图 4.7　爱心驿站“7+X”

（2）除提供解决户外劳动者“吃饭难、喝水难、休息难、如厕难”等现实问题的相关服务功能，爱心驿站还可根据户外劳动者需要，自行拓展政策宣传、法律援助、代收外卖等服务功能。

图 4.8　“爱心驿站”便民服务

4.2 服务评价

4.2.1 评价系统介绍

（1）客户满意度即时评价。线上平台会员消费后，可通过易捷加油、加油卡网厅、微信公众号等途径，登录评价界面进行评价；非会员客户，可通过微信 / 支付宝“扫一扫”功能，扫描评价二维码进行评价。

线上评价入口　　线上评价详情　　微信评价二维码　　支付宝评价二维码　　扫码评价详情

图 4.9　客户满意度即时评价

（2）厕所环境卫生扫码评价。客户通过微信“扫一扫”功能，扫描“加油站厕所环境卫生扫码评价”二维码，参与评价。

厕所评价二维码　　厕所评价详情

图 4.10　厕所环境卫生扫码评价

4.2.2 评价结果查询

登录云中心 - 评价中心模块，可查看省、市、县区、站等各层级的服务评价结果。

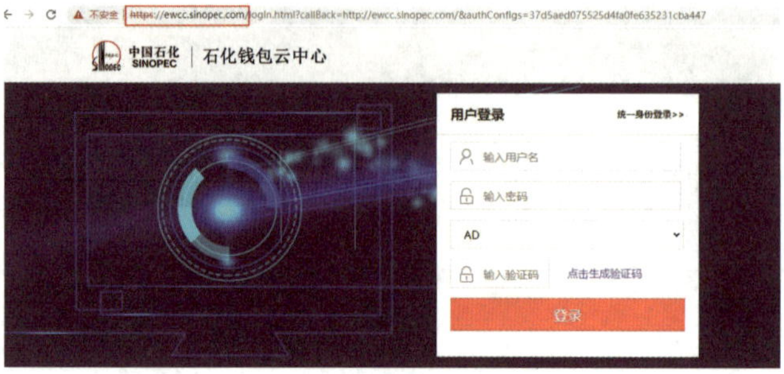

图 4.11 云中心登录界面

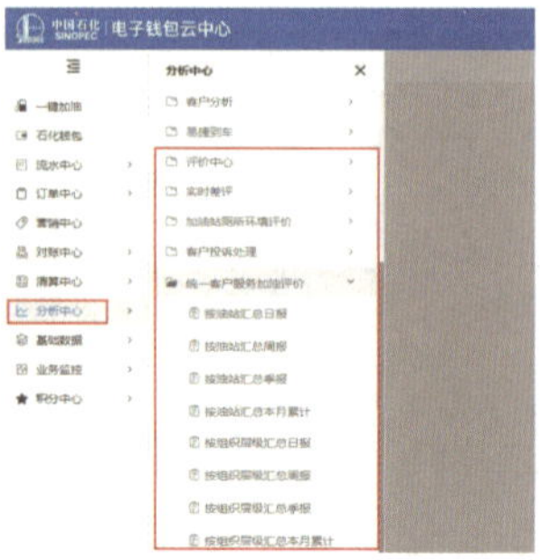

图 4.12 云中心报表查询界面

4.2.3 差评推送

客户满意度及厕所环境卫生的差评（二星及以下评价），将通过站长俱乐部以微信消息的方式，推送到站长的手机端，消息订阅及查看方式详见第 10 章“加油站长俱乐部”。此外，站长也可登录云中心在“实时差评”中查询。

4.3 投诉处理

4.3.1 现场投诉处置

（1）客户提出异议，员工要迅速反应，态度真诚。

（2）员工主动将客户带离现场，耐心听取客户倾诉，并做好记录。

（3）员工在向客户解释时，应换位思考，与客户共情，向其提出解决问题的建议。

（4）在事情没弄清前，不要轻易下结论，或将责任归咎于公司。

（5）不要向客户擅自做出承诺，避免被动。

（6）不要激化矛盾，将事态扩大。

（7）现场无法处理的问题，立即逐级上报解决。

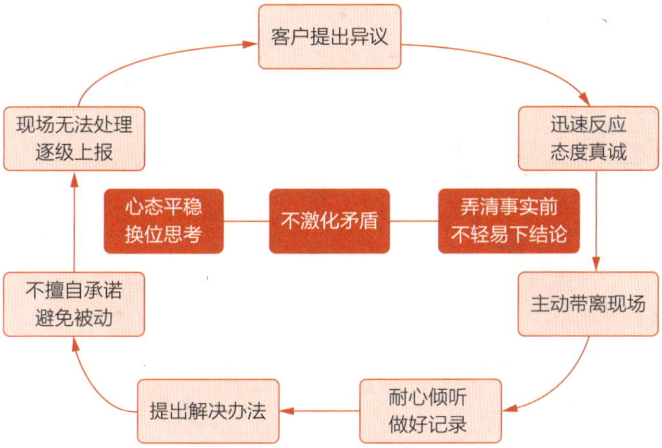

图 4.13 现场投诉处置

4.3.2 现场恶意投诉处置

面对恶意投诉，首先要积极了解实际情况，核实我方是否存在问题。若确认恶意投诉，可搜集证据，以恰当的语言、和善的态度安抚客户情绪，巧妙应对。若积极尝试后，客户变本加厉，仍要保持理性，避免发生冲突。若现场发生冲突，或对企业造成不良影响，立即报上级公司处理。若客户存在违法犯罪行为，则报警处理。

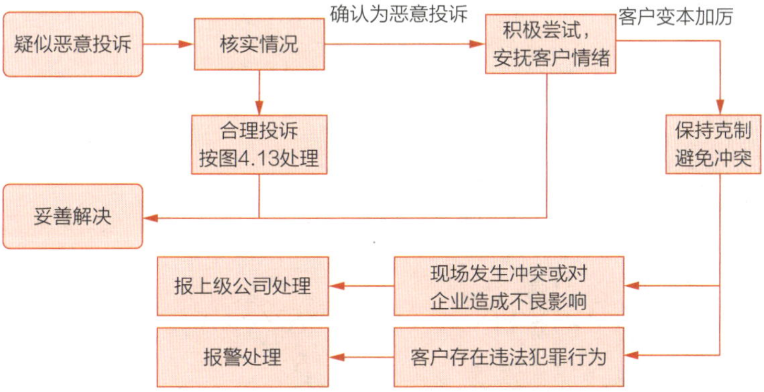

图 4.14 现场恶意投诉处置

4.3.3 差评处置

（1）及时调取视频监控或与当班营业员沟通，核实情况。

（2）主动联系客户，礼貌询问客户需求，了解客户真实想法。

（3）对于服务不到位的地方，向客户致歉，邀请客户下次到站监督整改情况。

（4）对于因误会产生的差评也应积极应对，留言回复、沟通交流、消除误解。

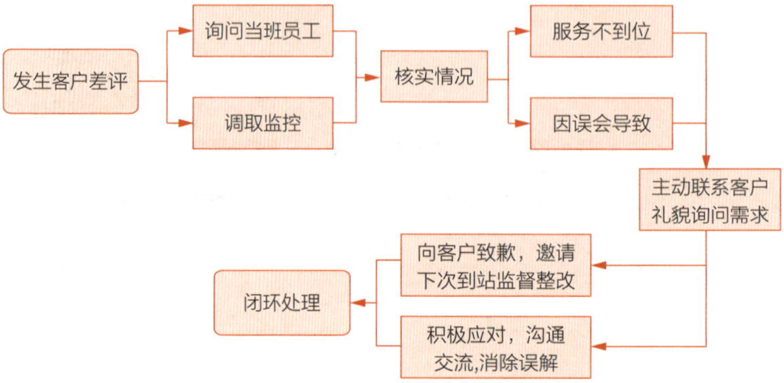

图 4.15　差评处置

第5章

数质量管理

5.1 加油站数质量管理

5.1.1 油品属性

5.1.1.1 车用汽油（Ⅵ）

1）主要性能参数检测标准

车用汽油（Ⅵ）主要性能参数见表 5.1。

表 5.1 车用汽油（Ⅵ）主要性能参数检测标准

项目		质量指标		
		92 号	95 号	98 号
研究法辛烷值（*RON*）	不小于	92	95	98
抗爆指数（*RON*+*MON*）/2	不小于	87	90	93
铅含量 /（g/L）	不大于	0.005		
硫含量 /（mg/kg）	不大于	10		
密度（20℃）/（kg/m^3）		720~775		

2）油品选用

（1）发动机压缩比。压缩比是发动机汽缸的总容积与燃烧室容积的比值。它表示汽缸内气体被压缩的程度，压缩比越大，则压缩终了时汽缸内气体的压力和温度就越高。目前，汽油发动机的压缩比一般不超过 12。

（2）压缩比与牌号。汽油牌号应根据发动机压缩比的大小来选择。目前，在国际汽车行业的实践中，遵循发动机压缩比与汽油辛烷值近似匹配关系，广泛采用表 5.2 的用油标准。

表 5.2 汽油牌号的选择

压缩比	8.6～9.9	10.0～11.5	11.6 以上
辛烷值（*RON*）	92	95	98
对应牌号	92 号	95 号	98 号

5.1.1.2 “爱跑”品牌汽油

“爱跑”品牌汽油是中国石化自主研发、自主创新的高品质汽油。

图 5.1 “爱跑”品牌汽油

“爱跑”品牌优点：

（1）更强劲，能给发动机带来更强劲的动力输出；

（2）更清洁，能有效清除并抑制发动机内部积炭；

（3）易区分，颜色是绿色，与普通汽油的颜色具有鲜明的对比；

（4）可鉴别，具有独有的类似人体 DNA 的防伪技术，能数秒内鉴别真假身份和品质；

（5）更环保，车辆的有害污染物排放量更低，一氧化碳和碳氢化合物的排放量明显减少；

（6）更防锈，能最大限度地减少对发动机供油系统的锈蚀，保护发动机内部零部件不受腐蚀。

5.1.1.3 乙醇汽油

乙醇汽油是用 90% 的普通汽油与 10% 的燃料乙醇调和而成，是一种混合物。在汽油中加入适量乙醇作为车辆燃料，可节省石油资源，减少车辆尾气对空气的污染，还可促进农业生产。

使用车用乙醇汽油的车辆，可以加入同牌号的车用汽油。在车用汽油中，也可以加入同牌号的车用乙醇汽油。

5.1.1.4 车用柴油

1）主要性能参数检测标准

车用柴油（Ⅵ）主要性能参数检测标准见表 5.3。

表 5.3　车用柴油（Ⅵ）主要性能参数检测标准

项目		质量指标					
		5 号	0 号	-10 号	-20 号	-35 号	-50 号
硫含量 /（mg/kg）	不大于	10					
水含量 /%（体）	不大于	痕迹					
凝点 /℃	不高于	5	0	-10	-20	-35	-50
冷滤点 /℃	不高于	8	4	-5	-14	-29	-44
闪点（闭口）/℃	不低于	60			50	45	
十六烷值	不小于	51			49	47	
密度（20℃）/（kg/m^3）		810~845			790~840		

2）油品选用

（1）凝点：在规定条件下，柴油遇冷开始凝固而失去流动的最高温度，称为凝点。凝点是划分柴油牌号的依据，车用柴油按照凝点分为 6 个牌号：5 号、0 号、-10 号、-20 号、-35 号及 -50 号。凝点低的柴油，低温性能好，在冬天不易失去流动性。

（2）冷滤点：在规定条件下，柴油通过标准过滤器每分钟不足 20mL 时的最高温度，称为冷滤点。冷滤点是选用柴油的依据。

5 号车用柴油适用于风险率为 10% 的最低气温在 8℃以上的地区使用；

0 号车用柴油适用于风险率为 10%的最低气温在 4℃以上的地区使用；

-10 号车用柴油适用于风险率为 10%的最低气温在 -5℃以上的地区使用；

-20 号车用柴油适用于风险率为 10%的最低气温在 -14℃以上的地区使用；

-35 号车用柴油适用于风险率为 10%的最低气温在 -29℃以上的地区使用；

-50 号车用柴油适用于风险率为 10%的最低气温在 -44℃以上的地区使用。

5.1.2　质量管理基本要求

5.1.2.1　日常质量管理要求

（1）卸油前提取油样，发现油样有水杂、浑浊、气味异常等，不得接卸，立即向主管部门汇报。

（2）定期清洗加油机滤网或更换防水滤芯。

（3）储存、接卸过程中，盖严罐口、计量孔，大雨、大雪天应及时测量水高，以防水杂浸入油罐。

（4）油罐每隔 3~5 年清洗一次，出现影响油品质量的情况，应及时清洗油罐。

（5）轻质油品储存检验周期为 3 个月，对临期油品应进行质量检验。

5.1.2.2 油品进水风险管理要求

（1）站经理（领班）每日观测油罐水高，暴雨期间应时刻观察液位仪控制台油罐水位。

（2）大雨、大雪期间每半小时检查油罐操作井是否进水。操作井进水应及时检测罐内水高，并清理井内积水。

（3）油罐内水位高于 50mm 须及时排水，水位超过 100mm 立即停止付油，并向主管部门汇报后进行排水。醇类汽油油罐内严禁有水。

5.1.2.3 油品质量抽检

1）内部抽检

加能站油品质量内部抽检，每年不少于 1 次。当季曾被政府部门或上级管理部门抽查过的加能站，可不进行质量抽检。

内部抽检操作流程：

（1）加能站根据抽检通知，准备好相应的空容器；空容器内部须洁净无杂质。

（2）加注相应油品到空容器内，在容器上做好标签，清楚注明加能站名称、日期（进油日期和取样日期）、置换次数（油品质量升级时填写）、标准油品名称、油罐号、取样人等信息。

（3）将油样妥善保存在阴凉且无直接光照的地方，上报公司处理。

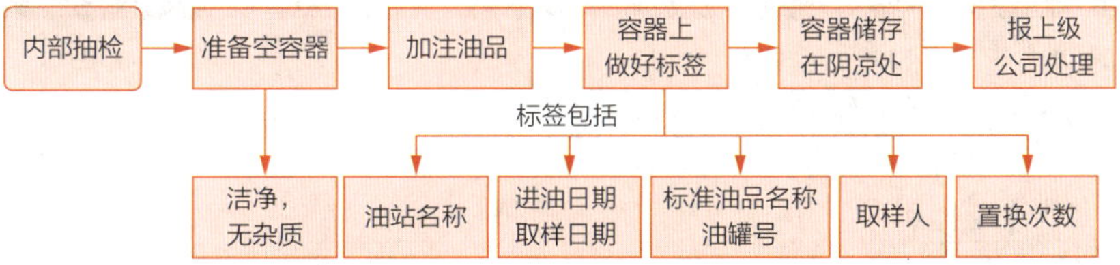

图 5.2 内部抽检操作流程

2）外部抽检

加能站不得擅自接受外部抽检。如遇外部抽检，须报上级单位处理。

5.1.2.4 变类及投营前质量管理

（1）油品变类：汽油只能从高标号变至低标号；柴油只能从低牌号变至高牌号。

（2）发生跨品种变类的，应按规范进行油罐清洗，并在零管系统、管控系统和液位仪系统进行油罐变类，方可进行油品进货。

（3）发生油罐油品升级、变类或清罐等特殊业务时，投营前应以最大流量、持续不停冲洗加油管线，排空管线空气，冲洗量至少是管线两倍容量且不少于 400L。待油品检测合格后，方可对外销售。

（4）对发生跨品种变类的，要确认油气回收装置是否对应正确。

5.1.3 计量器具管理

5.1.3.1 计量器具配备

加能站开业前安装液位仪设备，对油罐进行标定。加能站日常配备的计量器具包括但不限于：量油尺（5m）、检水尺、保温盒、温度计、试水膏、试油膏；有需要的站，可配备甲乙醇快速检测器具（100mL 具塞量筒、100mL 量筒、200mL 烧杯）。

5.1.3.2 计量器具档案管理

加能站应建立计量器具档案，对计量器具的合格证、检定证书等相关资料存档管理，并按要求录入零管系统。

5.1.3.3 计量器具检定

加油机等强制检定的计量器具，由法定计量检定机构按检定周期检定，出具检定证书。非强制检定的计量器具，按省市公司计量管理部门要求检定，出具检定证书。计量器具配备及检定周期见表 5.4。

表 5.4 计量器具配备及检定周期表

器具名称	规格	检定周期
加油机	—	不超过 6 个月
液位仪	—	每月比对
量油尺	5m	一般为半年，最长不超过 1 年
玻璃液体温度计	0~50℃	根据使用情况确定，一般不超过 1 年
密度计	—	1~2 年

5.1.3.4 日常计量操作注意事项

1）加油机

（1）加油机必须开启防作弊功能后才能对外使用。

（2）建立设备管理档案，填写清楚 CPU 系列号、编码器系列号、防作弊功能是否开启。

（3）留存政府职能部门发放的合格证书，规范张贴强检合格标识。

（4）付油精度为高风险加油枪每月自检一次，非高风险加油枪每季度自检一次，若发现损耗异常，应及时进行自检。

（5）加油机自检由县区公司执行，误差超标，应停止付油，及时邀请法定计量检定机构调校。

（6）检定后，在零管系统中记录加油机检定台账和回罐台账。

2）量油尺

经检定合格后方可使用，发生弯折或底部磨损超过 5mm，应立即更换。

3）检水尺

（1）检水尺的长度为 300mm。

（2）检水尺采用与金属摩擦不产生火花的金属材料制成；表面光洁无缺陷，刻度标示清晰，垂直立在平面上应构成 90°，倾斜误差不超过 0.5°，配备长度适宜的防静电绳。

（3）使用完毕擦净放置在专用计量箱内。

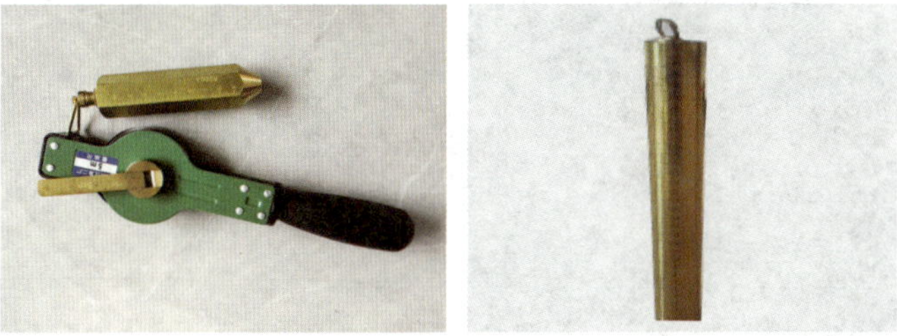

图 5.3　量油尺、检水尺

4）温度计

经检定合格后方可使用。若发现刻度不清晰、感温泡破损，应立即更换。

5）试水膏和试油膏

试水膏或试油膏均为显示涂料，遇到水或油会变色，使用后旋上封盖，妥善保管。试水膏在使用时，将其均匀地涂在检水尺或量油尺砣临近刻度线旁；试油膏在使用时，将其均匀地涂在量油尺刻度线旁。

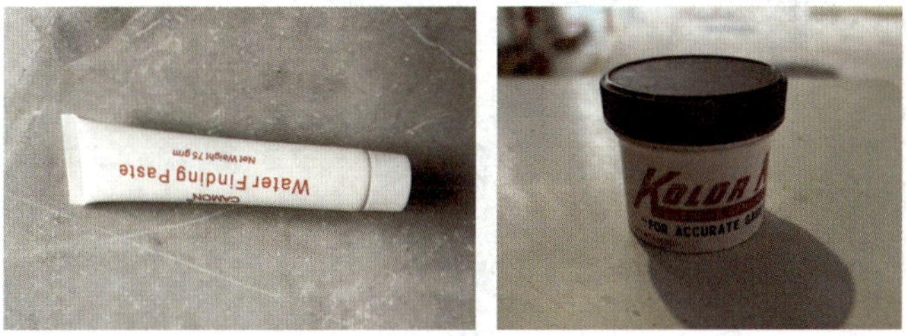

图 5.4　试水膏、试油膏

6）容积表

（1）油罐容积表一罐一表。

（2）定期检定（油罐倾斜或变形等应及时检定），准确度在 ±0.4% 范围内。

（3）标明安全容量（总容量的 92%~95%）和有效期（初检 2 年，复检 4 年），加盖检定部门签章。

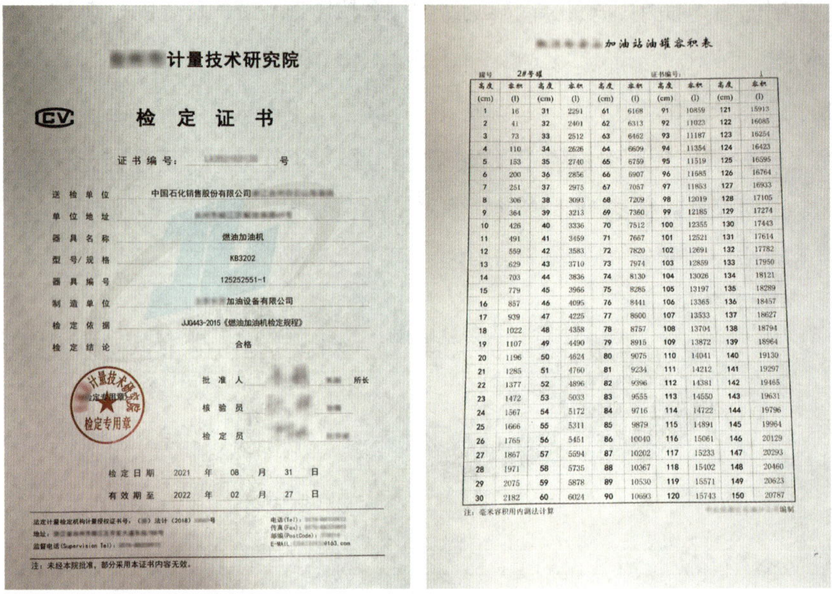
计量技术研究院

检 定 证 书

证书编号：　号

送检单位　中国石化销售股份有限公司

单位地址

器具名称　燃油加油机

型号/规格　KB3202

器具编号　125252551-1

制造单位　加油设备有限公司

检定依据　JJG443-2015《燃油加油机检定规程》

检定结论　合格

批准人　所长

核验员

检定员

检定日期　2021 年 08 月 31 日

有效期至　2022 年 02 月 27 日

法定计量检定机构计量授权证书号：（　）法计（2018）　号

地址：

监督电话(Supervision Tel)：

电话(Tel)：

传真(Fax)：

邮编(PostCode)：

E-MAIL：

注：未经本院批准，部分采用本证书内容无效。

加油站油罐容积表

罐号　2#号罐　证书编号：

高度 (cm)	容积 (l)	高度 (cm)	容积 (l)	高度 (cm)	容积 (l)	高度 (cm)	容积 (l)	高度 (cm)	容积 (l)
1	16	31	2291	61	6168	91	10859	121	15913
2	41	32	2401	62	6313	92	11023	122	16085
3	73	33	2512	63	6462	93	11187	123	16254
4	110	34	2626	64	6609	94	11354	124	16423
5	153	35	2740	65	6759	95	11519	125	16595
6	200	36	2856	66	6907	96	11685	126	16764
7	251	37	2975	67	7057	97	11853	127	16933
8	306	38	3093	68	7209	98	12019	128	17105
9	364	39	3213	69	7360	99	12185	129	17274
10	426	40	3336	70	7512	100	12355	130	17443
11	491	41	3459	71	7667	101	12521	131	17614
12	559	42	3583	72	7820	102	12691	132	17782
13	629	43	3710	73	7974	103	12859	133	17950
14	703	44	3836	74	8130	104	13026	134	18121
15	779	45	3966	75	8285	105	13197	135	18289
16	857	46	4095	76	8441	106	13365	136	18457
17	939	47	4225	77	8600	107	13533	137	18627
18	1022	48	4358	78	8757	108	13704	138	18794
19	1107	49	4490	79	8915	109	13872	139	18964
20	1196	50	4624	80	9075	110	14041	140	19130
21	1285	51	4760	81	9234	111	14212	141	19297
22	1377	52	4896	82	9396	112	14381	142	19465
23	1472	53	5033	83	9555	113	14550	143	19631
24	1567	54	5172	84	9716	114	14722	144	19796
25	1666	55	5311	85	9879	115	14891	145	19964
26	1765	56	5451	86	10040	116	15061	146	20129
27	1867	57	5594	87	10202	117	15233	147	20293
28	1971	58	5735	88	10367	118	15402	148	20460
29	2075	59	5878	89	10530	119	15571	149	20623
30	2182	60	6024	90	10693	120	15743	150	20787

注：毫米容积用内插法计算　编制

图 5.5　油罐容积表

7）液位仪

保障 24h 联网工作，及时关注异常报警。在正常情况下，计量数据以液位仪系统数据为准。

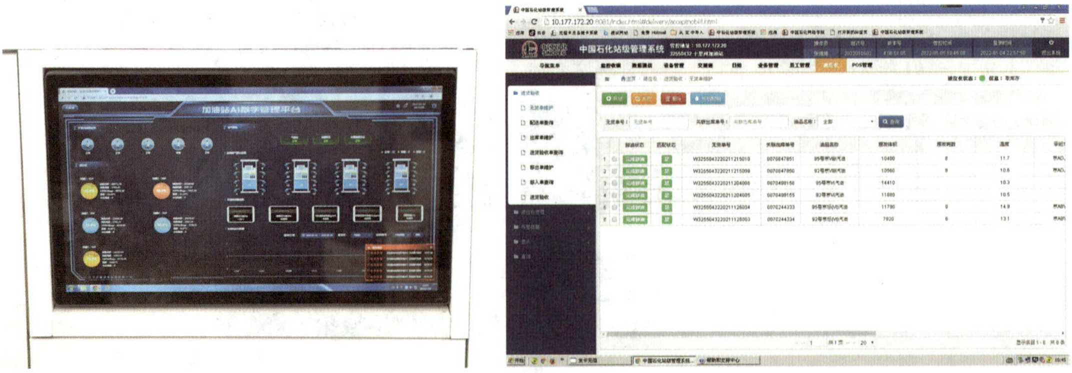

图 5.6　液位仪

（1）液位仪比对。液位仪比对操作由站经理或具有计量资质人员执行，比对频率每月不少于 1 次。

（2）液位仪高度比对操作流程。做好相关准备工作，通知测量油罐对应油枪停止加油，油罐稳油 3min，记录液位仪对应油罐油水总高、水高、油温，按照计量操作规范，依次手工测量油水总高、水高、油温（液面中部），记录测量值（连续测量两次，两次差值不大于 1mm 时，以第一次测量数据为准）。油水总高误差超过 ±2mm、水高误差超过 ±5mm、油温误差超过 ±0.5℃，应立即向上级主管部门汇报调校。

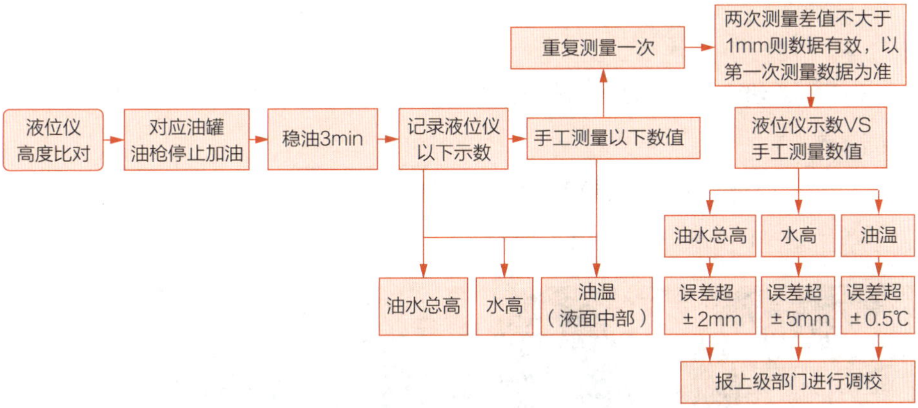

图 5.7 液位仪高度比对操作流程

（3）温度异常。当油温显示大于 60℃、小于 −40℃，或液位仪出现温度报警时，可能为温度感应器损坏，应立即向上级主管部门汇报维修。

5.1.4 铅封管理

5.1.4.1 油罐车铅封管理

1）普通铅封

（1）铅封保管、领取、使用坚持“谁领取、谁使用、谁负责”原则。

（2）建立铅封管理台账，妥善保管和使用铅封。

（3）油品接卸前，须检查油罐车卸油口和其他出油口铅封是否完好，铅封号是否正确。

（4）在卸油后，加能站在视频监控下施打回程铅封。

2）电子铅封

（1）加能站要妥善保管施封卡和解封卡。

（2）油罐车在卸油后，要及时用施封卡进行施封。

（3）当施封卡和解封卡出现问题时，要及时上报县区公司协调处置。

图 5.8　电子铅封施封卡、解封卡

5.1.4.2　加油机铅封管理

（1）由地市公司统一订购唯一编号的加油机铅封，建立加油机关键计量部位铅封档案，及时进行信息更新。

（2）加油机流量计机械调整装置、流量计侧盖、编码器（含与流量计连杆部位）、税控主板应由上级主管部门统一有效施封。

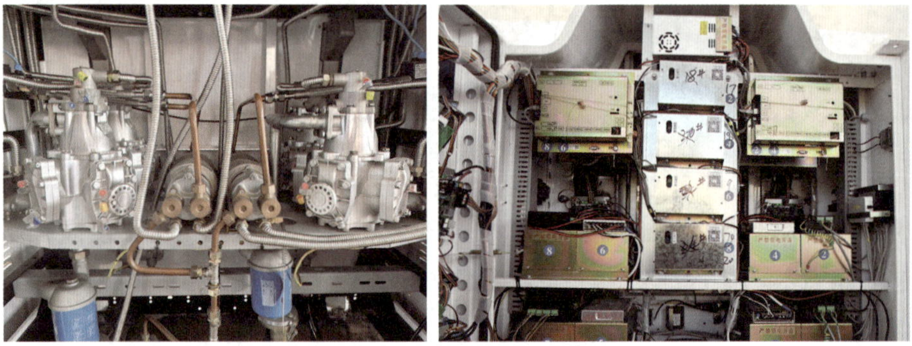

图 5.9　加油机流量计铅封、税控主板

（3）更换铅封须经上级主管部门批准后实施。

（4）铅封施打或更换后，加能站要在零管系统中录入信息。

5.1.5　加油机自检

（1）基本要求。县区公司配备合格的标准金属量器，并统一保管验泵卡。需检定时，由县区公司管理人员持卡到站，监控检定和回罐全过程。

（2）检定周期。付油精度处于高风险（E_V > 2.5‰或 E_V<-2.5‰，E_V 为体积相对误差，下同）的加油枪自检周期不超过 1 个月，发生强检的月份可不自检；非高风险(2.5‰ ≥ E_V ≥ -2.5‰) 的加油枪自检周期不超过 3 个月，发生强检的季度可不自检；月度

损耗异常的油品对应的加油枪应不定期抽检。

（3）加注流程。

①将标准量器放置在坚硬的平地上，并接地，摆放好消防器材。

②将标准量器水平仪调整到中心位置。

③进行试运行，使用验泵卡启动加油机，用加油枪将油液注入标准量器内，直至注满。标准量器被注满后，将加油枪放回托架，将标准量器内油品回罐，关闭底阀，使标准量器处于准备状态。

④提起加油枪，启动加油机，确认泵码回零，将流量调至检定流量（或非定量），向标准量器注入。油液注满后，关闭油枪，待油品泡沫和气泡消失后，按要求读数并记录下加油机的示值。尽可能一次加注完成。

（4）误差管理。计算示值误差。

$$E_V=[(V_j-V_{Bt})/V_{Bt}]\times 1000‰$$

式中 V_j——加油机示值；

V_{Bt}——标准量器示值。

$$平均示值误差 = 示值误差之和 / 校验次数$$

$$重复性误差 =（示值误差最大值 - 最小值）/d_n$$

式中 d_n——极差系数，取值与校验次数（n）的关系如下：

n	2	3	4	5	6	7	8	9	10	15	20
d_n	1.13	1.69	2.06	2.33	2.53	2.70	2.85	2.97	3.08	3.47	3.73

当平均示值误差超出 ±3‰范围或重复性误差超过 1‰时，应立即停止付油，经法定计量检定机构调校合格后方可重新使用。

（5）油品回罐。将检定用的油品从卸油口回到加油枪对应油罐，并在零管系统中登记加油机检定记录和回罐记录，由县区公司相关人员、站经理、操作人员在台账上签字确认。

5.1.6 进货验收管理

（1）接卸人员应穿戴防静电服装，使用防爆用具，登罐车应戴好安全帽，拉起油罐车防护栏。

（2）油品接卸严格按照《地罐交接卸油“八步法”操作流程》操作。

（3）在卸油过程中遇液位仪报警或其他异常情况，接卸人员应立即停止卸油，并及时查明原因，待警报消除后方可继续作业。对于特殊原因无法消除警报的，应及时上报县区公司妥善处理。

（4）因系统或其他原因，导致货到单未到或配送单实发数据错误的，应及时上报管理部门。同时，进行无货单验收操作，待正确配送单下发后，进行关联操作。

（5）未经上级批准，严禁在液位仪系统不做进货验收操作或手工录入验收数据。

（6）当发生接卸量纠纷时，报县区公司处理。

5.1.7　盘点管理

（1）油品盘点分为定期盘点和临时盘点。定期盘点分为月度、季度和年度盘点。临时盘点为上级公司随机对加能站实地和远程盘点。

（2）加能站月度盘点须填写《加油站商品盘点月报表》，由县区公司、站经理、领班签字完成后上交分公司，分公司分管领导、零售、安数部签章，加能站装订备查。上级公司的盘点，由盘点人员、县区公司和站经理签字确认，加能站留一份存档备查。

（3）不同油品的损耗量不得相抵，油品调节、清罐业务，经上级公司审批后，调整账面库存。

5.1.8　损耗分析及管理

5.1.8.1　零售损耗管理

若单罐连续 3 天以上单边日损耗量超过 ±50L 且损耗率超过 ±3‰，或单罐日损耗量超过 ±100L，应在零管系统的《加油站运行日志》中分析损耗原因，采取措施。

5.1.8.2　损耗原因分析

（1）查损耗规律。通过《油品分罐保管登记账》查看油罐损耗变化规律。

（2）查运输接卸环节的损耗。通过液位仪系统查看进货的损耗情况，看进货超耗是否索赔。

（3）查存储环节的损耗。通过比对发货温度和销售温度的差异，分析温差损耗；查看加油机、油罐、管线、操作井、观察井、周边植被沟渠等是否存在跑冒滴漏。

（4）查销售环节的损耗。查看加油机付油精度，分析因加油机精度产生的付油损耗。

（5）查人为因素。计算错误、数据应用错误或其他违规违纪行为等。

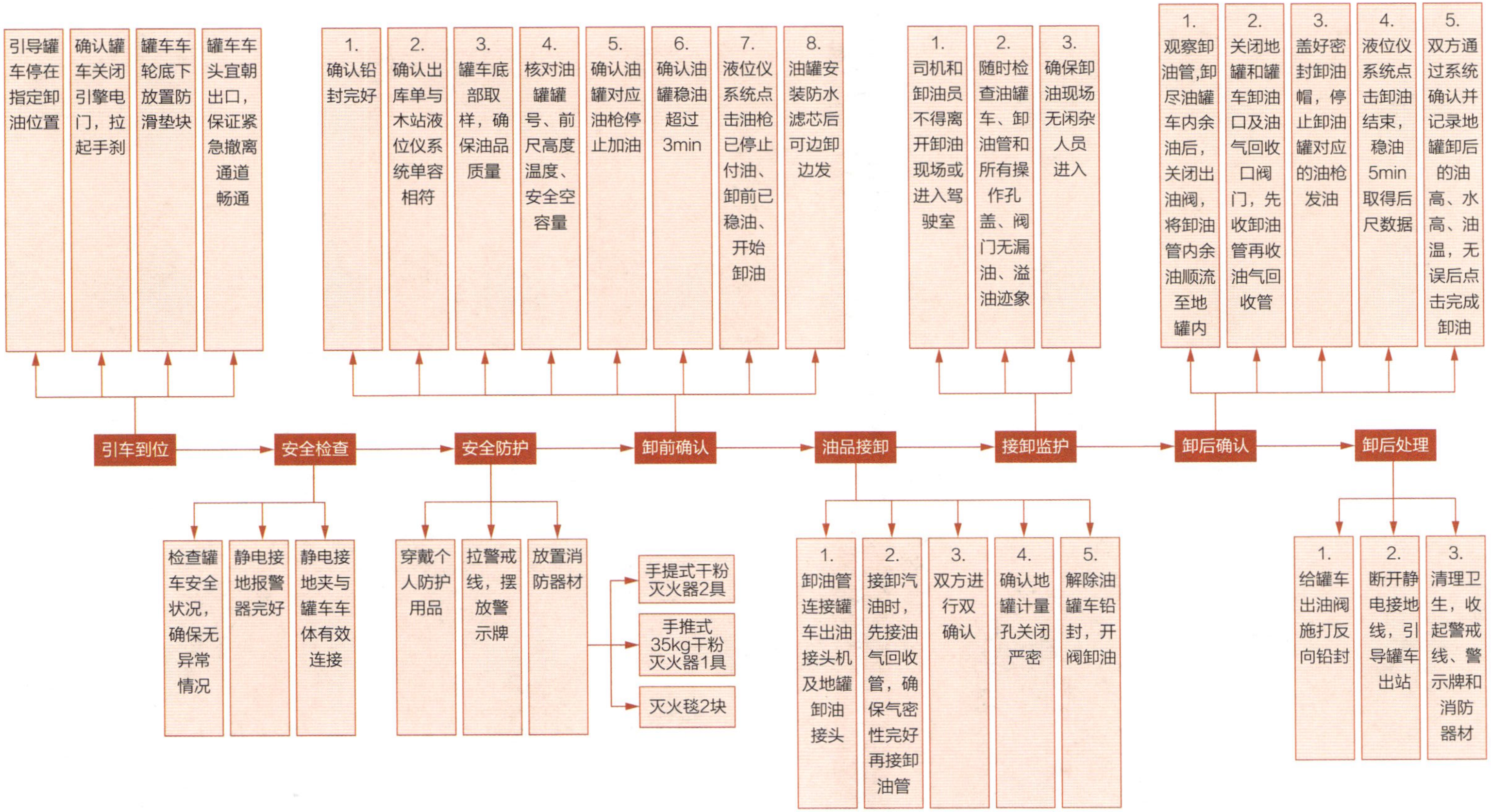

图 5.10　地罐交接卸油“八步法”操作流程

5.2 加气站数质量管理

5.2.1 天然气基本属性

5.2.1.1 基本物理性质（表 5.5）

表 5.5 天然气基本物理性质

项　目	指　标
颜　色	无色
气　味	未处理的天然气有汽油味、有时有硫化氢气味；处理过的无味
毒　性	无毒
液态 / 气态膨胀系数 /（m^3/m^3）	625（15.5℃）
气相密度 /（kg/m^3）	（0℃,101.352kPa）0.7～0.75
液相密度 /（kg/m^3）	447
溶解性	微溶于水，溶于醇、乙醚
熔　点 /℃	-182
沸　点 /℃	-162（常压）
临界温度 /℃	-82.5
临界压力 /MPa	4.58
压缩因子	0.73~0.82

5.2.1.2 主要成分燃烧特性（表 5.6）

表 5.6 天然气主要成分燃烧特性

特性数据		组分				
		甲烷	乙烷	丙烷	正丁烷	异丁烷
分子式		CH_4	C_2H_6	C_3H_8	n-C_4H_{10}	i-C_4H_{10}
爆炸极限 /%（体）	下限	5.0	2.0	2.1	1.86	1.8
	上限	15.0	13.0	9.5	8.41	8.44
着火温度 /℃		540	472	450	365	
自燃温度 /℃		595		480	441	544
燃烧温度 /℃		-182.5	-172.0	-189.9	-135.0	-145.0
最小点燃能 /mJ	空气中	0.2800	0.2400	0.2500	0.2500	0.5200
	氧气中	0.0027	0.0019	0.0021		
最大燃烧速度 /（cm/s）		38	42	43	38	38
燃烧理论空气量 /（m^3/m^3）		9.52	16.66	23.8	30.94	
燃烧耗氧量 /（m^3/m^3）		2.0	3.5	5.0	6.5	
燃烧理论烟气量 /（m^3/m^3）	CO_2	1.0	2.0	3.0	4.0	总量 33.52
	H_2O	2.0	3.0	4.0	5.0	
	N_2	7.52	13.16	18.80	24.44	
燃烧热值 /（$kcal/m^3$）	低	8570	15371	22256	29513	
	高	9510	16792	24172	31957	

5.2.1.3 安全属性

（1）爆炸极限（体积分数）：5%~15%。

（2）闪点：50℃，引燃温度：538~650℃。

（3）最小点燃能量：0.28mJ。

5.2.2 气源质量管理

5.2.2.1 气源的质量要求

（1）压缩天然气标准站的进站天然气质量应符合国家现行标准 GB 17820《天然气》中Ⅱ类气质要求。

（2）压缩天然气子站的进站天然气质量应符合现行国家标准 GB 18047《车用压缩天然气》要求。

（3）液化天然气加气站的进站气质量应符合现行国家标准 GB/T 19204《液化天然气的一般特性》要求。

（4）液化石油气加气站的进站气质量应符合现行国家标准 GB 19159《车用液化石油气》要求。

（5）省市公司每年应对气源供应商的经营资质、经营规模、产品来源、产品标准、质量控制、计量等级、储存能力、运输方式进行考察和评估，合格后方能与其签订供货合同。

（6）进入加气站的车载储气瓶组或槽车应提供气质报告，操作人员应按现行的国家标准进行确认，符合要求的方能进行接卸气作业。严禁不合格气体进入加气站。

（7）压缩天然气标准站供应商应每半年提供气质报告，有条件的加气站每半年对进站天然气进行一次全分析。

5.2.2.2 储存环节质量管理

（1）压缩天然气标准站应定期维护脱硫、脱水装置，确保装置功能完好，定期对压缩天然气进行水露点、硫含量检测，掌握生产运行过程中的气质情况。

（2）压缩天然气储气罐、液化天然气储罐和液化石油气储罐均应定期排污。

（3）液化石油气储罐应定期进行开罐检查，对储罐内的残液、杂质、锈蚀物和附着物进行彻底清除，避免储存气受到污染。

5.2.2.3 销售环节质量管理

（1）压缩天然气标准站和子站定期按照现行国家标准 GB 18047《车用压缩天然气》分析方法，对出站产品取样检测，以保证销售气体质量合格。

（2）液化天然气和液化石油气加气站定期委托有资质的第三方检测机构对出站产品取样检测，以保证销售气体质量合格，不定期对用户进行产品质量回访，及时了解质量动态。

5.2.3 计量设备管理

（1）加气站所用计量设备应选用国家准许生产和进口的产品。计量设备在投运前和使用中，应按《中华人民共和国计量法》的规定进行强制首次检定和周期检定，并取得检定合格证书。

（2）CNG 加气机应符合 JJG 996—2012《压缩天然气加气机检定规程》的要求，最大允许误差 ±1.0%，重复性不超过 0.5%；LNG 加气机应符合 JJG 1114—2015《液化天然气加气机检定规程》的要求，最大允许误差 ±1.5%，重复性不超过 0.5%。检定合格的加气机须规范张贴技术监督部门颁发的“检定合格”标志。加气机精度超差应立即停用，报上级处理。

（3）质量流量计、电子计控器、流量系数调整键盘接口处必须进行铅封管理，建立铅封档案，若出现铅封脱落等情况要及时上报处理。除政府职能部门外，任何人不得擅自拆除铅封，调整加气机计量参数。

（4）加气机的检定周期一般不超过 6 个月。

图 5.11　加气机质量流量计、流量系数调整键盘接口处铅封

5.2.4　进货管理

（1）通过电子车辆衡静态或质量流量计动态计量验收，其电子车辆衡准确度等级不应低于Ⅲ级，质量流量计准确度等级不应低于Ⅰ级。以加工厂实发重量或加气站实收重量作为计量交接的依据。为保证电子车辆衡或质量流量计计量准确，须对其进行定期强检。

（2）进货损耗计算如下：

进货损耗量 = 发货量 - 收货量。

损耗率 = 进货损耗量 / 发货量 ×100%。

若进货后损耗异常，必须第一时间与承运方核对，查明原因，并报公司相关部门。

（3）按双方约定定额损耗率交接。如进液损耗率超过双方约定的损耗率，则应及时向供气方索赔，索赔量 = 发货量 - 实收量 - 计量允差。

（4）为确保槽车卸净，可采取以下措施：

①可通过排气等方式，来保证槽车压力大于储罐压力。

②通过调节槽车进液阀控制流量。

③卸液后半段不能停止。

5.2.5 销售管理

（1）做好每车次核对和盘存，发现损耗异常，及时申请检定加气机。

（2）零售损耗计算如下：

零售损耗量 = 上期账存 + 本期进货 − 本期报损 − 本期销售 − 实际盘点库存

损耗率 = 零售损耗量 / 零售量 ×100%。

（3）加气机出现故障，应立即停用并报修。

（4）加气机每次检定（或校准）应记录检定误差数据，存档保管。使用验泵卡检定，详细记录前后累计走字数，登记在销售日报，报上级公司备存。

5.2.6 库存管理

（1）压缩天然气损耗宜控制在 ±3% 以内，液化天然气损耗宜控制在 ±5% 以内，液化石油气损耗宜控制在 ±0.5% 以内。

（2）压缩天然气标准站应每日进行输入气量与售出气量的比对，计算输差和损耗量。

（3）压缩天然气子站应对进站的每台车载储气瓶进行盘点，根据随车送货单进行验收，记录开始和结束时的压力、温度，计算出每车的卸车量和损耗量。

（4）液化天然气和液化石油气加气站应对储罐进行标定，每日进行储罐存量盘点，通过标定的容积、压力、温度、组分、密度和密度修正系数、容积修正系数计算储罐存量，进行进销存量比对，计算出损耗量。

（5）加气站每日或每班出现异常损耗，要及时分析并查明原因。

（6）加气站按月出具保管盘点损耗报表，对当期损耗做出定量分析，从进货运输、卸气、放散损失、加气机误差、储罐误差等方面明确损耗发生的环节和损耗量。

5.2.7 争议处理

（1）加气站进货交接与运输方存在数量争议的，报主管部门现场复核，明确责任，按保量运输协议处理。不能明确责任的，双方协商解决。

（2）加气机（流量表）出现乱码等故障时，应立即停止加气，向客户致歉并说明原因，报站经理解决。站经理与客户协商，同时报上级公司，妥善处理。

5.3 加氢站数质量管理

5.3.1 氢气基本属性

5.3.1.1 基本物理性质（表 5.7）

表 5.7 氢气基本物理性质

项　目	指　标
颜　色	常温下为无色气体
熔　点	14.025K（-259.125℃）
沸　点	20.268K（-252.882℃）
三相点	13.8033K（-259℃）7.042kPa
临界点	32.97K（-240℃）1.293MPa
摩尔体积 /（L/mol）	22.4
汽化热 /（kJ/mol）	0.44936
熔化热 /（kJ/mol）	0.05868
蒸气压 /Pa	209（23K）
比热容 /［J/（kg·℃）］	14000
声在其中传播的速度 /（m/s）	1270（293.15K）
电离能 /（kJ/mol）	M ~ M + 1312
密度、硬度 /（kg/m^3）	0.083~0.089（标况、纯净物）
热导率 /［W/（m·K）］	180.5

5.3.1.2　能源属性（表 5.8）

表 5.8　氢气能源属性

名称	质量能量密度 /（MJ/kg）	体积能量密度		液体密度 /（kg/m^3）
		液态 /（MJ/kg）	气态 /（MJ/kg）	
92 号车用汽油	43.11	31240	—	720~775（20℃）
0 号车用柴油	46.04	38430	—	810~845（20℃）
液化石油气（LPG）	45.22~50.23	25320~28130	93.2	530~580（1atm,-15℃）
压缩天然气（CNG）	54.58	23590~25230	35.3	430~460（1atm,-161℃）
氢气（H_2）	142.69	10110	12.74	70.85（1atm,-252.8℃）

5.3.1.3　安全属性

（1）爆炸极限（体积分数）：4%~74.2%。

（2）闪点：50℃，引燃温度：400℃。

（3）最小点燃能量：0.017mJ。

（4）氢会腐蚀储氢容器和管道，存在氢脆现象。

（5）燃烧火焰呈蓝白色，白天肉眼难以辨识。

（6）分子小，密度小，易泄漏，易扩散。

5.3.1.4　氢气的来源

制氢主要包括：煤制氢、天然气制氢、副产氢、甲醇制氢、电解水制氢、生物质制氢、光解水制氢、核能制氢。根据生产过程中二氧化碳的排放量可以分为以下三种。根据氢能生产来源和生产过程中的排放情况，将氢能分别命名为灰氢、蓝氢、绿氢。

（1）灰氢：通过化石燃料（如石油、天然气、煤炭等）燃烧产生的氢气。

（2）蓝氢：是将天然气通过蒸汽甲烷熏蒸制成。生产中使用先进技术捕获温室气体，实现了低排放生产。

（3）绿氢：是通过再生能源（如太阳能、风能、核能等）制造的氢气，在生产过程中完全没有碳排放。

5.3.2　质量管理

5.3.2.1　进货环节

（1）进货应当由公司统一协调组织，禁止擅自外采、代销、代储氢气。

（2）承运商在充装前，应确保管束车符合装气条件，首次运行或已有不合格气体残留，应采取抽真空、置换等措施，经检测合格后，方可充装氢气。

图 5.12　管束车及其特种设备使用登记证

（3）氢气供应商每车或者每批次应出具氢气出厂产品合格报告，报告应标明气质组分，如交付的氢气未达到约定质量标准时，不得接卸。

（4）核对进气单的车号、压力、温度等参数状况，发现异常，禁止接卸。

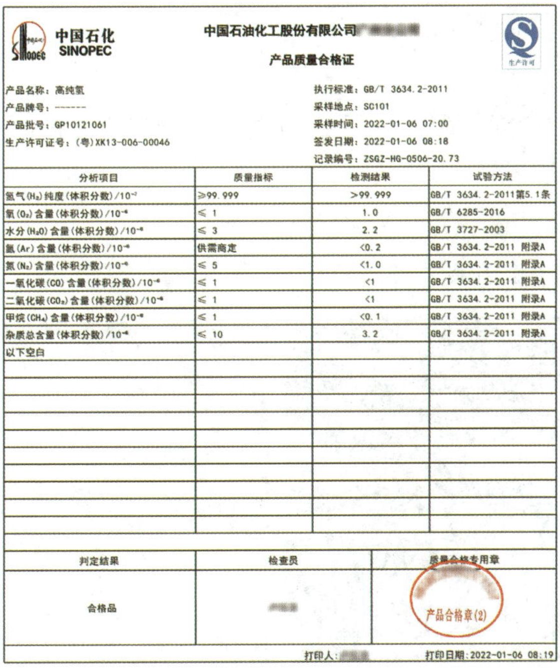
中国石化 SINOPEC

中国石油化工股份有限公司

产品质量合格证

生产许可

产品名称：高纯氢
产品牌号：------
产品批号：GP10121061
生产许可证号：（粤）XK13-006-00046

执行标准：GB/T 3634.2-2011
采样地点：SC101
采样时间：2022-01-06 07:00
签发日期：2022-01-06 08:18
记录编号：ZSGZ-HG-0506-20.73

分析项目	质量指标	检测结果	试验方法
氢气（H_2）纯度（体积分数）/10^{-2}	≥99.999	>99.999	GB/T 3634.2-2011第5.1条
氧（O_2）含量（体积分数）/10^{-6}	≤ 1	1.0	GB/T 6285-2016
水分（H_2O）含量（体积分数）/10^{-6}	≤ 3	2.2	GB/T 3727-2003
氩（Ar）含量（体积分数）/10^{-6}	供需商定	<0.2	GB/T 3634.2-2011 附录A
氮（N_2）含量（体积分数）/10^{-6}	≤ 5	<1.0	GB/T 3634.2-2011 附录A
一氧化碳（CO）含量（体积分数）/10^{-6}	≤ 1	<1	GB/T 3634.2-2011 附录A
二氧化碳（CO_2）含量（体积分数）/10^{-6}	≤ 1	<1	GB/T 3634.2-2011 附录A
甲烷（CH_4）含量（体积分数）/10^{-6}	≤ 1	<0.1	GB/T 3634.2-2011 附录A
杂质总含量（体积分数）/10^{-6}	≤ 10	3.2	GB/T 3634.2-2011 附录A
以下空白			

判定结果	检查员	质量合格专用章
合格品		产品合格章（2）

打印人：　　打印日期：2022-01-06 08:19

图 5.13　氢气出厂产品合格报告

5.3.2.2　销售环节

（1）出售的氢气应符合现行标准要求。

（2）加氢机上的标识和开具的票证，统一使用与现行氢气产品标准相同的名称。

（3）收集客户对氢气质量的意见，及时反馈上级公司。

5.3.3　计量管理

5.3.3.1　计量单位

（1）质量：千克；符号：kg。

（2）流量：千克每分钟；符号：kg/min。

（3）压力：兆帕；符号：MPa。

5.3.3.2　进货管理

（1）卸车前应确认氢气长管拖车符合国家相关标准，查验压力、温度仪表相关检定报告在有效期内。卸车操作人员应持有相应资质证书。

（2）进货交接数量计量方式，按照进货合同约定条款执行。通过卸气柱质量流量计交接的，卸气柱质量流量计前后计量数值差额作为进货数量；通过压力、温度、容积等参数计算交接的，使用合同约定的软件、公式、参数和状态等，计算出高压管束车实际卸气重量作为进货数量。

（3）进货损耗按照合同约定执行，交接超耗，及时报上级职能部门。

5.3.3.3　销售管理

（1）定期对加氢机质量流量计进行检定（校准）。

（2）加氢机质量流量计和卸气柱质量流量计关键部位施封。

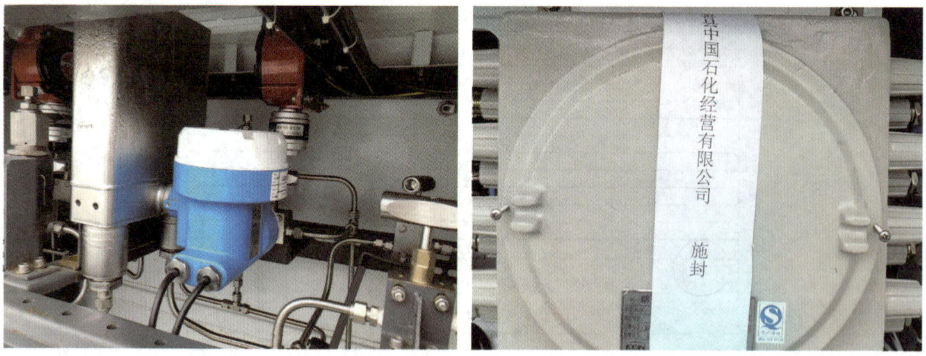

图 5.14　加氢机质量流量计和卸气柱质量流量计

（3）每次加注后，应核实车载压力表读数变化，核对销售数据是否异常。

5.3.3.4 加氢机计量性能要求

（1）最大示值误差不超过 ±2.5%；重复性误差不超过 1%。

（2）检定周期按政府职能部门规定执行。

5.3.3.5 损耗管理

（1）对设备维修、压力容器检定等过程中造成的损耗进行确认，并在本期损耗报表中体现。

（2）加强损耗管理，做好储罐盘点，账账、账实相符，通过进销存量比对，计算、分析损耗量，采取有效措施降低损耗。

（3）每月按时库存盘点，分析损耗情况，出现异常时查明原因并提出整改措施，按月申报损耗，进行账务处理。

（4）库存计算如下：

①储罐存量由符合岗位要求的计量人员确认。

②计量员在管理控制系统上读取氢气储罐内压力、环境温度以及各个储罐水容积等数值，通过相关软件，计算储罐内氢气存量。

（5）损耗计算如下：

账面库存 = 期初账存 + 本期调进 − 本期销售 + 调节。

损耗量 = 账面库存 − 实际库存。

损耗率 = 损耗量 / 本期销售 ×100%。

第 6 章

设备管理

6.1

加油机

加能站设备按其使用性质来划分一般分为加油设备、加气设备、加氢设备、充电设备、储存设备、电气设备、消防设备和监控设备。

加油机的结构主要分为三个模块，即液压模块、电控模块和付油模块。

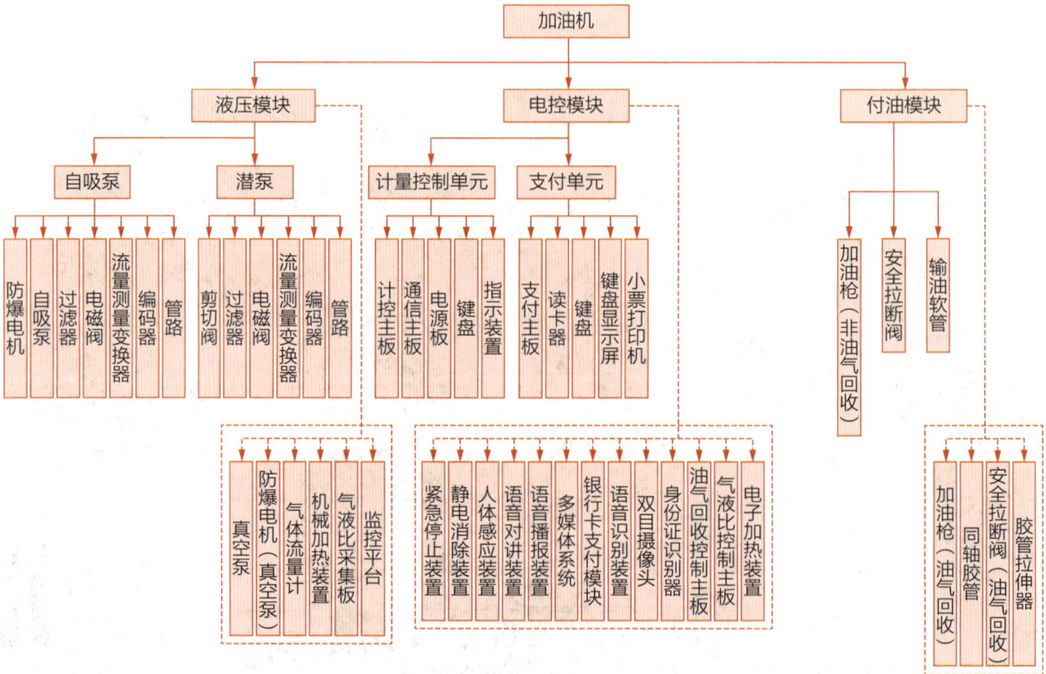

图 6.1　加油机结构模块

6.1.1　分类

按供油及压力形式分类，加油机可分为负压式和正压式，即自吸泵加油机和潜油泵加油机。

6.1.1.1 自吸泵加油机

自吸泵加油机主要由机架、外壳、防爆电机、油泵、油气分离器、流量测量变换器、防爆编码器、电磁阀、视油器、导静电输油胶管、油枪、防爆接线盒、税控微机计数器和键盘等组成。提起油枪或按“加油”键，开机信号送入税控微机计数器，税控微机计数器发出指令将加油机显示清零，同时启动防爆电机、打开电磁阀，防爆电机带动油泵将油吸入泵内，增压后送入油气分离器进行油气分离，气体被排出机外，油则进入流量测量变换器推动活塞做往复运动。流量测量变换器带动防爆编码器中的码盘，产生脉冲信号，送入税控微机计数器。流量测量变换器活塞每完成一个循环即通过了一定固定体积的油，防爆编码器则输出相应数量的脉冲信号，送入税控微机计数器进行运算显示，实现输出油量的计量和控制。经过计量的油通过电磁阀、导静电输油胶管，由油枪向机外受油容器供油。

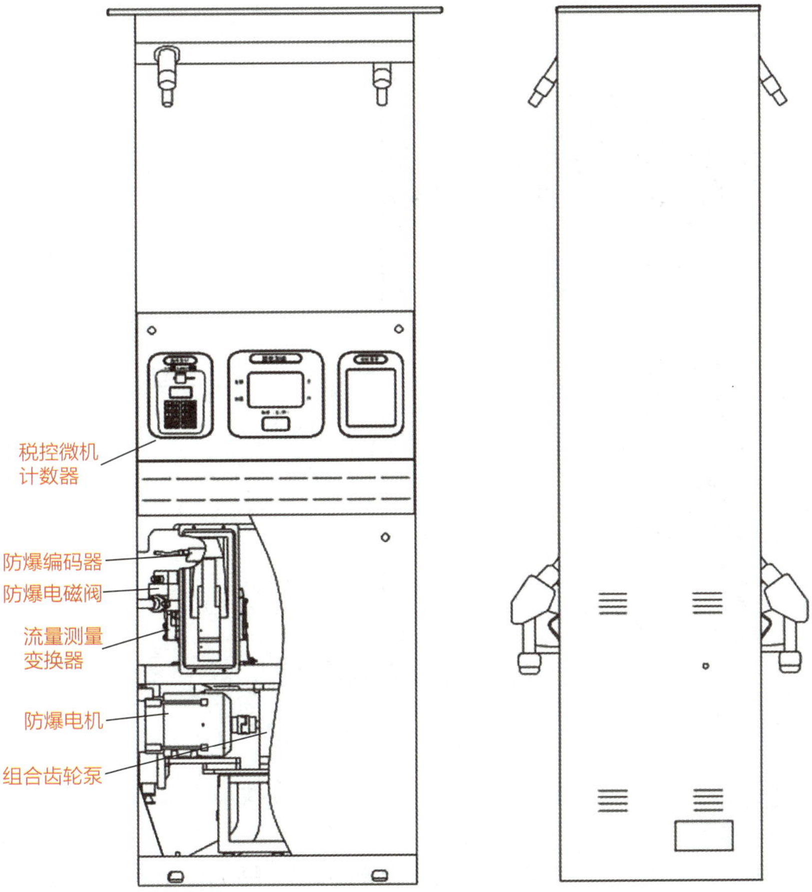

图 6.2 自吸泵加油机

6.1.1.2 潜油泵加油机

潜泵压送地下储油罐的油，进入流量测量变换器，经电磁阀及加油枪加出。流量测量变换器输出轴的角位移量经编码器转换成相应的电脉冲信号，由电子计数指示装置显示所输燃油的累计体积量。潜泵加油机的泵源设在储油罐的油中，可向多台流量测量变换器送油，再经油枪加出，计数指示装置同自吸泵加油机。加油机启动，加满受油容器后，可实现自动闭枪，其余如预置、调单价、开机、停机、查询和各种提示均可由操作键盘得以实现。

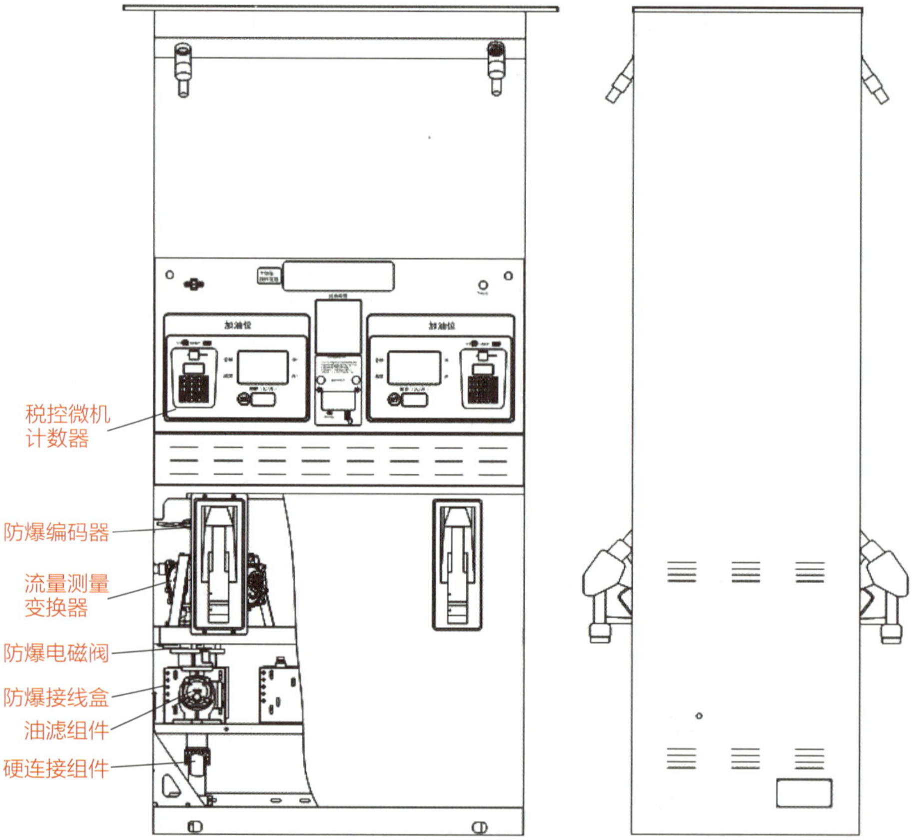

图 6.3 潜油泵加油机

6.1.2 加油枪

加油机的终端部件，用于油品加注，须具备自封功能，即加油枪在容器加满时能自动封闭。油气回收加油枪增加了气路及控制阀门和同轴双层枪管。

图 6.4 非油气回收加油枪

图 6.5 油气回收加油枪

6.1.3 胶管

胶管为传输油品的专用软管，静电导通合规；油气回收胶管为反向同轴胶管，其中，内管为气路，外管为油路。

图 6.6 普通胶管

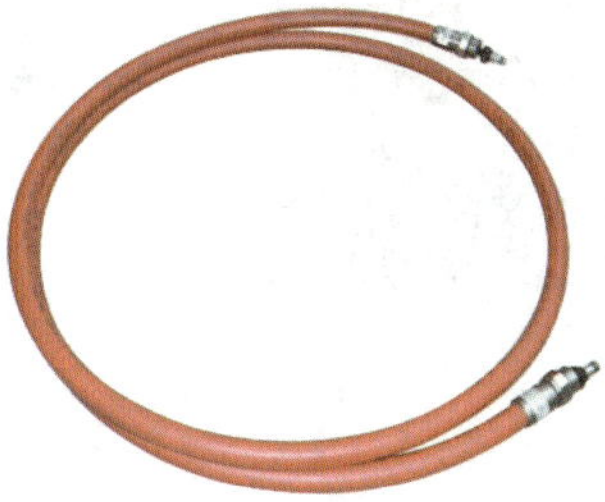

图 6.7 油气回收胶管

6.1.4 拉断阀

拉断阀由紧密相连的 2 个背靠背的单向阀组合而成，当加油机加油管受到足够大的外力拉伸时，阀体会从内部单向阀处脱离，脱离后两端的阀芯会自动关闭，将两端的油路及气路关闭。

图 6.8 普通拉断阀

图 6.9 油气回收拉断阀

6.1.5 电子部件

电子部件包括主板、显示板、电源板、键盘、通信板等，是一套装有加油机应用软件的小型微机系统，具有计数、运算、通信和控制功能，是加油机的控制中枢。

（a）主板

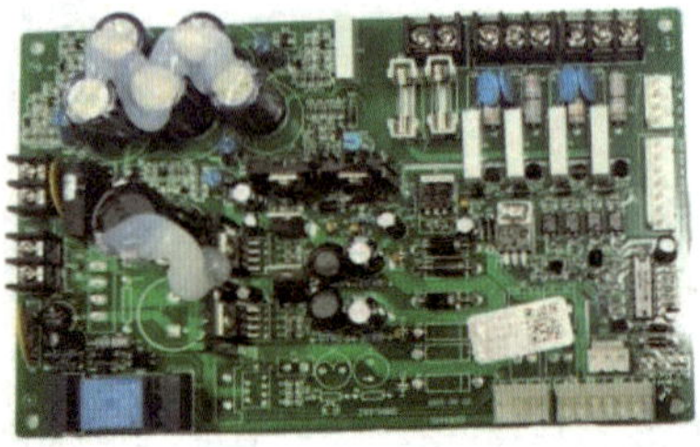

（b）电源板

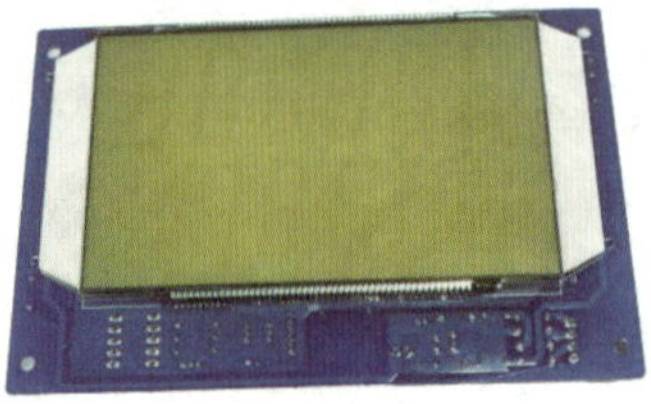

（c）显示板

（d）键盘

（e）通信板

图 6.10　电子部件

6.1.6 流量计

流量计是将输出的油料体积量转化为流量计传动轴的角位移量的装置。

（a）金属活塞式流量计

（b）皮碗活塞式流量计

图 6.11　流量计

6.1.7 编码器

编码器是将流量计传动轴的角位移量转换为脉冲数，与流量计共同将输出油料体积量转换为脉冲数，供电控模块进行运算、存储和显示的装置。

（a）光电编码器

（b）磁编码器

图 6.12　编码器

6.1.8　电磁阀

电磁阀是控制油路开关，并通过消除过冲量提高计量准确度的装置。

（a）电磁阀实物图

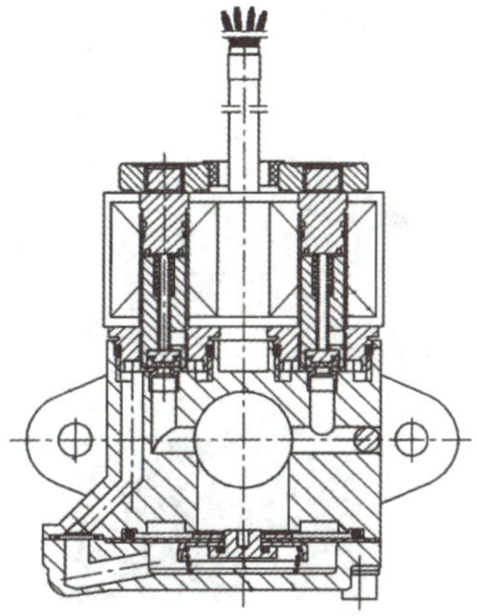

（b）电磁阀剖面图

图 6.13　电磁阀

6.1.9　自吸泵

自吸泵是将机械能转换为油料的压力能，把油罐中的油料吸上来并以一定的压力和流量排出，为加油机计量输送平稳油料的装置。

（a）叶片泵

（b）齿轮泵

（c）直连齿轮泵

图 6.14　自吸泵

6.1.10 紧急切断阀

紧急切断阀是潜油泵加油机附件，当发生火灾或加油被撞倒时，剪切阀芯自动关闭，切断油路。

（a）实物图

（b）剖析图

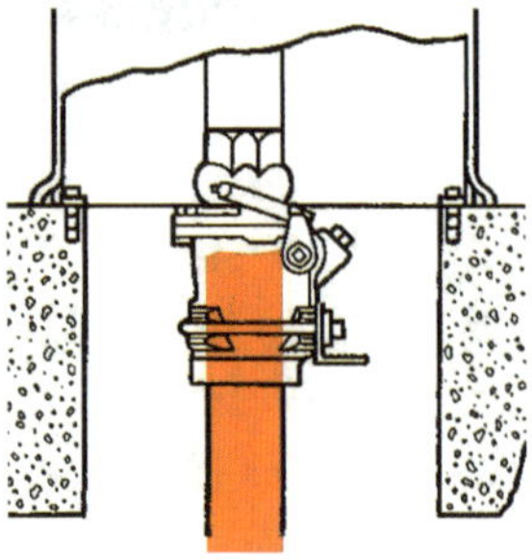

（c）安装图

图 6.15 紧急切断阀

6.1.11 读卡器

读卡器用于加油卡的读、写等操作。

（a）读卡器正面

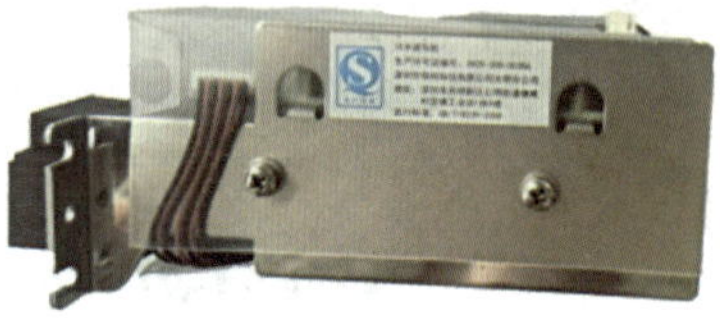

（b）读卡器侧面图

图 6.16 读卡器

加油机常见故障及解决办法，详见附件 4。

6.2 加气机

加气机是为机动车充装天然气，并具备计量和计价功能的加气设备，主要由加气枪、加气软管等部件组成。

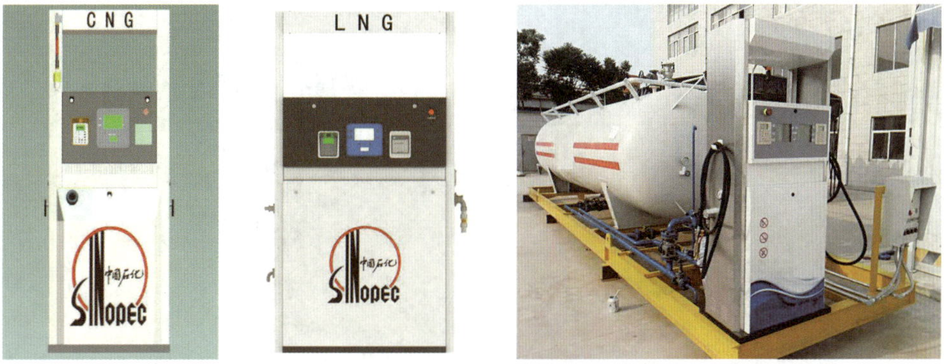

（a）CNG 加气机　（b）LNG 加气机　（c）LPG 加气机

图 6.17　三种加气机

6.2.1　加气枪

配备一把以上加气枪的加气机，应标明加气枪的枪号。

（a）CNG 加气枪头　（b）LNG 加气枪　（c）LPG 加气枪

图 6.18　三种加气枪

6.2.2　加气软管

加气软管具有抗天然气腐蚀的性能，长度不大于 6m，静电导通合乎要求。

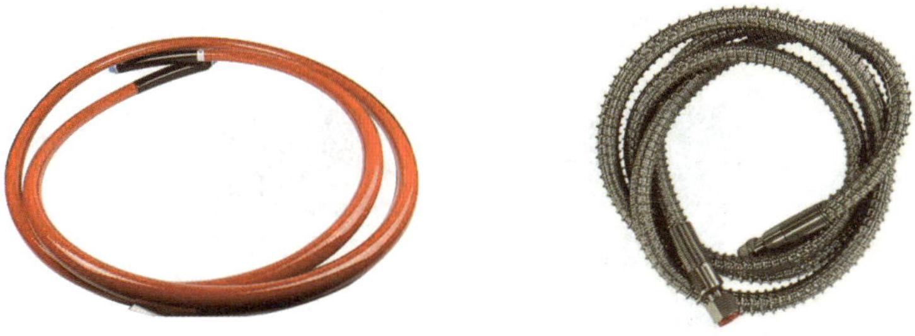

（a）CNG 加气软管　（b）LNG 加液软管

图 6.19　加气软管

6.2.3 拉断阀

拉断阀在外力作用下分开后，两端立即自行密闭，分成的两部分可以重新连接。

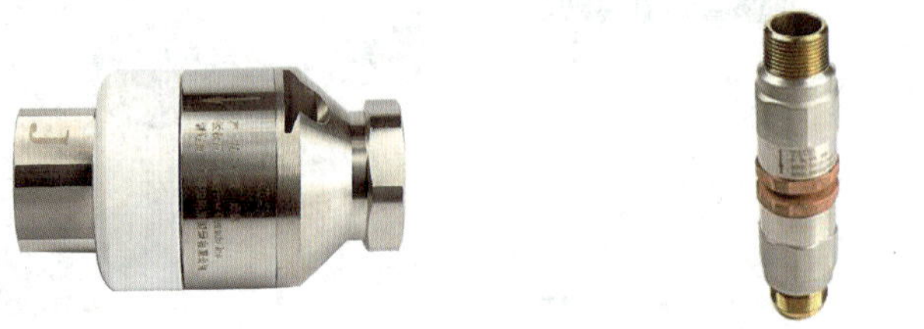

（a）CNG 拉断阀　　（b）LNG 拉断阀

图 6.20　拉断阀

6.2.4 安全阀

加气机内部的管道上设置安全阀。当加气机内部压力达到安全阀的定压时，安全阀立即开启泄压；当压力降到定压以下时，安全阀自动关闭。

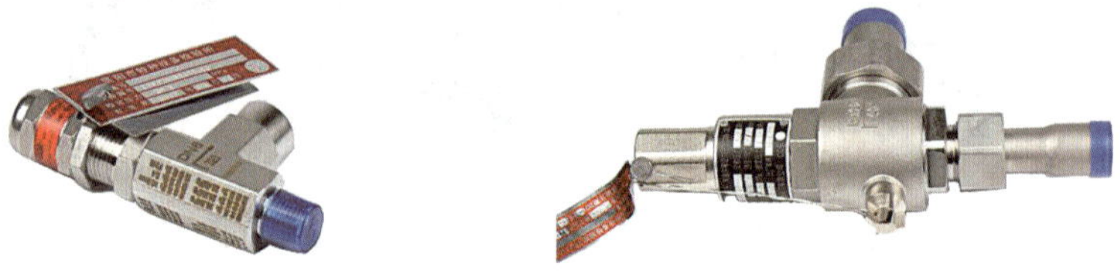

（a）CNG 安全阀　　（b）LNG 安全阀

图 6.21　安全阀

6.2.5 气体过滤器

气体过滤器设置于加气机的管道进口处，用于过滤天然气中颗粒直径较大的固体杂质。

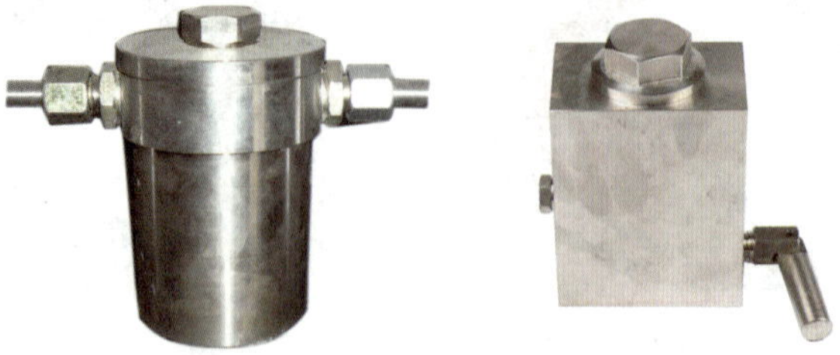

图 6.22　气体过滤器

6.2.6 电磁阀

电磁阀安装于加气机的上游管道，可自动控制气体或液体通断。

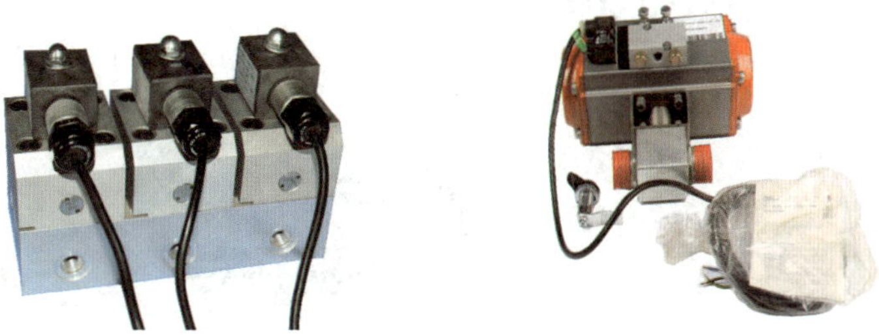

图 6.23 电磁阀

6.2.7 紧急切断阀

紧急切断阀安装于加气机的上游管道的显著位置，紧急状况下，可通过人工操作快速切断气源。

（a）CNG 紧急切断阀　　（b）LNG 紧急切断阀

图 6.24 紧急切断阀

6.2.8 质量流量计

质量流量计设置铅封部位，其下游无附加的旁通管路。

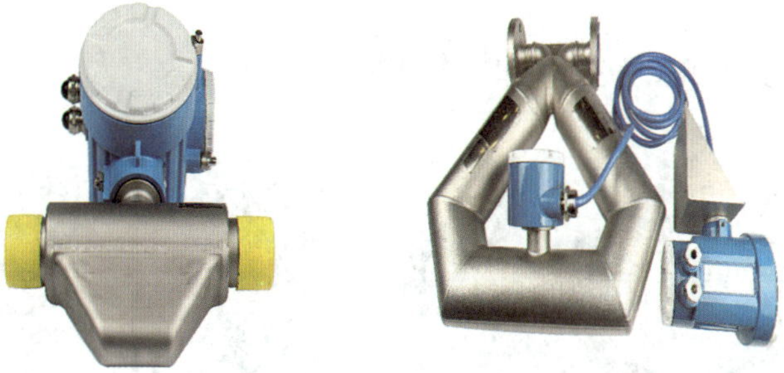

（a）CNG 质量流量计　　（b）LNG 质量流量计

图 6.25 质量流量计

6.2.9 压力传感器

压力传感器安装于加气机管道出口处，检测管道出口处的压力，保证当储气瓶的充装压力达到终止压力时，加气机能自动停止充装。

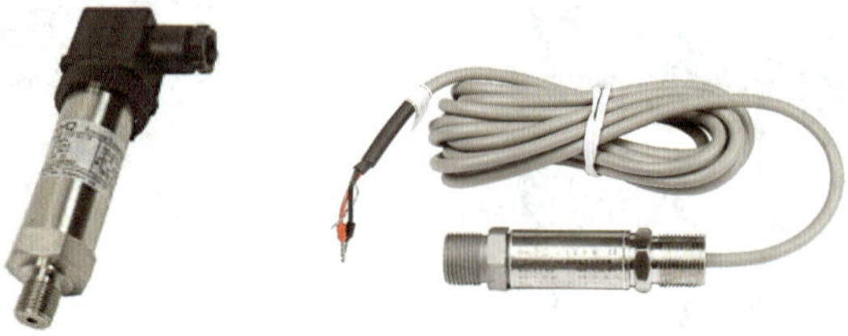

图 6.26 压力传感器

6.2.10 电子计控器

电子计控器接收质量流量计传输来的流量信号和压力传感器传来的压力信号，并按照预设的参数，进行运算、显示和控制的装置。

图 6.27 电控主板

6.2.11 压力表

压力表安装于加气机管道上，用以检测管道中的压力。

6.28 压力表

6.3

加氢机

加氢机是向氢能车辆充装压缩氢气或天然气混氢，并带有计量和计价等功能的专用设备。

6.3.1 组件

加氢机由机壳、压力传感器、防爆接线盒、过滤器、防爆电磁阀、质量流量计、气动球阀、加气加氢电脑控制系统、压力表、拉断阀、高压软管、加氢枪及不锈钢管件等部件组成。

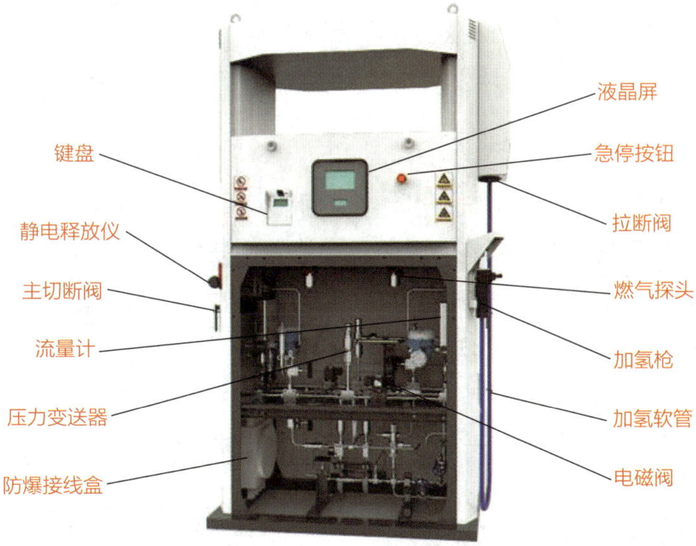

图 6.29 加氢机

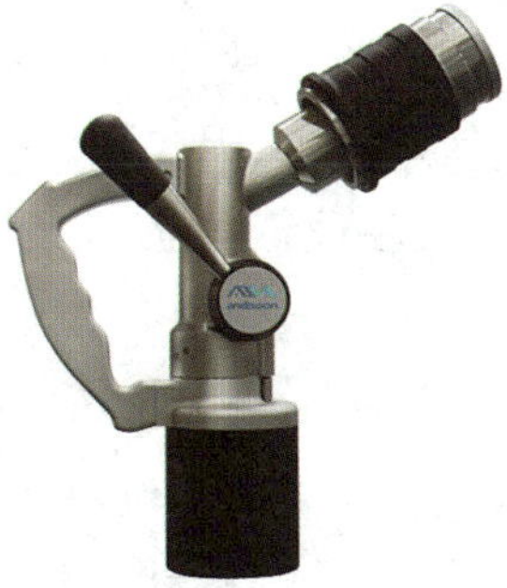

图 6.30 加氢枪

6.3.2 加氢枪状态

加氢枪通常分为可连接、连接到位、开启和关闭等状态。

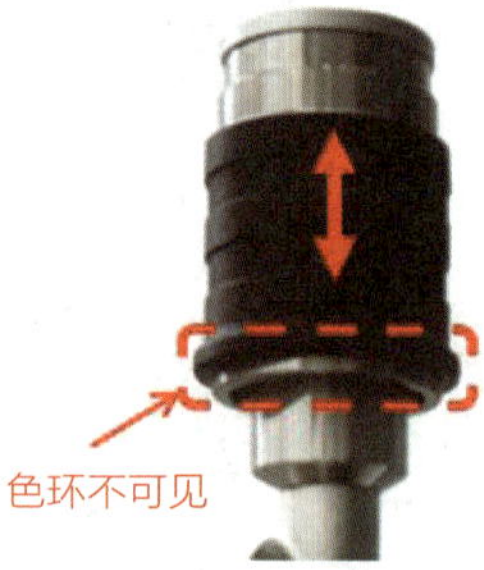

（a）可连接状态

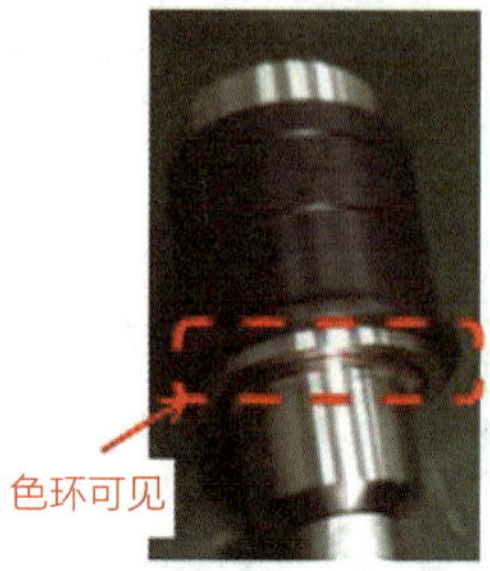

（b）连接到位状态

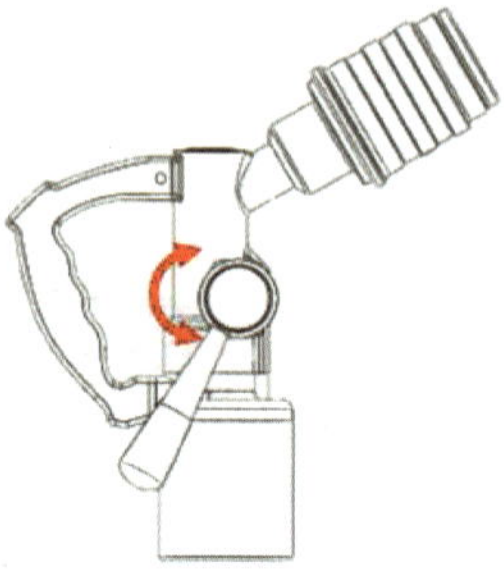

（c）开启状态

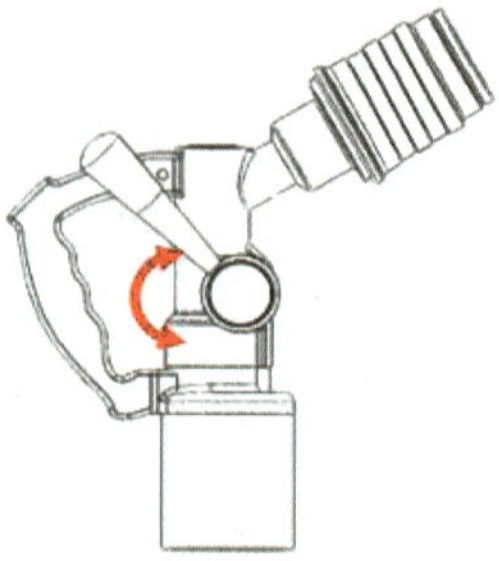

（d）关闭状态

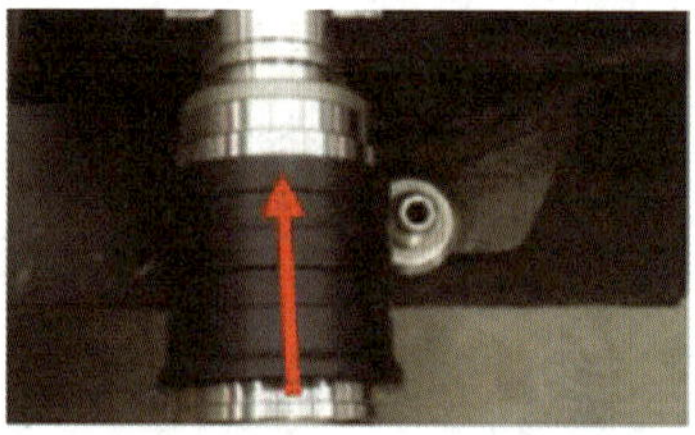

（e）插枪施力方向

（f）取枪施力方向

图 6.31　加氢枪状态

6.3.3 工作流程

压缩氢气经过输送管道进入加氢机，依次流经过滤器、单向阀、电磁阀、质量流量计、应急球阀、拉断阀、高压软管、加氢枪，流入被充气车的储氢瓶。由质量流量计测出流经的氢气质量，并将相关数据传给电脑控制器，电脑经自动计算得出相应体积（质量）、金额，并由显示屏显示给用户，完成一次加氢计量过程。

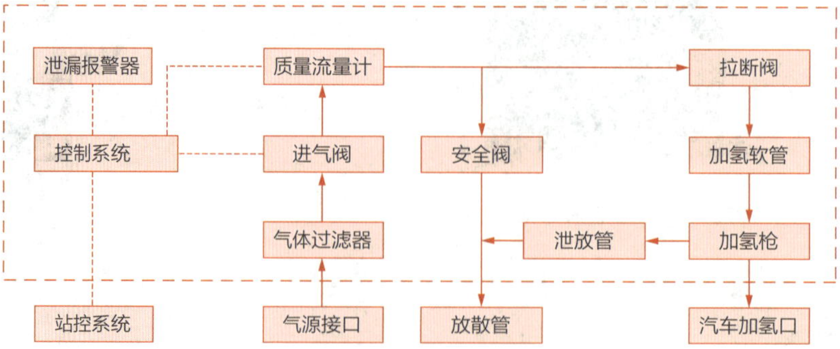

图 6.32　加氢流程图

6.4 充电桩

充电桩是给电动汽车充电的设备，主要分交流充电桩、直流充电桩、超级充电桩、直流充电堆、充电弓、移动式充电站等类型。

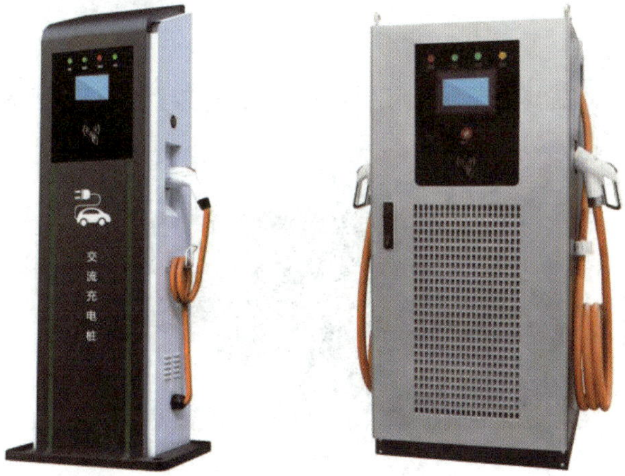

（a）交流充电桩　　（b）直流充电桩

图 6.33　充电桩

6.5 储油设备

储油设备主要包括储油罐、管线、操作井、观测井，以及人孔、通气管、阻火器、量油孔、双门底阀等附件。

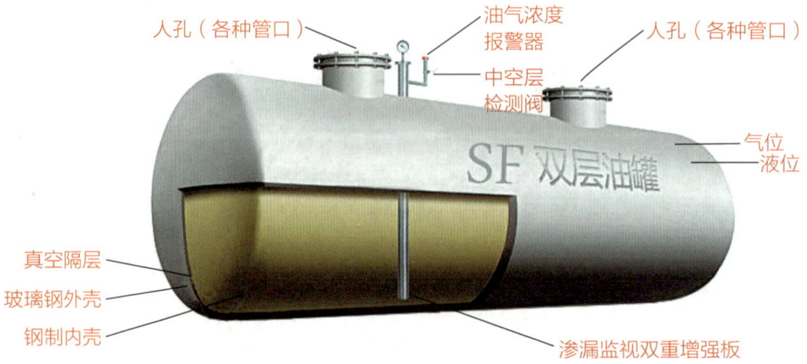

图 6.34　储油罐

6.5.1　人孔

人孔位于油罐顶部，主要用于油罐和维修人员修理油罐进出及通风排气。

图 6.35　储油罐人孔

6.5.2　通气管

由人孔盖引出，每个罐都有单独通气管，顶部装有阻火器。阻火器是防止火焰通过通气管进入油罐的设备。

图 6.36　储油罐通气管

6.5.3 量油孔

量油孔位于人孔上，内有铝合金制作的量油槽，量油尺应沿量油槽下滑，以防产生火花。

图 6.37 储油罐量油孔

6.5.4 双门底阀

双门底阀安装在油罐内吸油管的底部，用于加油机不吸油时，阻止油品从管道和加油机回流到油罐内。

（a）双门底阀实物图　（b）双门底阀分解图

图 6.38 双门底阀

6.6 消防设备

6.6.1 消防器材

加能站配备的消防器材主要有干粉灭火器、二氧化碳灭火器、泡沫灭火器、灭火毯和消防沙等。

（a）手提式干粉灭火器　（b）推车式干粉灭火器　（c）二氧化碳灭火器　（d）灭火毯

图 6.39　消防器材

6.6.2　适用火灾类型

干粉灭火器适用于扑救可燃液体、气体、电气火灾以及不宜用水扑救的火灾；二氧化碳灭火器适用于扑救 600V 以下电气设备、精密仪器、图书、档案的火灾，以及范围不大的油类、气体和一些不能用水扑救的物质的火灾；泡沫灭火器适用木材、棉、麻、纸张等固体火灾，也能扑救石油制品、油脂等一般类火灾，但不能扑救醇、酯、醚、酮等水溶性可燃、易燃液体的火灾。

6.6.3　使用方法

（1）手提式干粉灭火器。提取灭火器，上下颠倒两次让干粉松动，去掉铅封，拔掉保险销，一只手握着喷管，另一只手提着压把，在距火焰 2m 的地方，站在上风口或侧风方向，用力压下压把，手持喷管喷射干粉，由近及远，左右横扫，向前推进，不让火焰回窜。在扑救流散可燃液体火灾时，要对准火焰根部，由近及远，水平扫射，直到火焰被扑灭为止。在扑救用容器盛装的可燃液体火灾时，不要将喷嘴直接对准液面喷射，而应从容器侧面对准火焰根部水平扫射，以防火势扩大，造成扑救困难。干粉灭火器在使用时应始终直立，不能横卧或颠倒。

（2）推车式干粉灭火器。一般由两人配合操作，使用前将推车摇动数次，防止干粉长时间放置后发生沉积，影响灭火效果。两人一起将灭火器推或拉到燃烧处，在离着火点 10m 左右停下。一人拔出保险销，打开筒体阀门，另一人取下喷枪，展开喷射软管（软管不能弯折或绕圈），一只手握住喷枪枪管，另一只手用力勾住扳机，对准火焰根部，扫射推进，注意死角，防止复燃。

（3）手提式二氧化碳灭火器。将灭火器提至起火点，站在上风口或侧风方向，尽量靠近火源（2~3m），一只手抓住灭火器喇叭筒的根部，另一只手拔掉保险销后将手放在压把处，将喇叭筒向上扳 70°~90°，在扑救流散可燃液体火灾时，要由近及远向火焰喷射，当火灾面积较大时，要横向摆动喷嘴扫射；在扑救容器内火灾时，应从容器上部的一侧向容器内喷射，但不要让二氧化碳冲击到液面，以免液体冲出容器而使火灾扩大。全过程应保持灭火器的直立状态；不能将手接触喷嘴或金属管，以防被冻伤；当室内空间狭小时，火被扑灭后，要迅速撤离，以防中毒或窒息。

（4）手提式泡沫灭火器。拿取灭火器时不可横放，以免泡沫提前喷射，在距离火源 10m 左右，站在上风口或侧风方向，颠倒持住灭火器，一只手按住瓶底，另一只手紧握提环进行灭火，在扑救固体火灾时，应将喷嘴对准燃烧最猛烈处喷射。在扑救容器油品火灾时，应将泡沫喷射到容器内壁上，使泡沫顺容器壁流下，平行流动覆盖在油面上。在扑救流散油品火灾时，应对准火焰根部，由近及远扫射。药液须一次性用完，切勿中途堵住喷嘴，否则易发生爆裂事故。

6.6.4 配备标准

（1）每 2 台加气（氢）机应配置不少于 2 具 5kg 手提式干粉灭火器，加气（氢）机不足 2 台应按 2 台配置。

（2）每 2 台加油机应配置不少于 2 具 5kg 手提式干粉灭火器或 1 具 5kg 手提式干粉灭火器和 1 具 6L 泡沫灭火器，加油机不足 2 台应按 2 台配置。

（3）地上 LPG 储罐、地上 LNG 储罐、地下和半地下 LNG 储罐、地上液氢储罐、CNG 储气设施，应配置 2 台不小于 35kg 推车式干粉灭火器，当两种介质储罐之间的距离超过 15m 时，应分别配置。

（4）地下储罐应配置 1 台不小于 35kg 推车式干粉灭火器，当两种介质储罐之间的距离超过 15m 时，应分别配置。

（5）LPG 泵、LNG 泵、液氢增压泵、压缩机操作间（棚、箱），应按建筑面积每 $50m^2$ 配置不少于 2 具 5kg 手提式干粉灭火器。

（6）一级、二级加油站应配置灭火毯 5 块、沙子 $2m^3$；三级加油站应配置灭火毯不少于 2 块、沙子 $2m^3$。加油加气合建站按同级别的加油站配置灭火毯和沙子。

6.7 电气设备

6.7.1 设备分类

加能站电气设备主要有配电柜（盘）、发电机、变压器、防雷防静电检测点等。

图 6.40　配电柜

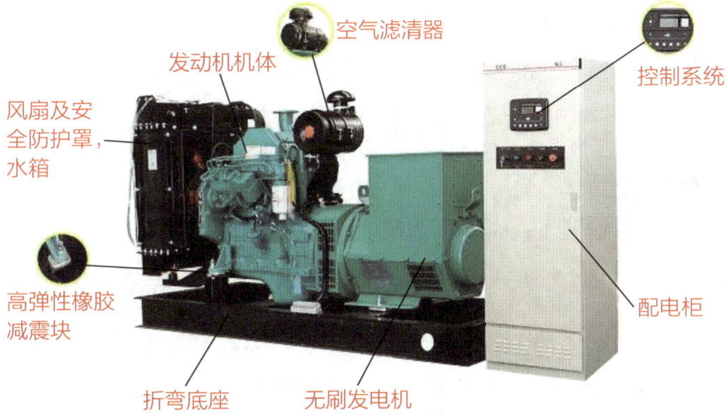

图 6.41　发电机

图 6.42　变压器

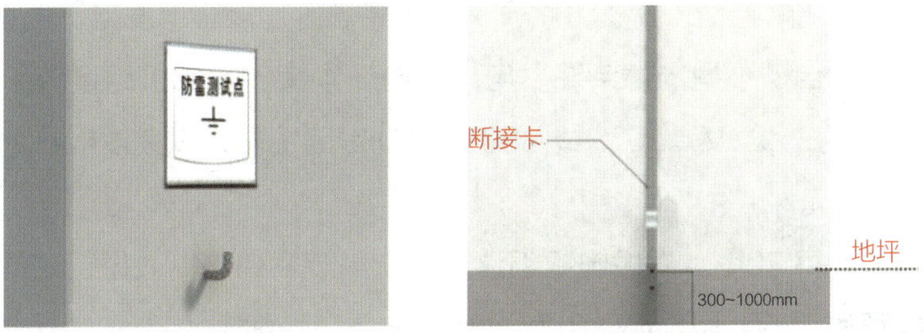

（a）接地检测点

说明：当利用混凝土内的焊接钢筋作为引下线，并同时采用基础钢筋作为接地体时，可不设断接卡，但应在室内外的适当地点设接地检测点。

（b）断接卡

说明：当利用混凝土内的钢筋作引下线，与接地网或独立接地体连接时应设断接卡。

图 6.43　防雷防静电检测点

6.7.2　配电柜（盘）

一次入户的配电柜（盘）下应配置绝缘胶垫；各部件连接螺栓坚固可靠，漏电保护、超压和欠压保护、限流保护、避雷器、接地等保护装置完好有效；各类指示灯及电压正常，应急灯完好；电气设备在正常运行和维修时，应正确悬挂“有电危险”“正常运行”“严禁合闸”等警示牌，其中，电气设备在维修时，配电箱断开工作回路的开关上悬挂“严禁合闸”等警示牌。故障排除由专业人员实施。

6.7.3　发电机组

发电机组是加能站的备用电源，以燃烧燃油换取电能的一种补充供电方式。加能站配备的发电机组大多数以柴油机作为原动机，再通过联轴器与发电机相连接，用底盘将其结合成为机组。一般按照“准备→启动→送电→运行监护→停机”五个步骤操作。

（1）准备。查看机组仪表是否完好正常，电源输出开关是否关闭，冷却水、燃油和润滑油是否充足；拔出机油针，观察机油在上、下刻度线之间为最佳；蓄电池每格酸液都应该在最低线和最高线之间，蓄电池的接线完好牢固。

（2）启动。将原动机油门拉至略大于怠速位置。电启动机组每次启动的时间在10s内，与第二次启动间隔2min；手摇机组须使用减压阀。冬季启动时，宜采用启动喷雾或加热、预热的办法来配合。机组运转后机油压力在0.2MPa以上（手摇式机组有浮标指示），充电指示在15A左右；怠速运行2~3min后将转速逐步提高，使频率指示至50Hz后锁紧油门，再调整励磁电压（手动或自动）观察电压指示在380~400V即可；待永动机水温指示到60℃以上时方可带负荷，合上机组电源输出开关，禁止带负荷调整油门。

（3）送电。先关闭配电柜（盘）分路开关，再将总闸切换至“发电”挡位，然后逐个合上分路开关。在使用自备小型内燃柴油发电机组时，须待到发电机组运转平稳后再向加能机供电，并保证电压在220V±10%或380V±10%范围内，以免发电机启动时的高峰值电压烧坏加能机电脑元件。

（4）运行监护。每20min对发电机组巡查一次；观察仪表指数是否正常，要保证输出电压为额定值，频率为50Hz；观察电刷与滑环间有无光强烈火花；发电机温度不超额定值；排烟颜色是否正常；注意发电机组金属敲击声和轴承声有无异常。

（5）停机。关闭分路将总闸切换至“市电”挡位，合上分路开关，观察用电设备是否正常。验证供电正常后，可关闭发电机组电源输出开关，降低原动机转速至怠速，待水温降至70℃以下时，可搬动减压阀或关闭油门停车。

6.7.4 变压器

利用电磁感应的原理来改变交流电压的装置，主要构件是初级线圈、次级线圈和铁芯（磁芯），具备电压变换、电流变换、阻抗变换、隔离、稳压（磁饱和变压器）等功能。

6.7.5 防雷防静电检测点

（1）具体位置。防雷防静电检测点设置在站房、油罐、卸油口、罩棚、立柱、加油机、发电机、配电柜（盘）及其他电器的保护接地部位。

（2）阻值要求。防雷接地、防静电接地、电气设备工作接地、保护接地以及信息系统宜共用接地，接地电阻不大于4Ω；地上或管沟敷设的油品管道、LPG管道、LNG管道、CNG管道、氢气管道和液氢管道，其接地电阻不大于30Ω；防静电接地装置的接地电阻不大于 100Ω。各自单独设置接地装置的，油罐防雷接地装置的接地、配线电缆金属外皮两端和保护钢管两端的接地装置的接地，其阻值不大于 10Ω。

（3）检测周期。防雷、防静电的接地装置每半年检测一次，由具备资质的单位具体实施。

6.8 油气回收设备

6.8.1 系统简介

油气回收系统由一次油气回收系统（卸油油气回收系统）、二次油气回收系统（加油油气回收系统）、三次油气回收系统（油气回收处理装置）、在线监测系统组成。通过相关工艺，将加能站在卸油、储油和加油过程中产生的油气进行密闭收集、储存和回收处理，抑制油气无控逸散挥发，达到保护环境及客户、员工身体健康的目的。

6.8.2 工作原理和组件

（1）一次油气回收。通过压力平衡原理，将在卸油过程中挥发的油气收集到油罐车内，运回油库进行油气回收处理的过程。主要的组件设备有油罐车、油罐车油气回收口、油气回收胶管及快速接头。

（2）二次油气回收。采用真空辅助式油气回收设备，将在加油过程中挥发的油气，通过油气回收管线收集到地下储罐内的过程。主要设备有油气回收加油枪、真空泵、油气回收铜管线、集液器、油罐

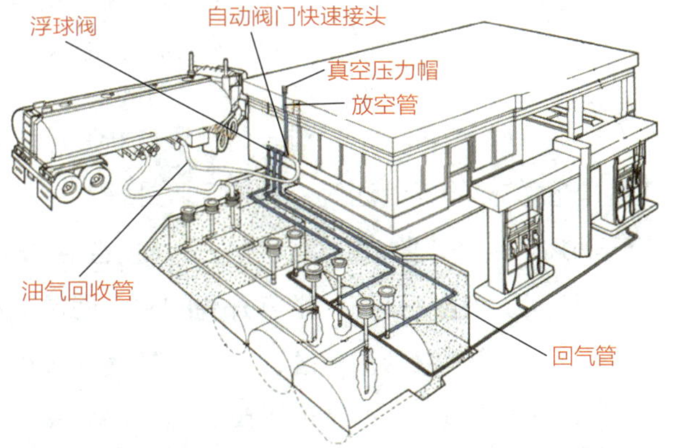

（a）回气管线快速接头　（b）浮球阀　（c）真空压力阀

图 6.44　一次油气回收原理及主要组件设备

P/V 真空压力阀等。

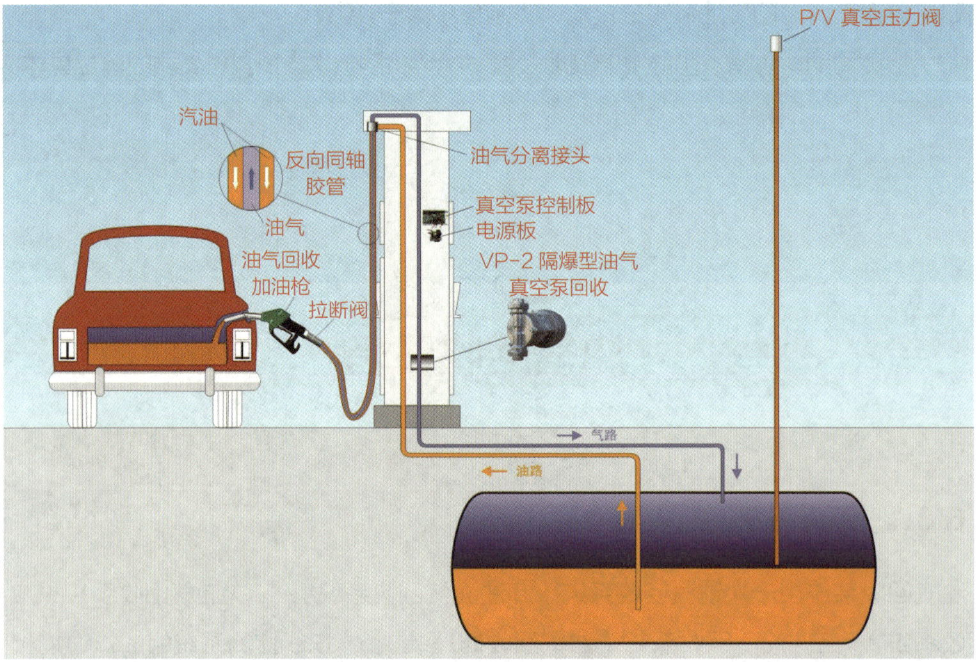

（a）变频真空泵　（b）油气回收拉断阀　（c）油气回收加油枪　（d）反向同轴胶管

图 6.45　二次油气回收系统及组件设备

（3）三次油气回收。通过吸附、吸收、冷凝、膜分离等方法，对油罐内超过规定压力限值时需要排放的部分油气，进行回收处理。主要的设备有主机和控制箱等。当油罐压力上升至 150Pa 时，监测油罐的压力传感器会启动主机，压缩机从储油罐中抽油气混合物，油气被压缩导致温度升高。温度升高的油气通过冷却器，变为油气混合物和液体汽油，进入分离器，液体汽油从油气混合物中分离后，暂存在分离器中等待后续的排液并回流至油罐，剩下的油气混合物继续进入膜分离。膜分离装置一侧为正压，另一侧为真空。当碳氢化合物分子通过膜分离装置时，会被吸附在膜材料中，空气分子被膜表面所排斥，作为干净空气从主机中被释放出来。在正压侧与真空侧之间的压力差使碳氢化合物分子被抽过膜分离装置，真空泵将超饱和油气返回至油罐。当油罐压力低于 -150Pa 时，主机会自动关闭，处于待机状态，直到压力再次升高。然后，分离器的阀门打开，将储存的液体汽油排放回地下罐。

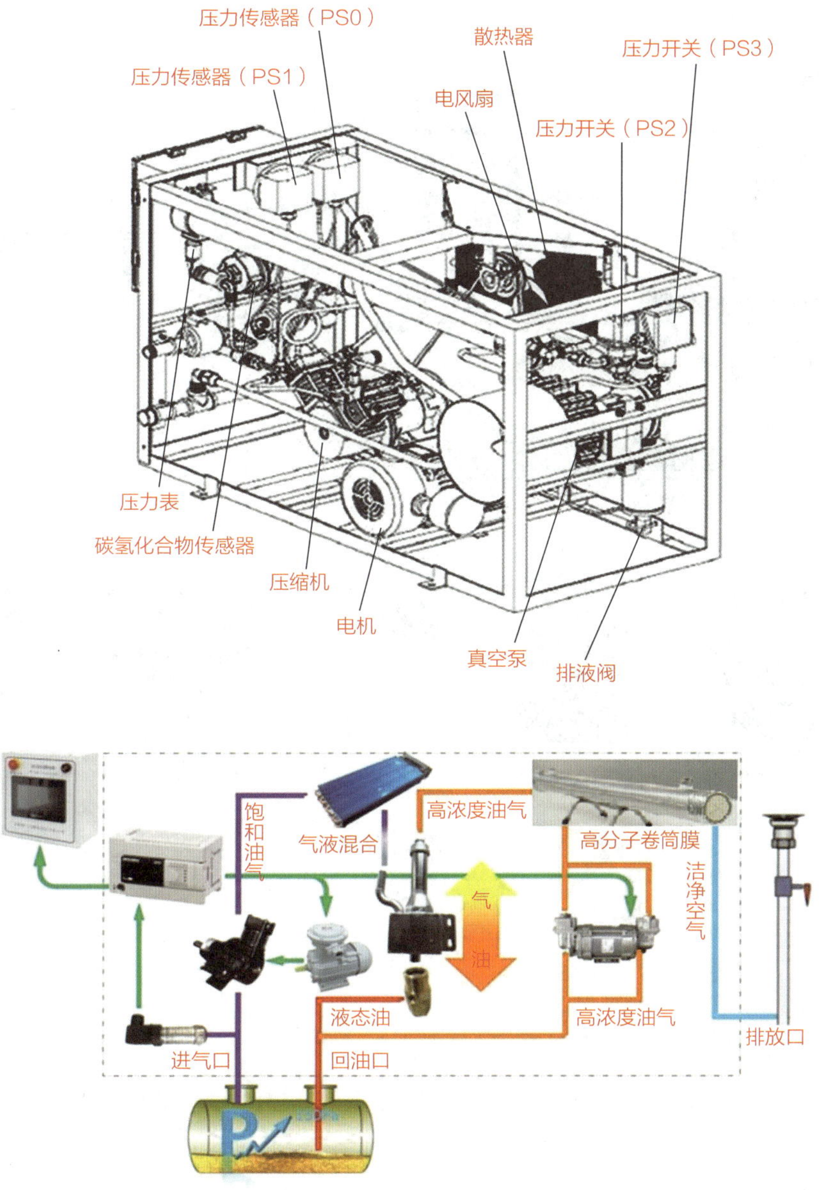

图 6.46　三次油气回收主机及回收工作流程

（4）在线监测系统。在线监测二次油气回收过程中的气液比，以及油气回收系统的密闭性和管线液阻是否正常，发现异常时，将进行提示，并记录、存储、处理和传输监测数据。主要的设备有气体流量计、气液比采集板、油气回收控制板、压力变送器、企业浓度传感器、在线监控后台等。

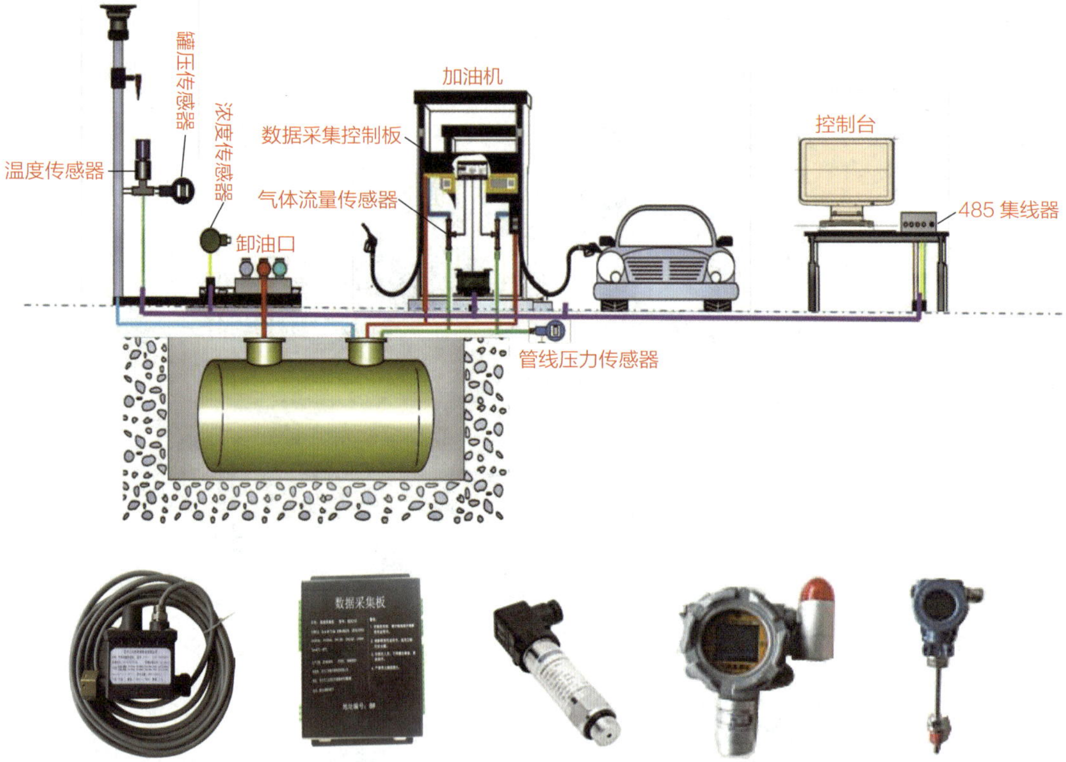

（a）气体流量传感器　（b）数据采集控制板　（c）压力传感器　（d）浓度传感器　（e）温度传感器

图 6.47　在线监测系统安装示意图

6.8.3　操作规程

1）一次油气回收装置操作规程

（1）应先连接好卸油胶管和油气回收胶管，然后打开油罐车油气回收阀门和卸油口油气回收阀门，再开启油罐车卸油阀门卸油。

（2）保持阻火器（帽）通气管下端的阀门处于关闭状态。

（3）保持机械呼吸阀（P/V 阀）通气管下端的阀门处于开启状态。

（4）卸油结束时，先关闭油罐车卸油阀门，再关闭油罐车油气回收阀门和卸油口油气回收阀门，最后拆除油气回收胶管。

2）二次油气回收装置操作规程

（1）保持阻火器（帽）通气管下端的阀门处于关闭状态。

（2）保持机械呼吸阀（P/V 阀）通气管下端的阀门处于开启状态。

（3）保持加油机内油气回收真空泵下端的阀门处于开启状态。

（4）加油时，油枪应由小挡位逐渐开至大挡位。

（5）将油枪枪管处的集气罩（皮碗）罩住汽车油箱口。

（6）加油时，将枪管口向下充分插入汽车油箱，加油过程中确保加油枪集气罩始终与油箱口密闭连接。

（7）油枪自动跳停应停止加油，不建议通过反复跳枪加满。

（8）加油完毕，等数秒后挂回油枪。

（9）油枪胶管不用时要盘放整齐，防止被碾压。

3）三次油气回收装置操作规程

（1）保持阻火器（帽）通气管下端的阀门处于关闭状态。

（2）保持机械呼吸阀（P/V 阀）通气管下端的阀门处于开启状态。

（3）打开三次油气处理装置进气阀与回气阀。

（4）接通主电源开关。

（5）将三次油气处理装置设定在自动状态。

（6）观察控制箱显示屏显示的数据是否正常。

（7）停机先关闭主电源开关，然后再关闭处理装置进气阀与回气阀。

4）集液器操作规程

（1）潜油泵自动回收方式。常闭与潜油泵连接的集液器虹吸阀门；定期打开虹吸阀门，在加油机正常加油时，虹吸自动将集液器内油品回收到相应油罐。

（2）手摇泵定期回收方式。打开集液器密封盖；将手摇泵吸油管线伸入集液器底部，手摇泵出油管口伸入铝制油品回收桶；摇动手摇泵摇杆至吸尽集油；收回手摇泵吸油管线，关闭集液器密封盖，将抽出油品回罐。

（3）井底开口定期排放方式。铝制油品回收桶放置在集液器（集液井是放置集液器的设施，相当于“人孔井”和人孔的关系）底部开口（管口）处；打开集液器底部开口（管口）阀门，放尽集油；关闭集液器底部开口（管口）阀门；将回收桶内油品回罐。

6.8.4 使用注意事项

（1）在正常使用状态下，保持机械呼吸阀（P/V 阀）通气管下端的阀门处于开启状态、阻火器（帽）通气管下端的阀门处于关闭状态；保持加油机内油气回收真空泵下端的阀门处于开启状态，测试液阻的堵头处阀门处于关闭状态。

（2）在下列故障状态下，应注意机械呼吸阀（P/V 阀）通气管下端的阀门、阻火器

（帽）通气管下端的阀门以及加油机内油气回收真空泵下端阀门的开闭状态：

①当机械呼吸阀（P/V 阀）发生故障时，应立即打开阻火器（帽）通气管下端的阀门，同时关闭机械呼吸阀（P/V 阀）通气管下端的阀门，对机械呼吸阀（P/V 阀）进行检修或更换；

②当加油机油气回收真空泵发生故障时，应立即打开阻火器（帽）通气管下端的阀门。

（3）安装有三次油气回收系统的站在卸油时要确保设备处于正常运行状态，不得切断电源。

（4）确保卸油过程中储油罐的气密性完好，不得在卸油过程中从储油罐计量口进行测量、取样等操作。

（5）加油枪要避免碰撞、敲击、被碾压或过度折弯，以免损坏内外管路。

（6）当油箱管口接近水平时，将加油枪逐渐向上提，方可正常加油。否则，自封球后滚堵住感应口，加油会立即跳枪。

（7）加油过程中，应将加油枪集气罩固定在油箱口，不得频繁拔枪，查看油箱内油品液面。

（8）加油速度不宜太快，因为飞溅的油液可能会在油箱加满之前使油枪跳枪停止加油。

（9）油枪自动跳停后，应避免强行继续向油箱加油，以免加油枪的感应口有汽油进入，造成加油枪频繁跳停。

（10）在计量时应停止所有油气回收加油枪作业，计量员站在上风口，缓慢打开计量口阀门，避免吸入油气。

（11）油气处理系统在油气存封冷凝过程中，当给系统通电或给主机复位时，不要靠近主机。

（12）随时检查加油枪上的集气罩，集气罩损坏时要及时更换。

6.9 监控设备

6.9.1 硬件要求

监控硬件要求探头高清，加注区、储罐区、收银区、进出口等关键位置全覆盖、无死角，不得擅自调整角度；监控主机必须保持 24h 开机、联网；监控录像要清晰完整、回放自如，存储时长至少 90 天以上；不在监控主机上安装与视频监控工作无关的软件；不擅自打开、撬动主机柜，破坏或更换监控主机硬盘。

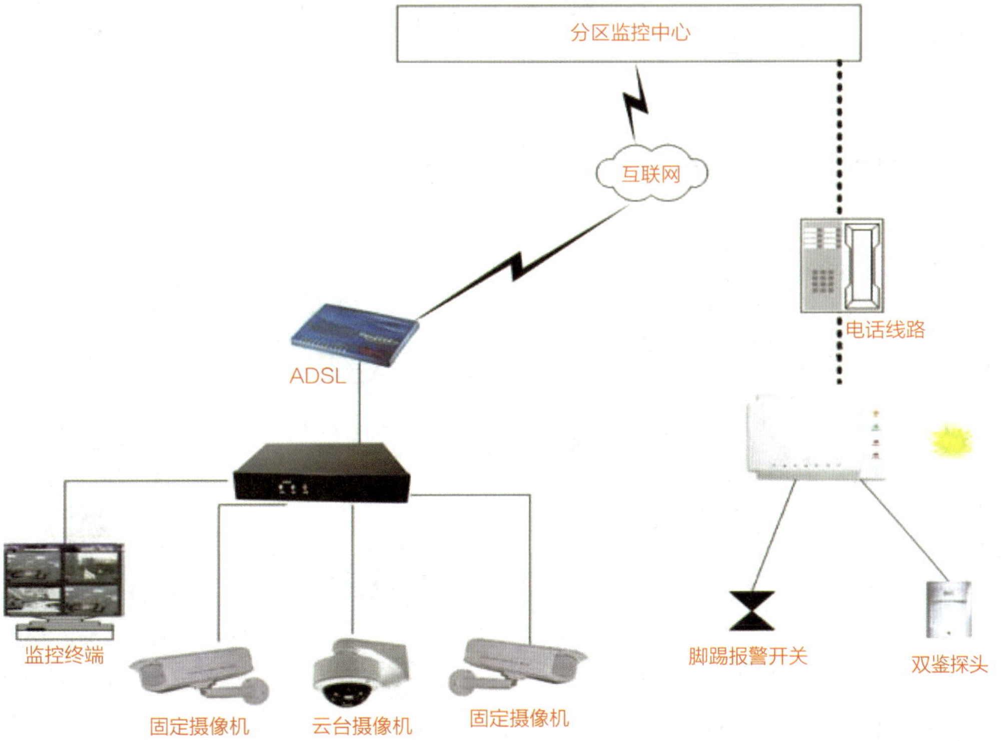

图 6.48 监控设备

6.9.2　权限管理

加能站根据视频监控系统功能，按岗位确定本站视频监控系统操作员，负责日常使用操作员账号（仅具备查看录像回放的权限）进行录像回放和查询，不得擅自将账号提供给不具备使用权限的人员；当人员、账号权限发生变更时，报上级部门调整。

6.9.3　使用要求

员工在终止操作或离开岗位时，应退出系统；当监控设备出现异常或故障时，应及时报上级部门，并做好故障记录；不在视频监控系统上进行与视频监控无关的操作；严禁删除视频信息和运行日志；严禁擅自翻拍、拷贝视频录像。

6.10 检查标准

加能站设备设施检查标准详见附件 5～附件 9。

第 7 章

HSE 管理

7.1
通用原则

7.1.1 概念

HSE 是健康（Health）、安全（Safety）、环境（Environment）管理体系的简称，是加能站识别危害、评价和控制风险的一个系统工程，HSE 管理涵盖加能站的所有业务、工作流程，所有岗位及人员。

7.1.2 HSE 组织和责任

（1）成立以站经理为第一责任人的 HSE 工作小组，明确小组成员职责分工，认真落实中国石油化工集团有限公司 HSE 管理体系手册有关要求。每班应设兼职安全员，负责检查现场 HSE 管理措施的落实。

（2）建立岗位工作职责和 HSE 责任制，明确站经理、安全员和其他营业员在经营活动中的 HSE 职责及考核机制。

（3）站经理每年应与上级公司签订 HSE 责任书，对 HSE 目标、责任、措施、行为等内容安全承诺并公示，员工每年签订《HSE 承诺书》。

7.2 HSE 培训

7.2.1 基本要求

（1）站经理、安全管理人员应接受系统内外的安全教育培训，并考核合格后持证上岗；特种作业人员、特种设备操作人员等，遵照国家规定培训取证，并按期复审。

（2）新员工上岗前必须进行三级安全教育培训，岗位调换、转岗、脱岗 3 个月以上重新上岗的营业员，应重新进行站级和班组级的安全培训，考核合格后上岗。

（3）采用新工艺、新技术、新材料、使用新设备或进行检维修和施工时，必须对作业人员进行相应的专项安全培训。

（4）营业员每年参加不少于 20 学时的安全培训，领班每年参加不少于 24 学时的 HSE 培训。

（5）安全员负责对外来参观、学习、检查人员进行安全提示。

（6）各种安全教育、活动的组织开展情况应留有记录。

7.2.2 安全教育培训计划及实施

（1）加能站应及时收集、整理全员培训需求，编制年度培训计划及方案。培训计划因故不能执行时，须及时调整，并记录变更情况。

（2）按照年度培训计划，以班组为单位，领班为主导，积极采用师带徒、操作比武、应急演练等多种形式，开展在岗不脱产培训和考核。

（3）具体培训内容见附件 10《加能站安全培训内容》。

7.2.3 班组安全活动

（1）班组安全活动由领班组织，每月活动不少于 2 次，站经理至少参加 1 次。

（2）活动内容包括学习 HSE 文件、制度、操作规程，掌握设备设施、劳动防护用品使用与维护知识，开展危害因素识别和隐患排查，制定风险防范措施，进行安全经验分享、应急培训和应急预案演练，提出安全生产合理化建议等。

（3）活动结束后，做好相应记录。

7.3 安全风险分级管控与隐患排查治理

7.3.1 风险识别与管控

7.3.1.1 风险识别管控原则

（1）全覆盖原则，岗位职责所涉及的所有作业活动和相关的设备、设施要全覆盖，要逐区域、逐专业、逐设备、逐操作、逐维修和施工作业开展风险识别。

（2）集体识别原则，应组织岗位操作人员、有关技术人员和管理人员，组成识别小组，识别岗位风险。

（3）统一审查原则，基层单位要对识别的岗位风险统一审查、确认，形成基层岗位危险事件清单，详见附件 11《岗位危险事件清单》。

7.3.1.2 岗位风险识别

对本岗位的作业活动和涉及的设备设施等开展风险识别，重点结合日常操作中可能造成人身伤害、中毒、危险化学品泄漏、火灾爆炸、财产损失等各种危险事件，以及初期应急处置的风险开展识别工作。

1）危险源识别

识别岗位上实际存在的危险源，危险源识别应覆盖岗位所能涉及的危险化学品、物理化学性质、自然环境、生物疾病、安保等方面的危险源。危险源主要包括但不限于附件 12《岗位危险源识别参考表》。

2）危害因素识别

识别每个危险源可能导致事故事件的因素。针对每一个危险源，从工艺、设备、外部影响、环境因素、操作与施工、其他等方面，识别可能导致危险（源）释放的危害因素。

详见附件 13《岗位危害因素参考表》。

3）危险事件识别

根据危险源、危害因素，识别每个危险源可能发生的危险事件，并识别预防危险事件发生或减轻其后果的各种措施（包括硬件措施、个体防护和管理程序等），形成岗位危险事件清单，详见附件 11。

7.3.1.3 管理要求

（1）岗位风险识别原则上每年开展一次，新改扩建工程施工项目，以及发生人员、设备、工艺变更后要同时进行岗位风险识别，检维修项目要结合实际适时进行岗位风险识别。

（2）结合岗位风险定期评估，及时调整操作规程，做好岗位培训，确保员工规范操作，有效管控风险。

（3）根据识别结果进行岗位风险排序，针对岗位风险制定相应的应急处置措施并组织演练。

（4）岗位操作人员根据识别出的风险清单进行日常检查。

7.3.2 隐患排查与治理

7.3.2.1 隐患内容

（1）包括危及加能站的不安全因素、导致事故发生或扩大的设备设施隐患、可能造成职业病和职业中毒的劳动环境以及可能对大气、地下水资源和社区环境造成的污染问题。

（2）应对排查出的隐患进行分级管控，建立隐患清单。

7.3.2.2 隐患排查

对照法律法规、标准规范和管理制度，有重点地持续开展隐患排查，做到全覆盖。通过日常检查、定期检查、专业排查、专项排查和事故类比排查等多种形式进行排查。建立隐患排查治理档案，分级准确。

7.3.2.3 隐患治理

按期完成隐患治理，评估治理效果。隐患排查治理档案应包含“五定”措施，即定方案、定资金、定期限、定责任人、定应急。“五定”措施要合理、有针对性，隐患治理前应当落实有效的防护措施。

7.4
HSE 检查

7.4.1　基本要求

（1）每日做好站内重点区域的安全日查和岗位巡检，当班营业员作业时做好现场安全监管；每周组织一次 HSE 综合检查；根据季节特点和重大节日开展 HSE 专项检查。

（2）各级 HSE 检查中发现的问题及隐患能自行解决的迅速整改，无力解决的及时上报，同时采取防范措施，实现闭环管理。

（3）对政府组织的执法督察做好记录、上报，根据要求做好整改和反馈。

7.4.2　运行检查

根据各级 HSE 管理制度，对文件、档案、台账、记录、管理及作业活动等进行检查。

7.4.2.1　现场检查

通过现场观察和视频录像回放的方式，对照设备操作规程和作业指导书对设备操作和现场作业过程进行合规性检查，重点检查作业过程中的不安全行为。

7.4.2.2　合法依规运行

（1）加能站依法取得证照。新改扩建项目按照法规要求取得相应证照和行政许可，无超范围经营。

（2）主要负责人、HSE 管理人员按地方政府要求取证，考核合格。特种作业人员、特种设备管理人员、特种设备作业人员等必须取得相应资格，具备相应能力。

7.4.2.3　运行管理

（1）视频监控录像存储时间不低于 90 天，摄像头角度合理、无盲区。

（2）对联锁报警有效管理，报警设置和处置要做好记录。

（3）强化运行异常管理，对报警进行统计分析并制定防范措施，及时发现异常并报告。

7.4.2.4 泄漏管理

开展泄漏风险评估，落实泄漏控制措施。建立密封点、泄漏点台账，对泄漏数据进行统计分析，对泄漏介质和污染物及时处置，防止引发次生事故。

7.4.3 设备设施检查

7.4.3.1 检查方式

图 7.1 加油机设备检查

听：听加注机等设备设施运转的各部件声音是否正常，有无异常杂音。熟悉加注机等设备设施正常运转、超负荷运转及反转的声音。

看：看加注机等设备设施各部件有无异常，是否存在积尘蛛网、渗漏油污，显示屏是否正常，查看关键部位铅封是否完好有效等。

闻：闻加注机等设备设施在工作时机体内有无异味。

摸：用手去感触防爆管连接点、接地点、防爆接线盒盖是否松动等。

测：使用可燃气体检测仪对密封点进行泄漏等现场检测。

7.4.3.2 检查周期

检查周期分为班检、周检、月检、季度检、半年检、年度检。

7.4.3.3 检查标准

加能站 HSE 检查标准详见附件 5~附件 9。

7.5 应急管理

7.5.1 应急预案

（1）根据上级公司的应急预案要求，结合实际制订完善的应急预案，报上级公司审批后执行，并按当地政府要求履行报备手续。

（2）要在全面风险评估和应急资源调查基础上，按照“一事一案、一点一策”的原则，结合基层实际编制相应的专项应急预案、现场处置方案和应急处置卡。

7.5.2 预案演练

（1）以班组为单位全员参与，通过实战方式开展应急演练。

（2）每月按计划开展演练，防火、防溢油、防盗抢预案演练每季度不少于 1 次；气象灾害、破坏性地震等应急预案演练每年不少于 1 次。

（3）演练结束后，应组织评估，针对演练全过程进行总结讲评，发现问题及时整改。

7.5.3 应急处置

7.5.3.1 服务应急处置

（1）主要包括：数量纠纷、质量投诉、提枪走字、设备设施故障造成服务中断等。

（2）处置要点：主动邀请客户进入室内，安抚客户情绪，聆听客户需求，做好记录，协商解决，防止事态扩大。自查设备设施故障情况，检查加注机强检标识、查询加油凭证、核实加油和进货情况等。对加油数量超油箱标注容量的，要了解车辆型号，对标注容量和实际容量进行解释，详见附件 14《常见车辆油箱标准容量与实际容量对比表》。

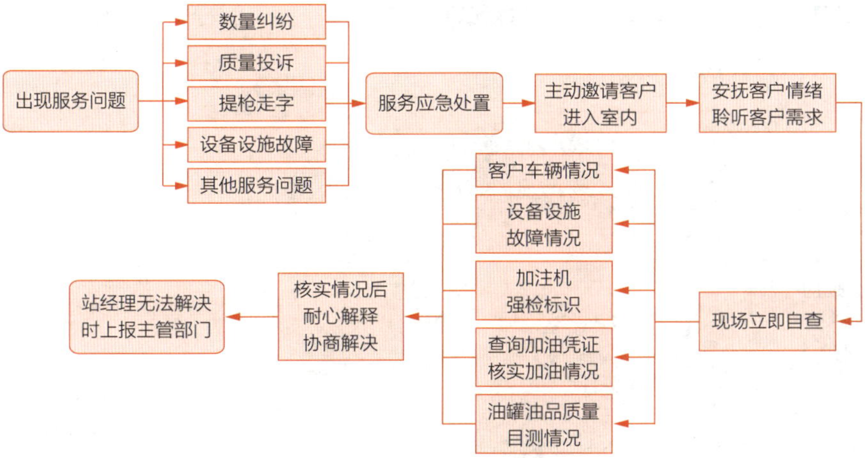

图 7.2　服务应急处置要点

7.5.3.2　泄漏处置

（1）主要包括：加油、卸油过程油品溢出、车辆油箱油品泄漏、油罐、油机、管线油品泄漏，加气站充装过程中天然气泄漏，加氢站氢气储存、装卸、加氢运行过程中氢气泄漏等事故。

（2）处置要点：停止作业，切断泄漏现场附近电源、判断渗漏部位、关闭阀门；划定警戒范围，进行警戒，防止点火源进入现场。收集、围堵、稀释泄漏物，防止泄漏扩散。检查泄漏物，清理干净，组织环保监测。

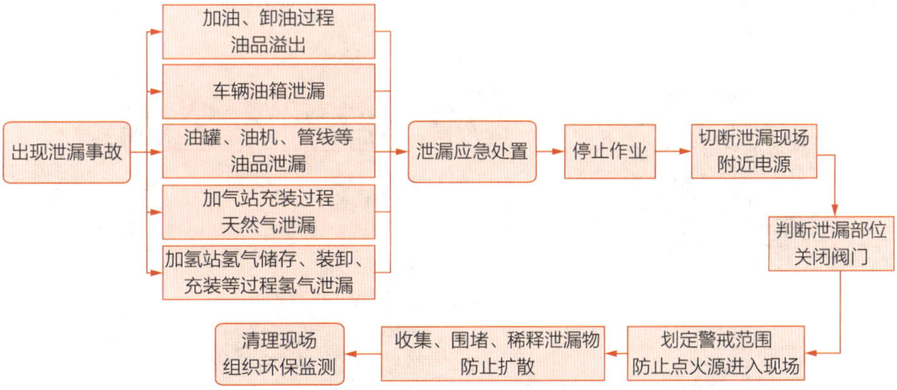

图 7.3　泄漏应急处置要点

7.5.3.3　火灾处置

（1）主要包括：加油作业、卸油作业等环节火灾以及电气火灾、车辆起火、烟花爆竹造成起火、加气站起火、加氢站起火等火灾事故。

（2）处置要点：按下紧急切断按钮，切断电源，停止作业，设置警戒隔离，疏散车辆人员，使用灭火器扑灭初期火灾。

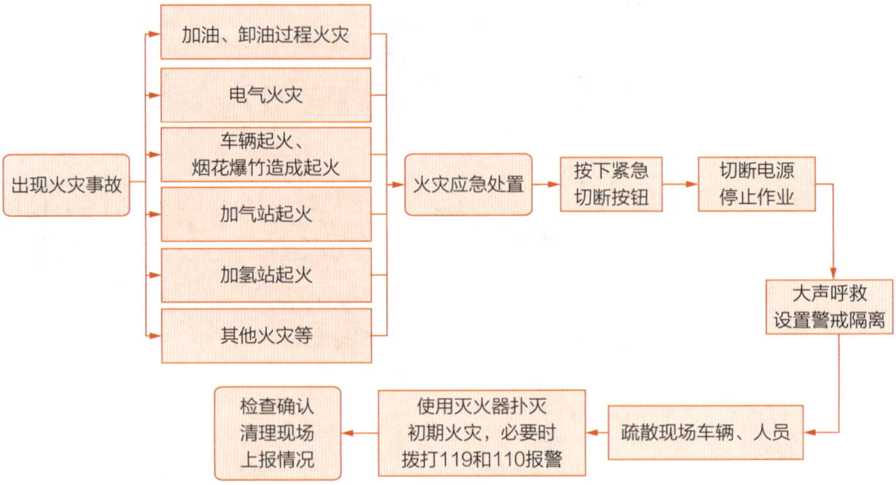

图 7.4　火灾应急处置要点

7.5.3.4　自然灾害处置

（1）主要包括：地震、台风、洪汛（暴雨）、暴雪等。

（2）处置要点：停止作业，切断电源，引导客户和员工撤离至安全地带。组织抢修，尽快恢复经营。

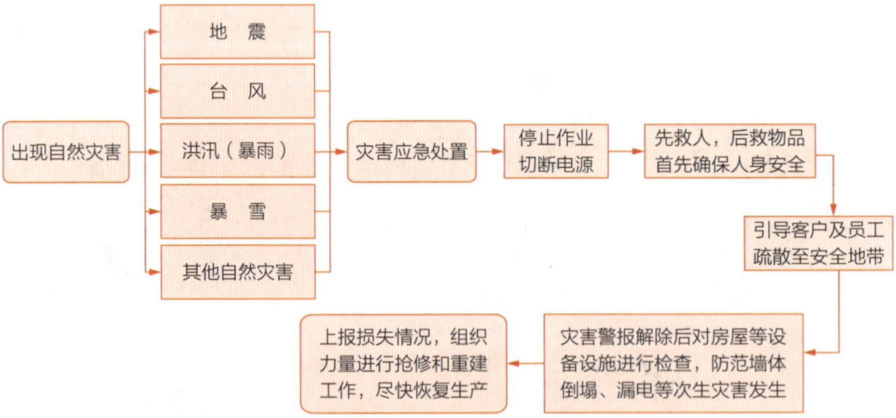

图 7.5　自然灾害应急处置要点

7.5.3.5　治安事件处置

（1）主要包括：盗窃、抢劫、恶意逃单等。

（2）处置要点：避免冲突，保护现场，保护自己。积极提供线索，包括作案人数、歹徒身高相貌、说话口音、动作、年龄、衣着等特征、使用工具、车牌号以及逃逸方向等。

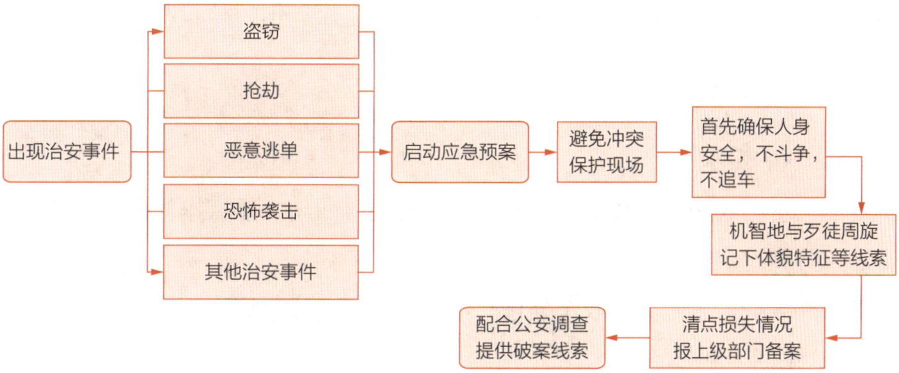

图 7.6　治安事件应急处置要点

加能站应急处置措施详见附件 15《加能站应急处置措施》。

7.6 环保管理

7.6.1　手续和监测

（1）严格执行环境影响评价，环保“三同时”（建设项目中防治污染的设施，应当与主体工程同时设计、同时施工、同时投产使用）及竣工环保验收制度。

（2）实施排污许可管理，位于城市建成区的加能站进行简化管理，其他加能站进行登记管理。按照环评报告和排污许可证的要求由有资质单位进行污染物检测。

（3）油罐区设置水源观测井，定期进行检查。

（4）排污口进行挂牌管理。

7.6.2　油气回收

（1）按照地方政府要求安装油气回收装置和在线监测装置。

（2）每季度由企业组织进行油气回收检测，每年由有资质的检测单位进行油气回收检测，检测内容与现场相符，密闭性、液阻、气液比等技术指标检测结果合格。

（3）油气回收在线监测系统报警及时处理并记录，不合格时及时停运加油机。

7.6.3 污水处理

7.6.3.1 含油污水

（1）含油污水需经油水分离池后排出。排出的污水应符合国家排放标准。

（2）油水分离池应定期检查，确保畅通、完好、有效。

（3）清洗油罐的污水应集中收集处理，不得直接进入排水管道。

7.6.3.2 生活污水

生活污水经过合理处置后，按排污许可，达标排放。

7.6.4 危险废物处理

清洗油罐、检维修及其他作业产生的危险废物须集中收集，合规存放，保存期限不得超过一年。经政府职能部门批准后，交由有资质的单位处置，并建立台账。

7.7 职业卫生管理

7.7.1 职业健康

组织员工进行岗前、在岗期间（每年至少一次）、离岗及突发事件后的职业病健康检查，建立员工职业健康监护档案。每年由有资质的检测单位对作业现场进行职业危害因素检测，检测结果合格，并现场公示。

7.7.2 劳保用品

（1）按照“四定”（定期检查、定期维保、定人管理、定备件）原则管理，建立劳保用品领用、发放台账。劳保用品配备标准详见附件16《加能站主要岗位常用个体防护装备配备标准》。

（2）作业人员在工作期间，正确佩戴和使用劳动保护用品，详见附件 17《劳动保护用品使用方法》。

（3）劳动防护用品出现以下情况予以报废：不符合国家标准或专业标准的；在使用期内破损或变形，影响防护性能的；超过规定使用有效期限的；达不到强检机构鉴定标准的。

7.7.3 疫情防控

（1）上岗前，测体温，亮绿码。每班员工上岗前需查验健康码、测量体温，有非绿码或发烧症状的不得上岗，及时就医和上报。

（2）佩戴口罩，声音洪亮。员工佩戴医用口罩上岗，口罩应完全覆盖口鼻和下巴；在询问加油金额和数量时，声音要足够洪亮，确保顾客能够听清。

（3）口罩勤换，合理丢弃。医用口罩原则上 8h 更换一次，如有受潮或受污染应及时更换；使用过的口罩请勿装进口袋内避免导致二次交叉感染；在处理弃用口罩时，须用塑料袋、密封袋密封后丢入黄色医疗垃圾箱或指定专用垃圾箱。

（4）站上风，严核查，短停留。员工与顾客服务交流时尽量保持 1m 以上安全距离，选择站在上风口，避免飞沫传播和感染；进厅顾客须佩戴口罩、亮健康码、测体温，尽量缩短顾客在站停留时间。

（5）勤洗手，不碰脸，不揉眼。员工在接触顾客加油卡、现金、手机等物品后，切记不要揉捏面部、眼部区域，要及时用肥皂或洗手液洗手，并用流水冲洗不少于 20s。

（6）打喷嚏，肘掩面，避感染。员工或顾客打喷嚏时，须及时用手肘遮掩面部并远离该区域，避免感染。

（7）戴口罩，少聚集，无接触。倡导“一键加油、一键到车、电子发票”等无接触加油、购物服务；员工在外出时，佩戴医用口罩，尽量不乘坐公共交通工具、不去人群密集场所，在骑电动车时，应佩戴好安全帽；加油（气）站小食堂建议实行分餐制，分批就餐、不混用餐具。

（8）公共设施，定时消毒。油（气）枪把手、加油（气）机小键盘、冰箱把手、自助发卡（圈存）机等设备和卫生间至少每班消毒。

（9）勤通风，勤消毒。营业厅、休息室等房间每天通风不少于 30min，并常消毒；工作快递、信件等在站内合理位置设置固定消杀点，未经消杀不得进厅或启封。

（10）密切关注，规范治疗。密切留意自己及同事是否有发热、咳嗽等症状，出现此类症状一定要及时到当地正规定点医院就医；发现非绿码顾客，要第一时间报上级公司，并同步按照属地政府防疫工作要求处置；参加核酸检测时，应做好自身防护。

7.8 事故管理

7.8.1 事故报告

（1）事故须在第一时间报告，首选口头报告，由站经理或现场负责人当面或通过电话向上级公司报告。

（2）报告内容包括：站名、地址、汇报人姓名、事故发生时间、现场情况、简要经过、已造成或可能造成的伤亡人数（包括下落不明的人数）、初步估计直接经济损失、已经采取的措施、新闻媒体和有关主管机构的介入情况、其他应当报告的情况。

（3）口头报告后，还应填写《生产安全事件报告单》，以书面形式报告。

（4）隐瞒不报、虚报或故意延迟上报事故者，除责成其补报外，应对其进行严肃处理；情节严重者将追究上级公司有关领导的责任；触犯法律者移交司法机关处理。

7.8.2 事故调查

加能站负责配合调查组开展调查工作，提供必要的人证、物证和背景资料。在调查组现场勘察前，不得移动现场物品，若为实施救护而必须移动现场物品，应做好标记。

第 8 章

经营管理

SINOPEC
易捷
SINOPEC
XPOWER
长城润滑油
中国石化
SINOPEC
中国石化 SINOPEC
EASY JOY 便利店
能源至净 生活至美

8.1
进货管理

（1）商品由物流部门统一配送，加能站及时准确上报销售和库存数据，加强沟通，防止断档脱销和高峰期接卸。

（2）商品移库时，凭主管部门开具的移库单据执行，由主管部门监督落实。县区公司经理全程参与。

（3）在促销、调价、变类、改造、复营、开业等特殊情况前，应向业务和物流部门说明，妥善安排配送计划。

8.2
价格管理

（1）在显著位置公布当日销售价格。公布价格与加注机上显示的价格一致。

（2）严格按上级公司规定的价格销售。价格发生变动时，及时调整加注机、价格牌价格。当价格上涨时，先调整价格牌再调整加注机；当价格下降时，先调整加注机再调整价格牌。

（3）在调价时，卡机联动站根据有关流程操作；非卡机联动站，由主管部门组织人员按规定的时点抄录加注机泵码数，进行调价操作，做好记录，调价操作人员和监管人员签字确认。

图 8.1　价格公示牌

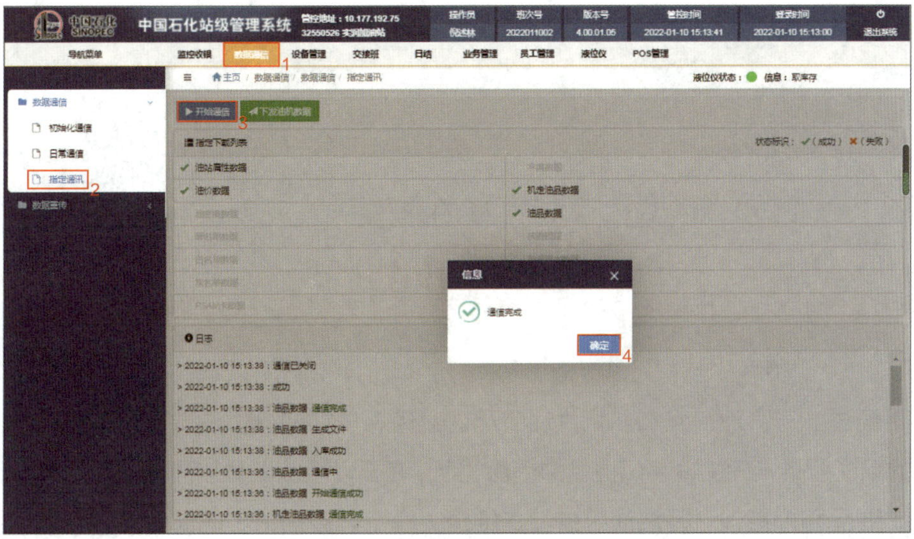

图 8.2　卡机联动站调价操作流程

（4）调价日的《加能站交接班表》分页填制，分别标注“调价前”“调价后”字样，由站经理审核签字。

8.3
泵码管理

泵码交接真实、连续，与管控系统和零管系统一致。遇乱码、归零等异常情况，立即停止加注，详细记录跳变前后的泵码、跳变升数，确认差异，严格执行零管系统数据修改审批流程。

8.4 特殊业务

（1）配送业务管理。属加油机付油的配送业务，按加油机付油做正常销售；属油库提油直送的配送业务，凭主管部门提供的销售凭证，在零管系统做非加油机进销。

（2）油品回罐管理。因加油机校验、维修、排空等原因付出的油品，须全部回到对应油罐。

（3）抽样用油管理。加油站质量抽检用油须出具抽样单，通过员工卡进行加注，做好使用记录，凭抽样单和加油发票报销。

8.5 交接班

8.5.1 交班准备

交班人员应提前 30min 对站内卫生状况、消防设备、现场使用的低值易耗品等进行检查整理，做好记录。

8.5.2 接班准备

（1）接班领班或站经理组织接班人员召开班前会，向营业员简要传达公司有关会议或文件精神，布置本班工作，交代注意事项，检查仪容仪表。

图 8.3 班前会

（2）接班员工列队，开展“加油服务六步法”演练，员工齐声高喊“客户在我心中，服务看我行动，加油！加油！加油！”。

图 8.4 “加油服务六步法”演练

（3）接班演练应在监控下、不影响车辆通行，且便于客户观看之处定点开展。

（4）交接班应在非繁忙时段进行。

8.5.3 交接作业

（1）交接作业：交问题、交设备、交现场、交库存、交记录，不在高峰时段进行。

（2）按职责分工进行现场交接。交班领班在加注机上进行下班操作，接班领班在加注机上进行上班操作；非油品营业员、发卡员在相关系统进行相应操作。

（3）交接双方核对加注机累计泵码和库存，清点资金、非油品商品等，发现差异及时查明原因，妥善处理，核对无误后双方进行确认。

（4）交接双方检查设备设施、消防器材及责任区卫生，提醒和交接工作注意事项。

（5）交班班组做好本班次相关业务的账务处理，完成相关实物、资金和票证的转移交接。

图 8.5　交接作业

8.6 客户管理

（1）客户档案。记录现有客户、摇摆客户、潜在客户、流失客户的基本情况、主要联系人、用油量、频次、走访情况，并定期完善，及时更新。

（2）客户维护。保持与客户的密切联系，发生商品升级、变类、调价、促销时，及时与客户沟通，做好相关记录。

（3）数据分析。跟踪客户消费信息，掌握客户消费动态、频次、特点、需求、行为特征等，做好分析和精准营销。

（4）会员计划。对客户按照消费规模分级分类，提供差异化的营销及服务。

（5）客户回流。发生客户流失，应及时沟通，了解流失原因及客户需求，并有针对性采取回流措施；发生客户迁移，应及时通知客户迁入地站点或上级公司，更新客户档案。

8.7 商圈调研

（1）商圈调研一般以加能站为中心，辐射 5km 以内的范围。

（2）以汽油销售为主的站须了解周边主要居民区、企事业单位、学校、办公区、旅游景点和周边商业区等分布情况，以及周边道路连通和车流量情况。

（3）以柴油销售为主的站须了解周边工业区（含规划）、生产企业、厂矿和重点工程项目等；高速出入口、国省道距离、道路连通情况；周边车流量、物流企业车辆保有量和用油需求等；“自流黑”等。

（4）市场占有率调研，主要掌握 5km 区域内系统内外站点的分布及销量占比。

（5）竞争站点调研，主要了解竞争站点进货渠道、加注机与加注枪布局、用工及运行模式、商品价格、营销活动、销售规模、经营者信息、客户构成，以及与第三方平台合作情况等。

8.8 营销管理

8.8.1 营销建议

面对不同客户群体的营销方式差别很大，须灵活运用各种营销策略。开展个性化营销活动的三大原则：一是非必须不开展个性化活动的原则；二是以合稳面、以竞破点、以打促谈的原则；三是优先开展充值类、会员类活动的原则。

（1）汽油营销建议。

表 8.1　汽油营销活动可选菜单及适用范围建议

充值送活动	适用于对手新开业前、我方停业前，以及竞争激烈区域的年初活动使用
直降优惠	适用于竞争特别激烈，对手严重侵蚀我方份额的站点
错时直降	全类型
折扣类	适用于专项推广使用，如电子钱包、车牌付等业务初期
油非互动－赠洗车	适用于稳定客户群体，增强加能站品牌效应
油非互动－赠现金券	适用于柴油散客
油非互动－赠提货券	适用于竞争较为温和的新开站、复营站，以及柴油散客
立减类活动	适合对手高幅度优惠，但我方仅有部分特定群体的回流，如教练车、网约车等价格敏感型客户
会员类各项优惠	主要用于锁定汽油客户群体及封闭环境中的竞争

（2）柴油营销建议。柴油营销活动建议使用限制性营销措施，例如限制客户的积分优惠、限制范围的柴油重点站活动、分类限制的一机两价活动（如一台双枪柴油机中的一条枪送红包，另一条枪积分优惠）。以下几类可混合使用：①加油送消费券，如加 300 送 2 元红包或每升返还 0.2 元红包；②加油送餐饮类提货券，如加油满 1000 元送大排面 1 碗（配合司机之家活动）；③直降活动。

8.8.2　营销宣传

营销宣传是营销活动的重要组成部分，是营销效果的催化剂，能最大化扩大营销成果。

（1）日常准备。营销宣传重在日常积累，日常就应处于备战状态。

表 8.2　营销宣传日常准备事项

营销宣传日常准备事项	
汽油大站：站级专用微信号加好友（好友数量：日提枪数的 2~3 倍）	网约车等其他活动的同步留存信息，方便汽油团体客户拉新
柴油大站：站级柴油大客户群，按月销量分级建立	每个群建议 30 人以下，方便分级、销量跟踪及新活动发布

（2）站内氛围布置。营销宣传站内布置需遵循两大原则：①区别于非活动站，站外清晰可见站内热烈的活动氛围。②方便员工讲解活动内容，方便客户拍照转发活动内容。

表 8.3 站级营销站内宣传事项

站级营销站内宣传事项	
进口花坛位置，5~7m 高的刀旗 4~5 枚成规模放置	按照场地形状，形成宣传攻势
加能站入口处：注水展架 + 夜间亮化	展架超 $6m^2$ 且长期使用，建议固定件配置
立柱广告 4~8 个	面向进口处一侧
各类护栏位置可采用海报等宣传	
营销活动内容用加能站喇叭滚动播放	白天非高峰时段播放，注意不要扰民
员工每日早晚高峰口头促销活动	统一培训口头促销内容，方便客户接收信息
多媒体加油机、LED 电子屏	播放各类营销宣传、品牌形象方面的短视频

（3）站外宣传布置。营销活动站外宣传，遵循分享量越大越好的原则，一般来说，宣传目标为竞争周边区块 50% 的人员知晓本站活动。

表 8.4 站级营销站外宣传事项

站级营销站外宣传事项	
罗列竞争区块所有小区、企事业单位、市场、商场、办公楼，由五进同事配合	要求逐点、驻点、地毯式完成五进宣传工作
干部职工车辆车身广告（后挡玻璃）	发动党员、团员积极参与
在小区业主群、驴友群、工会群等非中石化相关群中投放本站活动相关文字、图片或链接	适量费用支持
制作定位地图放置在活动宣传易拉宝	放置在友好的其他行业零售终端
五进活动配合宣传	携带加能站活动大型海报，到竞争对手周边或主要潜力市场开展宣传、办卡业务
骑行宣传	发动党员、团员、休息员工广泛进行
LED 宣传车	特别适合镇级及相对封闭竞争区块使用

（4）线上宣传。线上宣传遵循寻找热点、提前布置，广泛传播的原则。线上宣传契合年轻化、传播快的特点，是今后营销宣传的主攻方向。

表 8.5　站级营销线上宣传事项

营销线上宣传可选菜单	
可选宣传方式	宣传注意事项
制作活动抖音发布	建议上午时段发布
文字图片版软文	建议中午时段发布
活动海报原图配合文字	建议夜间时段发布
客户转发朋友圈、好友群（可赠送小礼物）	少量营销活动宣传费专项费用支持需设定每日推广量
热门网站宣传	鼓励员工每日顶帖，保证帖子不下沉
各类公众号转发	按照公众号在区块热度，有目标投放

（5）事中效果评估。宣传是为了让所有客户，特别是站外和潜在客户知晓活动内容，通过"知晓率"判断宣传效果情况，并决定是否"加码"营销宣传。"知晓率"对加油类营销活动最为有效，如低于 50%，须采取提升办法。

知晓率是指因营销活动吸引到站消费的客户占总客户数的比例。计算方法为：以每周四 92 号汽油直降营销活动为例，抽查 100 名当日到站加注 92 号汽油客户，其中 40 名客户因知晓加能站活动特地来站加油，则本站当日营销活动知晓率为 40/100×100%=40%。

（6）营销培训。

表 8.6　站级营销活动培训

营销培训	
营销活动文件的宣贯	重点解读活动的优惠、形式
营销用语的统一	营销用语简洁，信息易被客户接受
营销活动注意事项	宣传安排，氛围布置和维护，车辆引导，库存监控
营销目标与站级考核	奖励政策
培训效果跟踪	员工复述、不定时抽查、现场跟踪，确保培训的有效性

（7）营销考核。

表 8.7　营销考核可选菜单

营销类型	营销活动	考核方式
汽油	会员日优惠	持卡比例，销量环比（同比）增幅考核
	直降	销量环比（同比）增幅、市场占有率考核
	持卡加油返积分	持卡比例，销量环比（同比）增幅考核
	钱包加油立减	钱包比例，销量环比（同比）增幅考核
	持卡加油送红包	持卡比例、红包兑换率、销量环比增幅考核
柴油	自助持卡加油送电子券	现金券兑换率考核
	持卡加油送红包	销量环比（同比）增幅考核
充值	竞争站个性化充值	线上充值、综合持卡、充值笔数、金额考核

（8）营销评估。为确保营销措施、策略的有效性，对营销活动的执行及考核进行评估。营销活动总体评估以营销宣传知晓率、营销培训熟知率、营销考核执行力作为评判依据。通过评估，总结营销过程中的经验和教训，将活动效果和相关建议报上级主管部门，以期后续营销活动能取得更好效果。

8.9 经营分析

8.9.1　站点基本情况

（1）基本信息。包含位置类型、占地面积、罩棚面积、便利店面积、汽服面积、商圈类型、竞争状态等。

（2）基础设施。包含储罐品种、数量、罐容，加注机数量、类型、枪数等。

（3）人员配备情况。包含总人数、领班人数、营业员人数、排班情况、员工年龄层次、入职时间、学历水平、技能等级等。

（4）增值服务项目。包含便利店、汽服、店中店、综合体（含入驻品牌）等。

8.9.2 经营基本情况

（1）销售情况。当月销量、同环比情况，增减量原因分析。主要分析要素：在营天数、天气、道路、节假日、政策和价格、竞争对手、单枪量、加油笔数、发卡量、充值笔数、充值金额、洗车量、高标号比重、枪平均流速等。

（2）对各专项指标完成率进行分析（持卡比、线上充值占比、“四率”等）。

8.9.3 竞争对手情况

（1）基本信息。名称、经营主体、地理位置、坐标、占地面积、便利店面积等。

（2）基础设施。储罐品种、数量、罐容，加注机数量、类型、枪数等。

（3）价格信息。商品价格和加油卡积分优惠等。

（4）其他信息。第三方平台价格、充值和赠礼活动、洗车活动、人员数量及排班、软硬件优势。

（5）优劣势对比。从价格、营销活动、软硬件、服务等方面对比。

（6）建议与措施。从营销活动（含挂牌价、加油卡积分、石化支付平台）、洗车业务（加油送洗车券）、硬件（油罐、加油机、加油枪、罐枪对应）、服务提升（营销广告与推荐、开票服务、培训）、人员优化（人员配备和优化）等方面，特别是自身可提升改进处入手。

8.9.4 工作措施

（1）在经营管理服务等方面，制定可提升措施，通过考核促进目标实现。

（2）根据站点情况，有侧重地提升“四率”：大站重点提升通过率；中小站重点提升进站率和回头率；高速和国省道站重点提升进站率和加满率。进站率靠站外宣传；加满率靠员工推销；通过率靠现场引车、提升技能、优化排班等；回头率靠服务提升、营销吸引。

（3）对消费减量较大的客户进行重点分析，通过沟通、走访了解原因和客户需求，“一户一策”地制定增量措施。

8.10 四率及其提升措施

“四率”（进站率、加满率、通过率、回头率）是“一站一策”的核心内容和工作成果展现。“四率”间是矛盾且统一的有机整体，“四率”的提升须整体考虑加能站的量效情况。

8.10.1 进站率

8.10.1.1 进站率的定义及计算公式

进站率的定义：加能站的进站率是指社会车辆对该站的认可程度和进入该站加油消费概率的综合表现。其计算方式一般有两种：

方式一：站前道路车辆进入加能站消费的概率。计算公式：进站率 = 进站加油数量（提枪数）/ 站前道路途经车辆（一般不考虑对向车道车流情况），主要用于本站与同区块竞争对手、兄弟站的对标应用。（横向比较，与网点发展的拐入率相同含义）

方式二：用进站加油的客户数量表示加能站吸引车辆进站加油的能力。计算公式：进站率 = 本周或本月的日均加油车辆数（提枪数）通过比对同比、环比月份的提枪笔数，判断油品销量的上升或下降的主因是否为进站率的降低。（纵向比较，加能站自我提升）

8.10.1.2 进站率的提升措施

表 8.8 进站率提升措施菜单

四率	类别	增量行动措施
进站率（硬件）	可视效果	加能站形象醒目，无明显绿化、建筑遮挡，司机顺向可视距离超过 800m；有遮挡的，在加能站前方 500m 处设置加能站指示牌或进行绿化矮化及移除
	夜间亮化	罩棚、场地、夜间亮化等形象完好，基本符合加能站新形象建设标准，优于竞争对手
	美观性	罩棚是否破损、褪色，影响加能站形象
	车辆进出	加能站进出口宽度适合，大型车辆进出站具有合适的转弯半径，路面平整，无较大落差，进出口无停放车辆影响车辆进出，方便大型车辆进站加油
		罩棚高度是否满足大型货车、所在道路限速多少、是否需要在进出站口设置减速带

续表

四率	类别	增量行动措施
进站率（硬件）	增值服务	便利店、洗车机、餐饮、司机之家等是否做到他无我有，他有我优
	营销宣传	具体见本章 8.8 节
进站率（软件）	服务	白天加油员工是否在现场，闲时是否现场泵岛前厅等候
	支付方式	支持支付宝、微信等第三方支付方式。不得拒收现金
	24h 营业	城区站、省国道站及其他重点站要基本实现 24h 营业；非 24h 站点，要合理延长营业时间至晚上 22:00，其中柴油型加能站要实行 24h 自助服务；营业时间不低于周边或干道竞争对手。最后 1h 提枪高于 15 笔要延时
	导航引流	主流导航软件中加能站地理信息准确；增加油枪数量、增加汽油罐数量（新增或柴改汽）
	对标	与竞争对手在销量、营销活动、油品品种开展对标

8.10.2 加满率

8.10.2.1 加满率的定义及计算公式

加满率的定义：指进站加油的车辆将油箱全部加满的概率；或者指加能站对进站车辆推荐加满的能力。对应的计算方式一般有两种：

方式一：加满油的概率。按照 100/200/300/400 元等定额加油客户均为没有加满，其余客户认为均加满。因此定义非定额客户占比提枪总数的比例为加满率。计算公式：加满率 = 非定额加油笔数 / 加油提枪数。

方式二：加能站推荐加满能力越强，平均加油量越高。因此将平均加油量作为加满率指标参数。计算公式：汽油加满率 = 加油升数 / 加油提枪数。

一般删除百元以下加油笔数，主要为了剔除摩托车、小额灌桶等客观因素对加满推荐能力的影响。方便运用该参数与兄弟站及竞争对手进行横向对比。

8.10.2.2 加满率的提升措施

表 8.9 加满率提升措施菜单

四率	类别	增量行动措施
加满率	优质服务	员工的服务是否及时，热情周到
	加满推荐	现场是否提醒加对油、加满油。如：“您好，加满吧？……”
		涨价预期强烈时，员工主动推荐加满油；在加能站宣传加满油的好处
	考核知晓	员工对考核办法和考核结果知悉，加能站员工薪酬与个人加油量全额挂钩，全员联量梯度考核

续表

四率	类别	增量行动措施
加满率	争先氛围	学习分享先进经验，开展成品油销售“比学赶帮超”活动，并上墙公示，落实考核奖励；加能站设加油能手、加满油营销辅导员
	加油卡推荐	推荐现金客户转加油卡。加油卡客户低于 100 元提醒充值
		是否提供办卡、充值、自助圈存等业务；办卡是否方便；重点大站配备自助办卡设备
		员工是否熟练掌握办卡、充值、开票技能
	营销	对于特别繁忙的大站，是否可指定非高峰时段（夜间、周末）分流营销措施、并推荐加满。旅游型大站是否需要开展节假日加满营销
		对老板型客户采用折扣，司机型客户采用油非互动措施
		通过加油送洗车活动提升加满，如加油满 228 元送洗车
	营销	是否向客户推介营销活动，帮助客户算营销优惠账，引导客户省钱消费
	对标	周边站、沿线站是否有营销活动影响我站；是否存在原加满客户变为补给型客户

8.10.3 通过率

8.10.3.1 通过率的定义及计算公式

通过率的定义：特指繁忙大站在高峰时段车辆的通过能力。一般用全天高峰三小时的加油笔数表示。通过比对一段时间（一般选 7 天）高峰时段加油笔数的同环比变化，判断制约销量提升的原因是否为通过率。计算公式：通过率 = 单日最高三小时的加油笔数。

在测算通过率时，必须研究次高峰 3h 的提枪数，若非常靠近高峰 3h 的提枪，要警觉是否因为通过率不好导致高峰期加油车辆向平峰时段转移甚至流失。汽柴油混合大站开展柴油营销活动，需特别关注柴油车“挤走”汽油车导致高峰通过率下降的问题。同理，开展汽油活动要思考“挤走”柴油车的问题。

8.10.3.2 通过率的提升措施

表 8.10 通过率提升措施菜单

四率	类别	增量行动措施
通过率（硬件）	快捷加油	柴油型大站采用大流量加油机（枪），流速不低于 70L/min；汽油加油机标配为双油品四枪机以上机型，自吸泵流速不低于 30L/min，潜泵 35L/min。加油机皮管加长，满足反向油箱车辆加油；汽油加油机安装防水滤芯，处于竞争激烈区域的柴油站尤其是单罐的，柴油日均 30t 以上的站点均要使用防水滤芯，大站均实行边卸边发

续表

四率	类别	增量行动措施
通过率（硬件）	设备设施	加油机、油罐、液位仪等相关设备确保正常的运行状态，加油机使用年限达到 8 年或累计加油量达到 12000 万 L 的且故障率高影响经营的，或者其他增量改造需要的，应当申请更换
	辅助设施	配电房、电路设备是否老化，是否满足日常经营需求
	枪、机、罐优化	主要油品对应的加油枪是否满足要求，分布是否合理。柴油单枪年加油量不应超过 2000t；汽油单枪年加油量不应超过 1500t。是否存在主力油品脱销；是否一机多油品
	营业厅布局	收银工位是否足够、动线是否合理；是否实现一机多系统、桌面一体化；自助圈存提示是否清晰明了；客户在营业厅停留时间是否过长；厅前地堆是否占用加油车道
	加油动线	加油机标识明显、车道口或立柱有明显品种提示；加油停车位合理，尽可能一机四车，场地有限的实现两机六车或实现斜停斜出
		多进口多出口加能站利用移动桩、围栏设置加油路线
通过率（软件）	高峰期管理	优化排班，有明显高峰期加能站设置高峰期班，高峰时段做到一台加油机一个员工，管理人员参与高峰期加油，合理调整交接班、员工就餐时间，错开加油高峰期。在高峰期，严禁加能站擅自停用加油枪，严禁停止营业接卸油
	供应品种	加能站油品是否符合经营需求，汽油万吨站点应保证全品种汽油在售；或竞争激烈区域经营品种不能少于竞争对手
	安全停车	有条件的站点临时设置停车位，合理引导开发票、购买非油品客户有序停车，提高现场通过能力，停车位设置视频监控。引导客户使用“一键加油”、开具电子发票
	油品供应	卸油时段是否安排在非加油高峰，尤其城区站要错峰送油
	现场服务	员工将车辆引导至出口油机加油；繁忙汽油大站是否安排引导员，引导车辆和提醒客户提前完成充值
		引车到位，培养加油车辆形成优先停在靠近出口的泵岛加油的习惯
	人员帮扶	关键大站、出入口站点，县、市公司是否安排涨价日、节假日人员帮扶

8.10.4 回头率

8.10.4.1 回头率的定义及计算公式

回头率的定义：对汽油客户，一般认为会员客户对品牌认可度更高，更愿意再次到本站消费。因此将综合持卡比例（持卡会员 + 电子会员）作为回头率的表示方式。对柴油客户，一般认为定点柴油大客户数量越多，回头率越高。

汽油回头率计算公式：回头率 = 综合持卡比例 = 日会员消费笔数 / 日提枪数；

柴油回头率计算公式：回头率 = 加能站月加油量 2000L 以上大客户数量（仅适用柴油销量 2000t 以上加能站）。

8.10.4.2 回头率的提升措施

表 8.11 回头率提升措施菜单

四率	类别	增量行动措施
回头率（硬件）	增值服务	加能站司机之家建设或便民服务项目是否贴近实际，能否满足便利购物、免费开水、快捷洗衣、简易休息、免费厕所等基本的客户需求，是否提供快餐、洗车等增值服务，在城区站是否引进洗衣店等新零售业态，抓好客户差评的整改，提升客户满意度
回头率（软件）	企业微信群	建立企业微信群、加能站微信号，及时发布加能站营销信息，耐心解答客户疑问
	市场监控	建立健全市场监控机制，定期更新监控信息，为经营决策提供依据
	客户档案	建立健全加能站大客户档案，包括但不限于柴油联名卡客户、卡车司机客户、网约车客户、企事业集团客户等针对特定群体的加油卡汽、柴油优惠客户，以及年销量 5000t 及以上站点前 20 名无优惠的汽、柴油客户，5000t 以下站点前 10 名无优惠的汽、柴油客户，同环比消费下降 15% 以上的单位要进行预警分析，分析内容要真实合理。建立流失客户清单，认真开展追客寻客工作
	维护与开发	建立健全站经理兼职客户经理制度，印制站经理名片，定期开展走访（包括电话）客户档案中的特定客户和流失客户，认真做好客户维护与开发工作，并留存记录
	会员发展	加强微信绑卡、手机号开票、一键加油以及加油卡的推荐，提高消费比重，促进会员发展

第 9 章

支付管理

9.1
加油卡

9.1.1 加油卡分类

加油卡指在中国石化加油卡工程中可用于加油的 IC 卡。根据用途，加油卡分以下六种类型。

9.1.1.1 用户卡

用户卡由石油公司面向社会客户发行，可以直接在加油站使用。分为单用户卡和多用户卡，单用户卡根据是否登记用户名称又分为记名卡和不记名卡两类，记名卡又分为单位单用户卡和个人单用户卡；多用户卡分为个人多用户卡和单位多用户卡，按照从属关系又分为主卡和副卡。针对不同的卡产品及服务，用户卡分为普通加油卡、电子加油卡、加油加气卡、专用卡、纪念卡等类型。

（1）普通加油卡。

图 9.1 普通加油卡

（2）电子加油卡是针对单位客户发行的一种虚拟卡，可在指定的线上渠道自助办理开户发卡、充值、预分配、退款等业务，无需圈存。副卡在“易捷加油”APP 绑定后，通过“一键加油”实现线上支付。

（3）加油加气卡是插卡、感应双界面卡，卡面标注“加油加气卡”字样。

图 9.2 加油加气卡

（4）专用卡分为柴油专用卡和银行联名卡等。

图 9.3 柴油专用卡、银行联名卡

（5）纪念卡是为纪念重大事件，对外发行的纪念版加油卡。

冬奥纪念卡　　虎年纪念卡

图 9.4 纪念卡

9.1.1.2 员工卡

员工卡是加油员工使用的卡，当客户使用现金、油票、提油凭证加油时使用，也用于加油机的上下班操作。

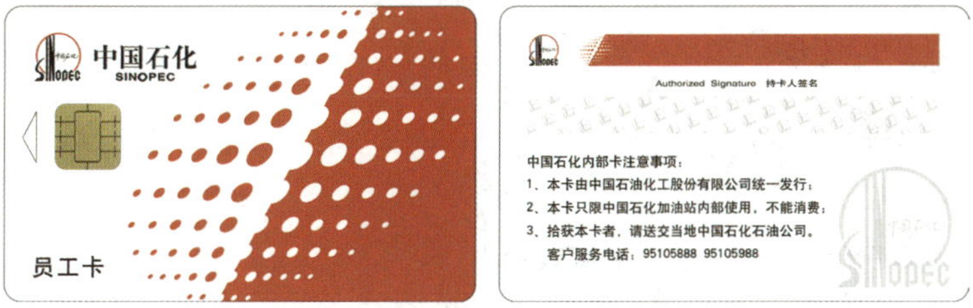

图 9.5 员工卡

9.1.1.3 维修卡

维修卡是上级公司维修加油机时使用的卡。

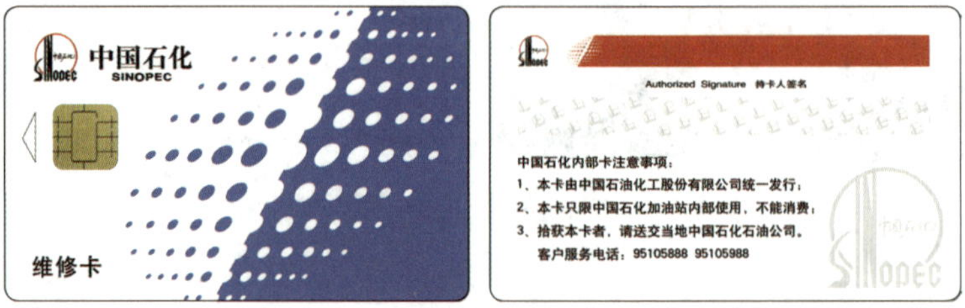

图 9.6 维修卡

9.1.1.4 验泵卡

验泵卡是检定加油机时使用的卡，一般由县区公司保存；当员工卡无法下班时，该卡可用于加油机强制下班。

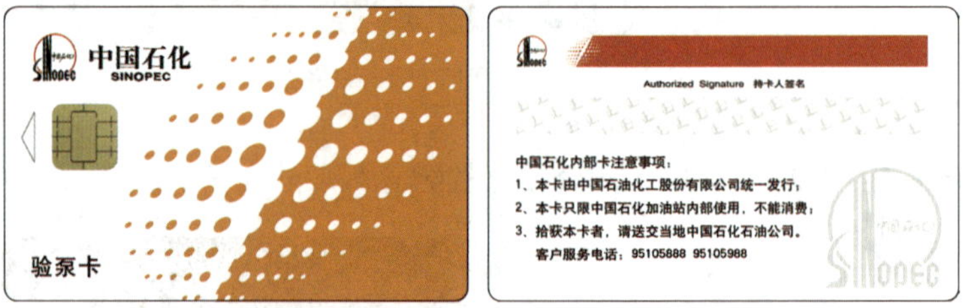

图 9.7 验泵卡

9.1.1.5 PSAM 卡（APSAM 卡）

PSAM 卡是安装在加油机或 POS 机上，用以验证加油卡交易真实性的卡片。

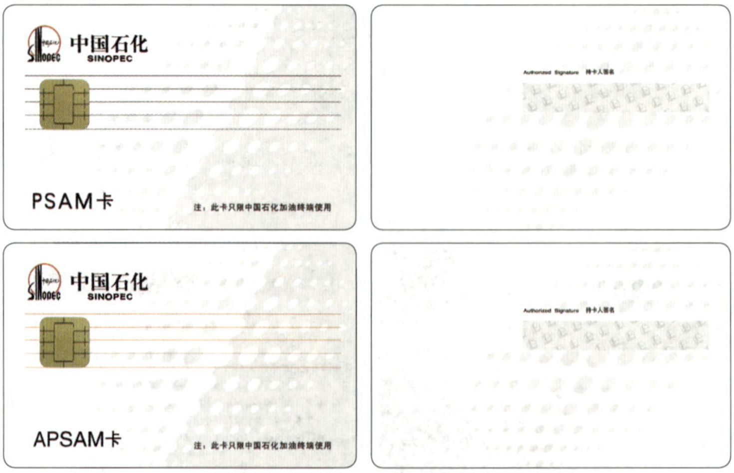

图 9.8 PSAM 卡

9.1.1.6　充值卡

充值卡用于向加油卡充值，不能直接支付，不记名、不挂失。通过网上营业厅等自助渠道、售卡充值点向加油卡充值。面额 50 元、100 元、200 元、500 元等，最高 1000 元。售卡充值网点留存卡片数量原则上不超过日均销售量 15 日总和。

图 9.9　1000 元充值卡

9.1.2　售卡充值

9.1.2.1　卡片领用、保管、回收和盘点

（1）卡片领用。

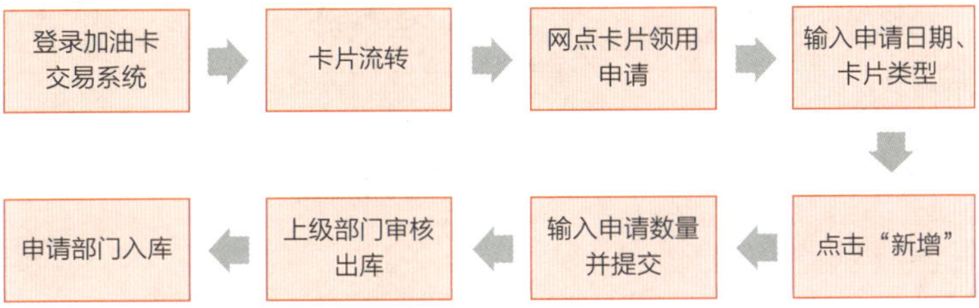

图 9.10　卡片领用

（2）卡片上缴。

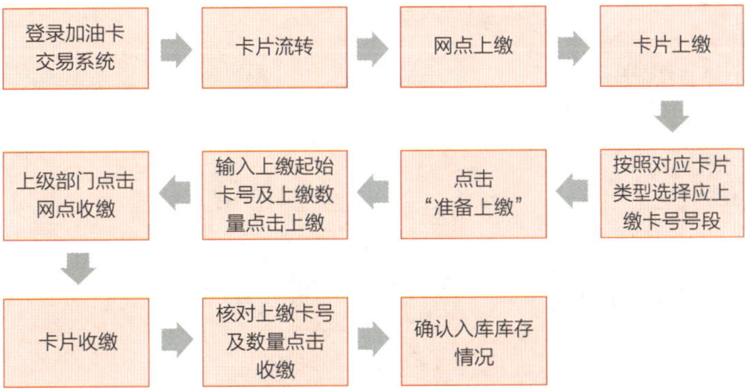

图 9.11　卡片上缴

（3）坏卡上缴。

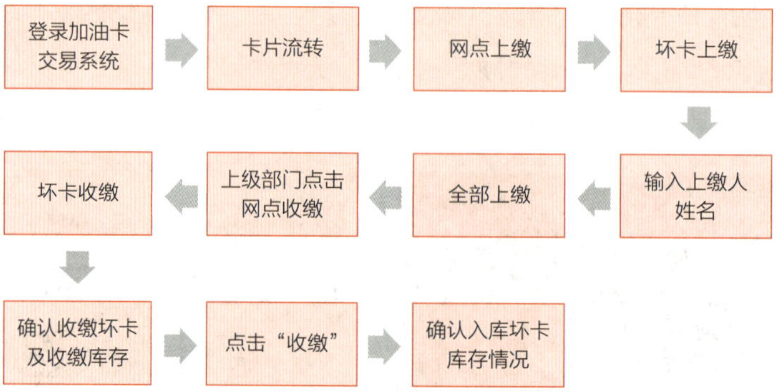

图 9.12　坏卡上缴

（4）卡片盘点。

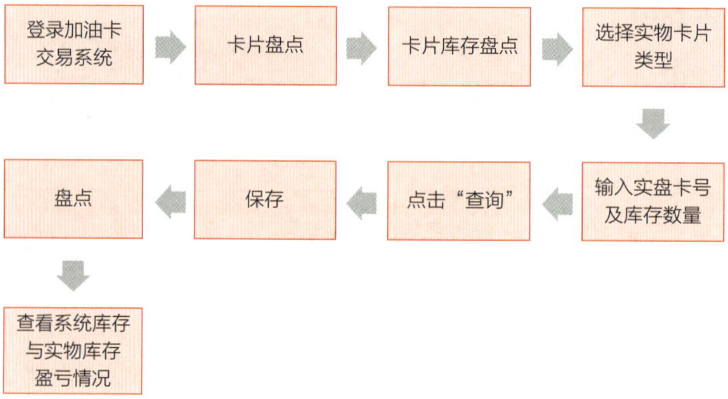

图 9.13　卡片盘点

9.1.2.2　发卡

（1）单用户卡发卡。

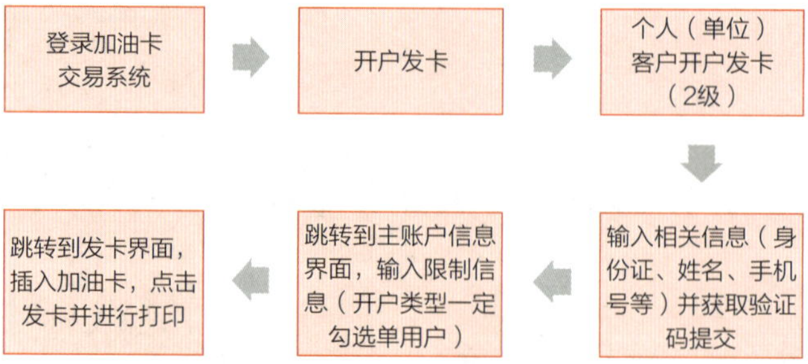

图 9.14　单用户卡发卡

（2）多用户卡发卡。

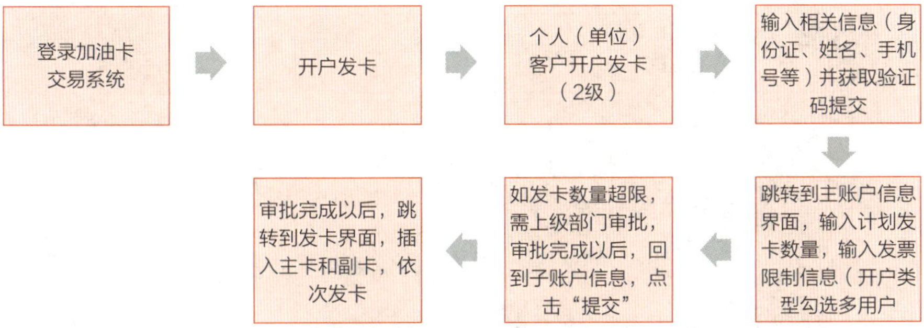

图 9.15　多用户卡发卡

（3）增办副卡。

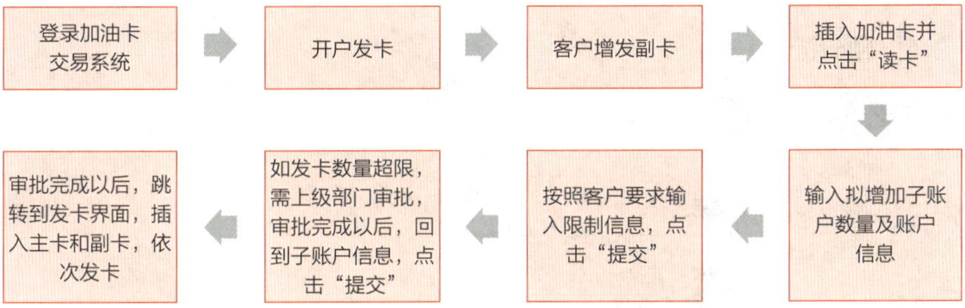

图 9.16　增办副卡

（4）柴油专用卡开户。

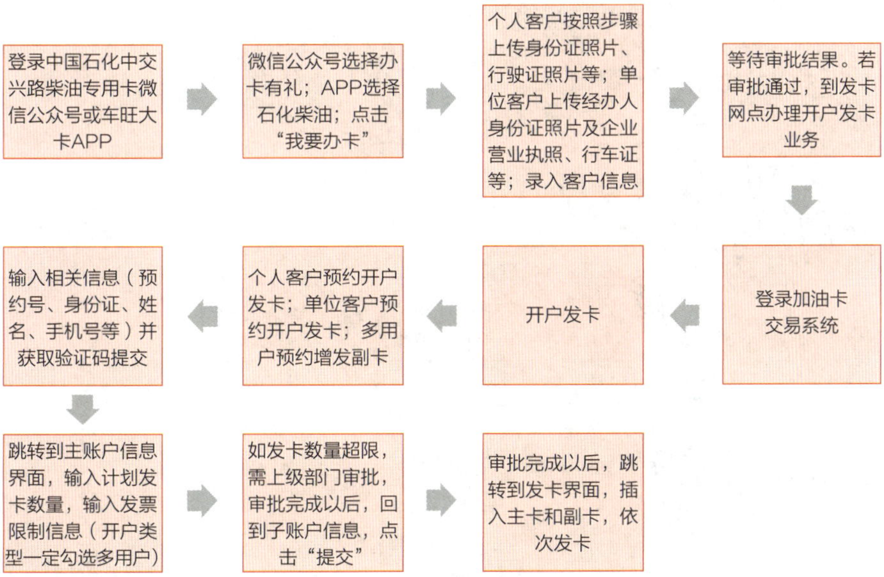

图 9.17　柴油专用卡开户

9.1.2.3 充值

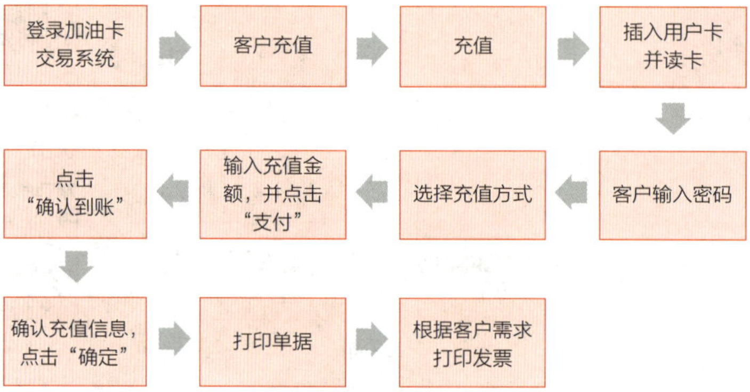

图 9.18　充值

9.1.2.4 预分配

（1）网点预分配。

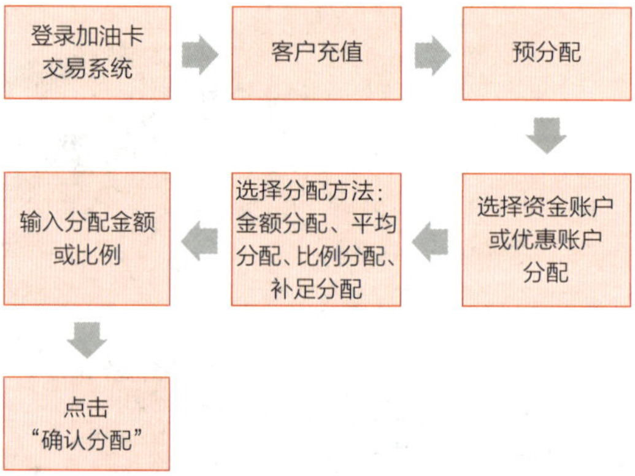

图 9.19　网点预分配

（2）网上预分配。

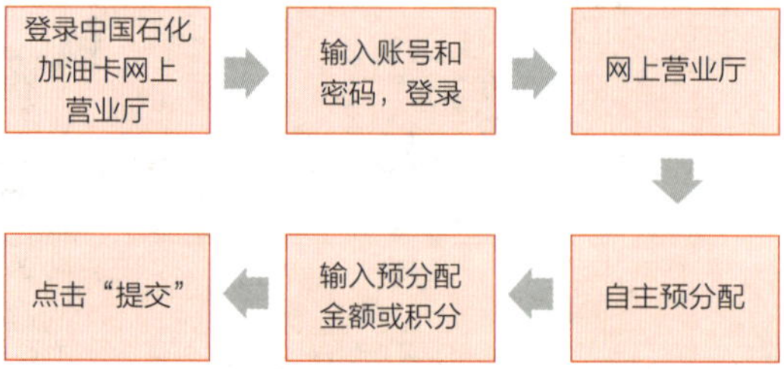

图 9.20　网上预分配

9.1.2.5 圈存和圈提

（1）圈存。

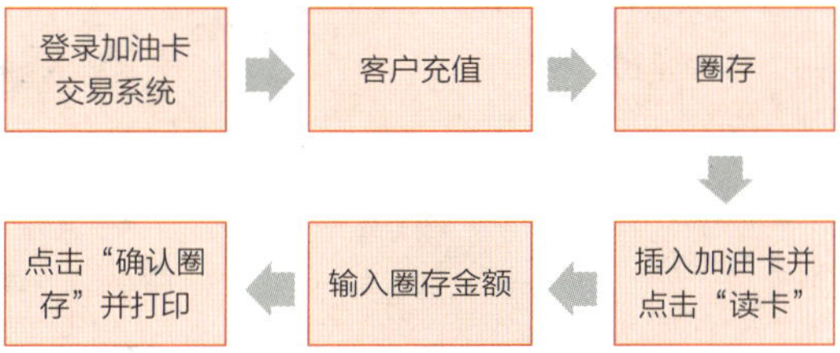

图 9.21 圈存

（2）圈提。

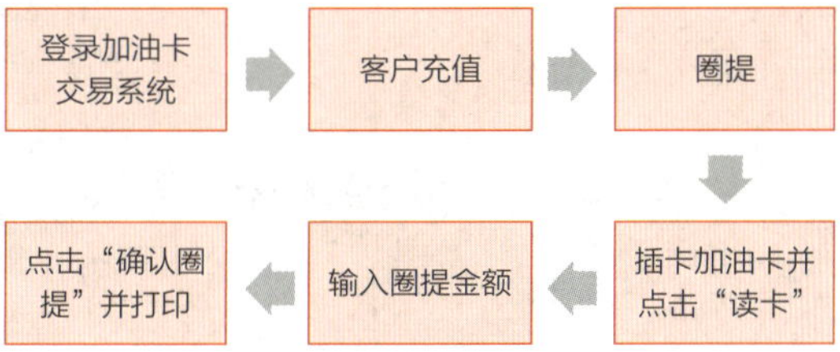

图 9.22 圈提

9.1.2.6 密码修改和重置

（1）密码修改。

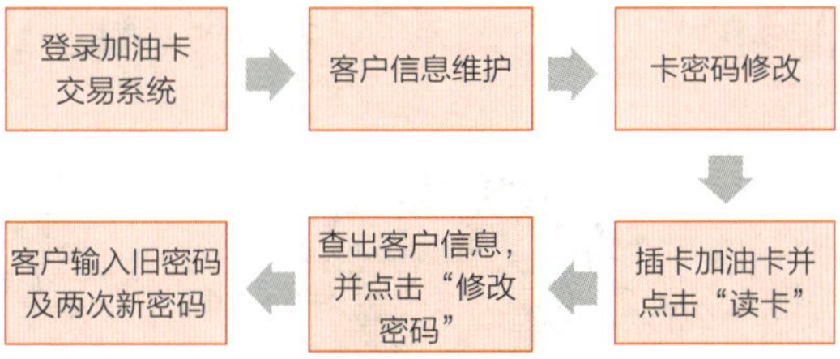

图 9.23 密码修改

（2）密码重置。

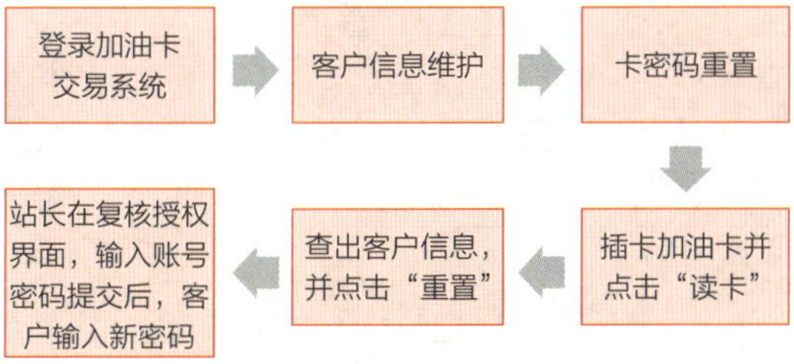

图 9.24 密码重置

9.1.2.7 异常处理

（1）解灰。

图 9.25 解灰

（2）坏卡。

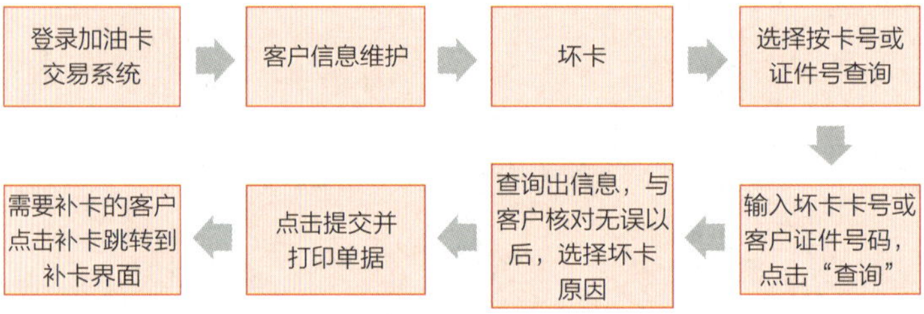

图 9.26 坏卡

（3）挂失。

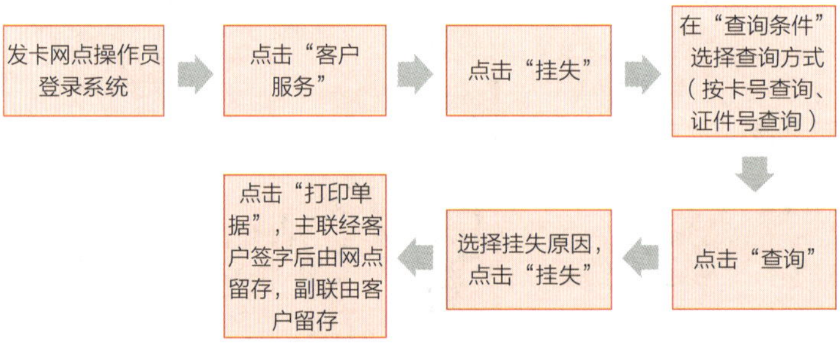

图 9.27 挂失

（4）补卡。

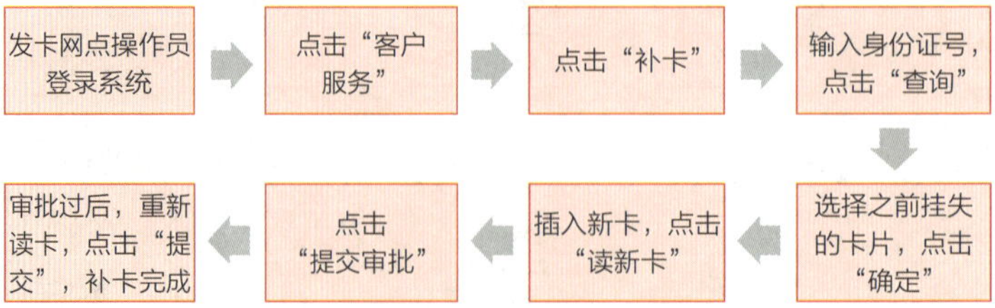

图 9.28 补卡

9.1.2.8 有效期、退款和清户

（1）有效期延长。

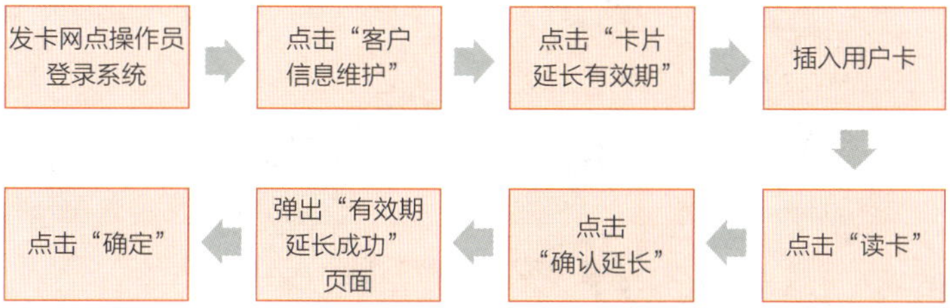

图 9.29　有效期延长

（2）清户申请。

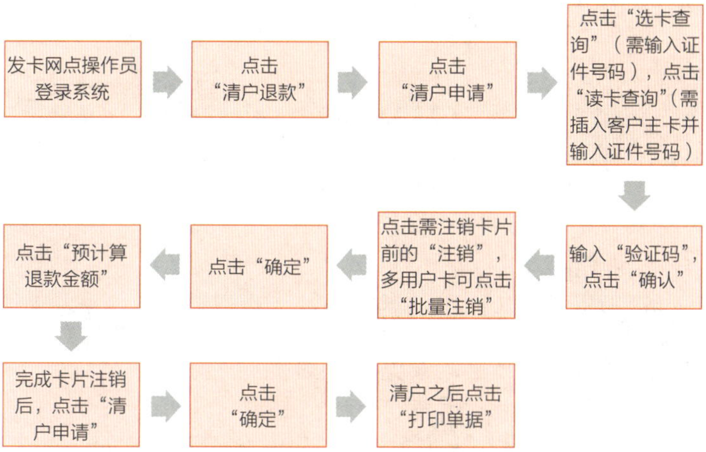

图 9.30　清户申请

（3）清户退款。

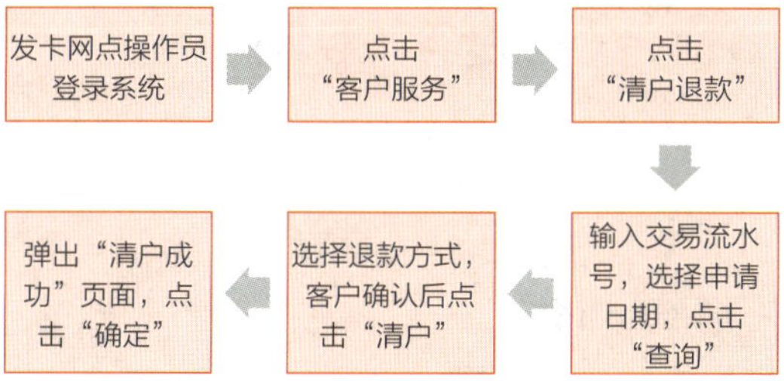

图 9.31　清户退款

（4）非清户退款。

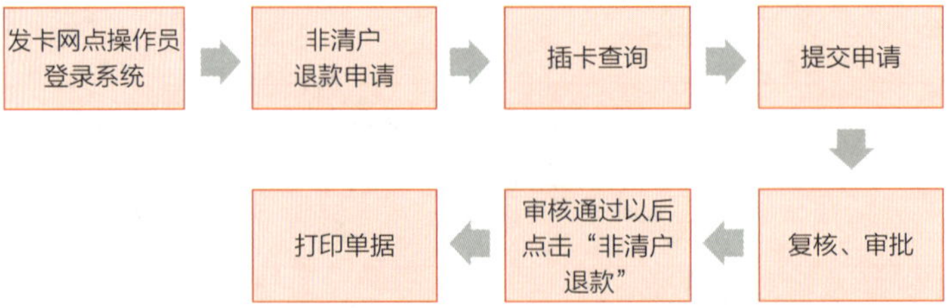

图 9.32　非清户退款

9.1.2.9　充值卡发售

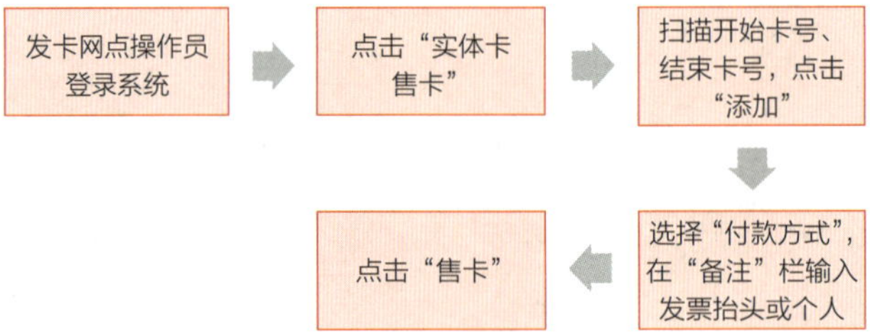

图 9.33　充值卡发售

9.1.2.10　异常卡查询

本站异常卡的信息将通过“加油站长俱乐部”以微信消息的方式，推送到站长的手机端，消息订阅、查看方式及核查反馈等详见“10.3 加油站长俱乐部”。

9.2 电子钱包

9.2.1　简介

电子钱包全称为“中国石化电子钱包”，可在指定线上平台充值，用于加能（油、气、氢、电）、便利店商品购物及服务等消费支付功能的虚拟账户。

9.2.2 登录“易捷加油”APP

打开 APP，可通过“验证码登录”“一键登录”“微信登录”等不同的方式登录。

9.2.3 开通钱包

首次登录后，需开通石化钱包方可使用一键加油功能。输入姓名→输入身份证号→选择开户省→同意《石化钱包协议》与《隐私政策》→设置支付密码→确认支付密码→开通小额免密→同步开通石化权益会员→点击“开通”。开通后进入“一键加油”首页。一个身份证对应一个账户，开户省市开通后可变更，有变更次数限制。

9.2.4 绑定车牌

首次使用“一键加油”，需绑定车牌（首页或“钱包”中均可），路径：我的→石化钱包→我的车牌→“+”→选择车牌类型→输入车牌号→选择油品型号→输入单次最大加油金额→输入其他信息（可不填）→设置默认车辆→点击“完成”。可绑定普通车牌与新能源车牌，一个账号限绑 3 个车牌号，默认每笔加油订单只对应一个车牌号。

9.2.5　钱包充值

在“一键加油”首页或在“钱包”中的相关选项中，可对钱包充值，充值→输入或选择充值金额→选择支付方式→确认支付→返回“一键加油”→充值成功。钱包充值目前支持微信、支付宝、建行龙支付等，充值不限额，但账户余额限 5000 元，充值优惠按开户省活动规则执行，充值不开发票，支持填写员工推荐码。

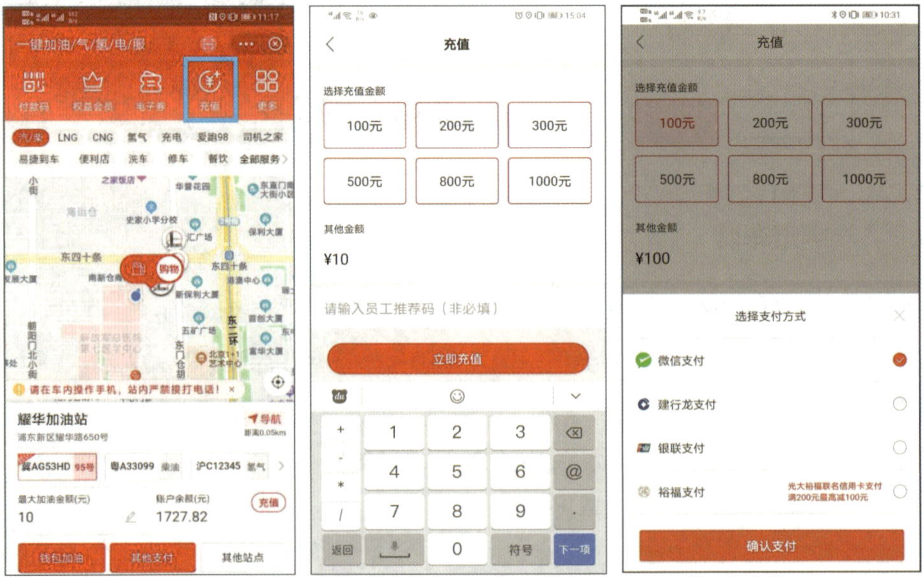

9.2.6 退款

在 APP 线上申请钱包退款，申请后，7 个工作日内审核通过后，可退余额原路退还。若享有优惠的充值额，不能办理退款。退款申请后账户将锁定，无法进行充值、消费，退款受理前可取消退款申请。

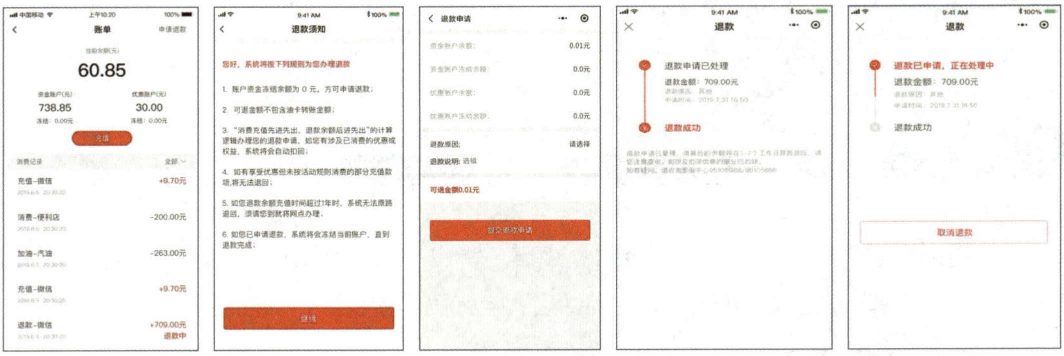

9.2.7 消费（客户端）

（1）手机导航。根据手机定位，自动推荐距离最近的站。当距离较远时，客户可选择导航功能导航到站，目前支持调用手机内置导航（百度地图和高德地图）。

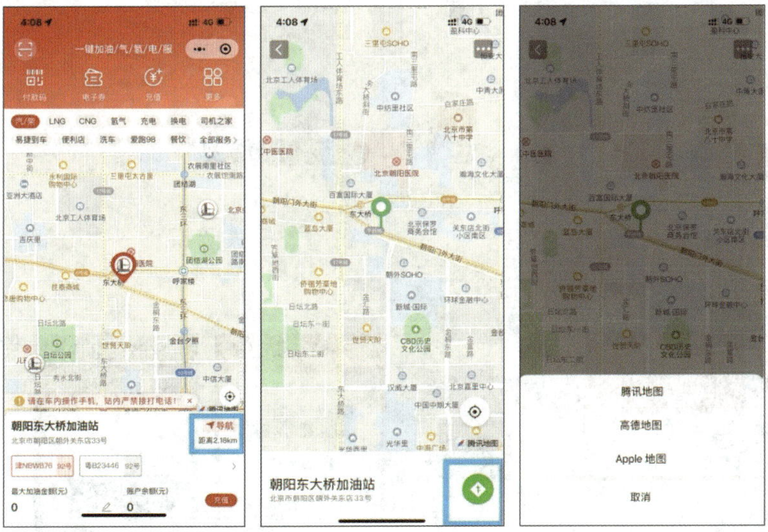

（2）POS 接单加油。进入“一键加油”，点击“加油”按钮，等待加能站接单，到站加油后自动扣款。

（3）授权码加油。进入“一键加油”，点击“钱包加油”按钮，若所选站支持授权码加油模式，将获得四位数的加油授权码。到站后，告知员工授权码，加油后自动扣款。

（4）扫码付加油。点击“一键加油”→“钱包”→人脸识别→付款码，员工扫码后，完成扣款（超过 1000 元的消费需要输入支付密码）。

（5）闪付加油。进入“一键加油”，若所选站支持闪付加油模式，加油后，点击“其他支付”按钮，选择油枪号，找到本次加油流水，自助付款。需在站 1km 范围内进行。

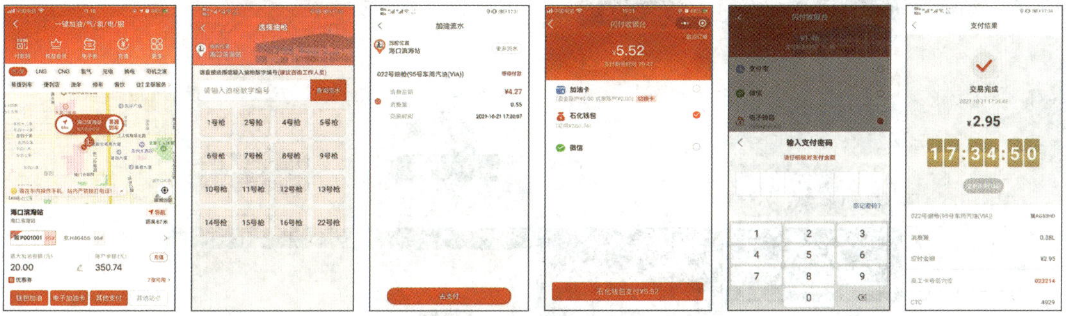

（6）开具发票。进入“石化钱包”，申请开具发票，选择发票抬头→添加发票抬头→编辑发票抬头→点击加油记录→确认开票，发票将通过邮件 / 短信发送。

9.2.8 消费（加能站操作）

（1）一键加油 -POS 接单。客户下单，员工通过手持 POS 贴卡接单，与员工卡关联，实现加油及自动扣款。

1. 核对订单信息（车牌、油品、金额）→ 2. 刷卡接单 → 3. 确认可加金额 → 4. 确认支付结果，放行

（2）一键加油 - 授权码。询问客户加油授权码，在加油机上输入授权码，加油后，系统自动扣款。

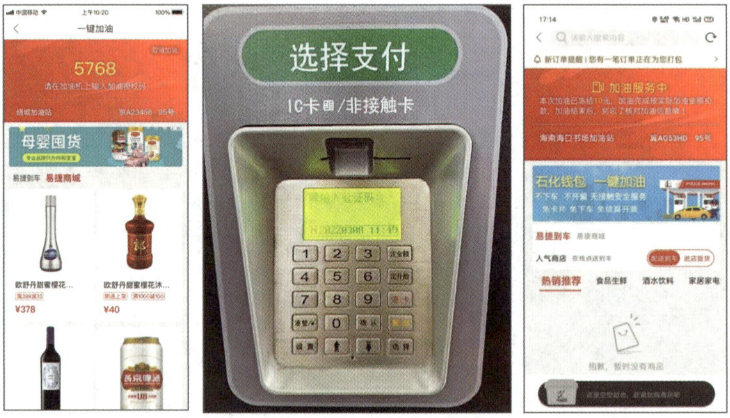

1. 客户提供授权码 → 2. 输入授权码、支付密码 → 3. 根据现实金额提枪付油 → 4. 确认支付结果，放行

（3）扫码付。客户 APP 产生付款二维码，员工通过手持 POS 的“扫码加油”模块，扫码收款。

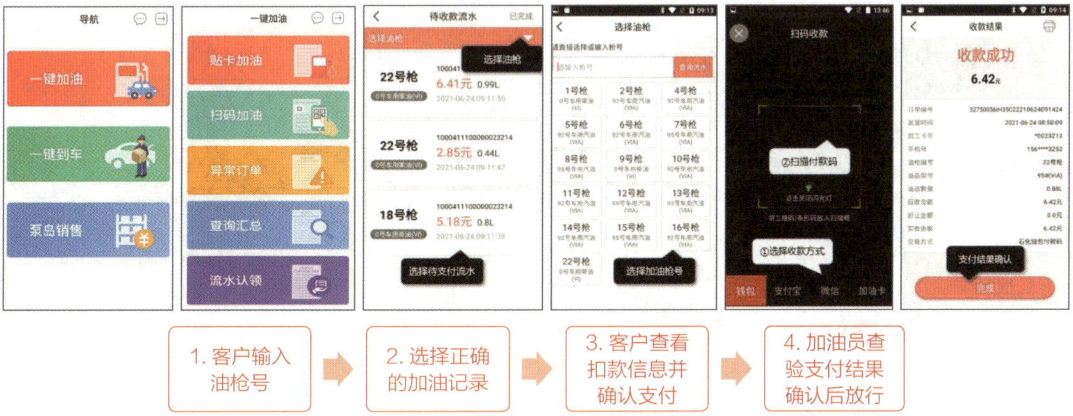

（4）其他支付（闪付）。加油后，客户通过 APP 选择加油枪号与加油记录，自助付款，员工查看支付结果后放行。

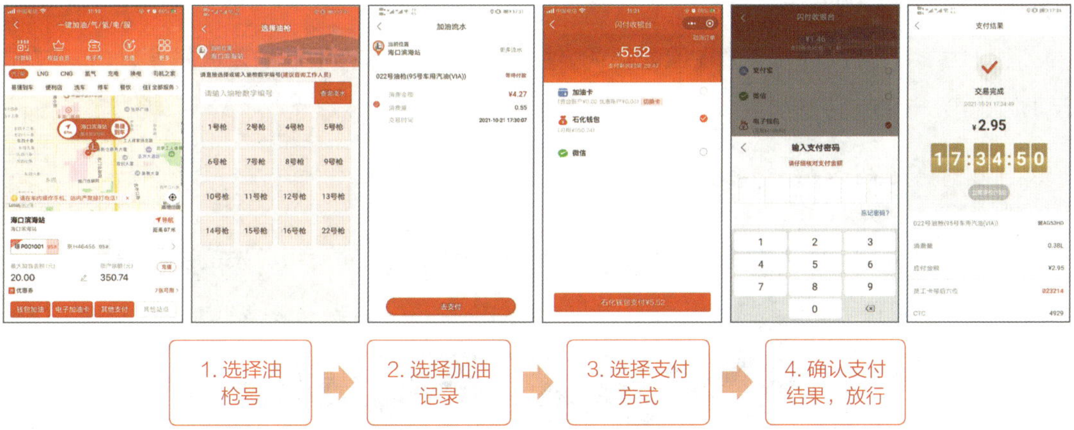

9.3

发票管理

9.3.1 增值税普通发票

（1）发票申领。发票管理员每月定期上报本站下月的发票需求量。班组每次向发票管理员领用 1~2 天的发票使用量，并办理发票交接手续。

（2）发票开具。采集软件自动采集开票信息，弹出发票信息显示界面，核对信息无误，点击打印按钮，自动打印发票；切换至开票系统的手动开票状态，输入油品、数量、金额和付款单位，再打印发票。

（3）发票保管。发票存放在保险箱内，由专人保管。有存根联的普通发票，与相应的废票及退票一起装订归档。

9.3.2 增值税电子普通发票

（1）发票领用。进入站级普票系统的领用存管理模块，对上级分发的发票段号进行勾选领用。

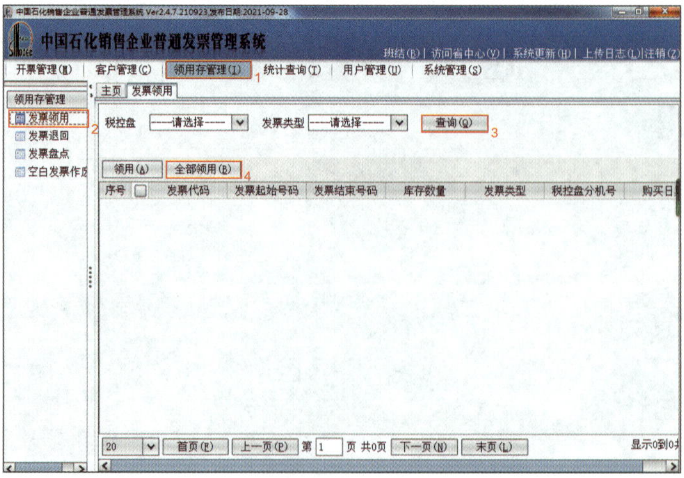

（2）发票开具。进入各业务系统“打印发票”或“开电子票”或网厅“开具电子发票”界面，输入相关内容，点击“打印”按钮，电子发票会以短信或邮箱方式推送给客户；客户也可通过 APP、小程序或扫描二维码输入开票信息自助开票。

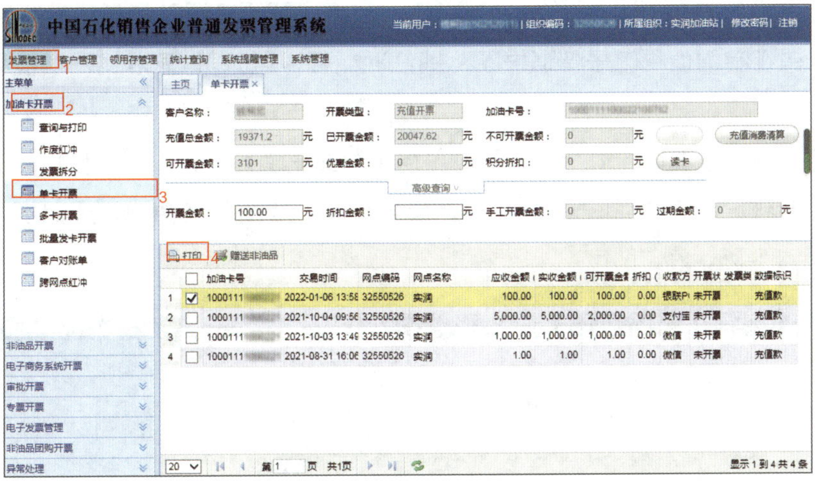

（3）增值税电子普通发票补开。客户补开发票时，需提供付款证明、加油小票等资料，员工核实情况按权限上报审批后，手动补开发票。

①动态密码申请。加能站发送发票补开原因及相关未开票资料到管理部门，相关管理人员核实无误后，在普票管理系统中生成动态密码，告知加能站。

②手动补开发票。加能站依次点击普票站级系统 - 开票管理 - 审批开票管理，根据客户实际消费情况，选择在“现金加油审批开票”“非油品审批开票”“润滑油审批开票”或“加油卡审批开票”中操作，填上“动态密码”后开票。

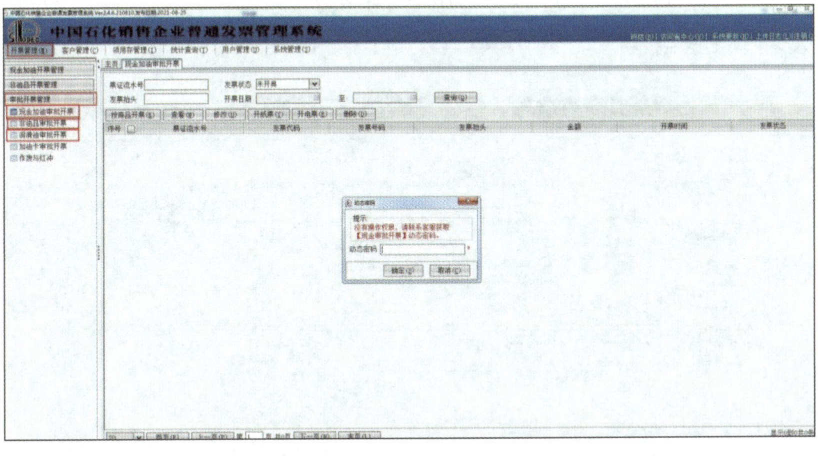

③登记手工开票台账。补开发票后，加能站需登记手工开票台账，记录补票日期、班组、发票号码、开票内容、TTC 或销售流水号、开票金额、开票人、补开原因、客户电话、客户签字及复核人签字（各企业自行确定）。

（4）红冲及红冲重开。电子发票开具后，若出现开票错误、销货退回或销售折让等情形，应开具红字增值税电子普通发票（即红冲或红冲重开），无需退回增值税电子普通发票。

①红冲。适用于发生“退货”“退款”“撤单”或“销售折让”时。依次点击普票管理系统－开票管理－现金加油开票管理－作废与红冲，选中需红冲的开票记录，点击“红冲”，选择红冲原因，确定即可。

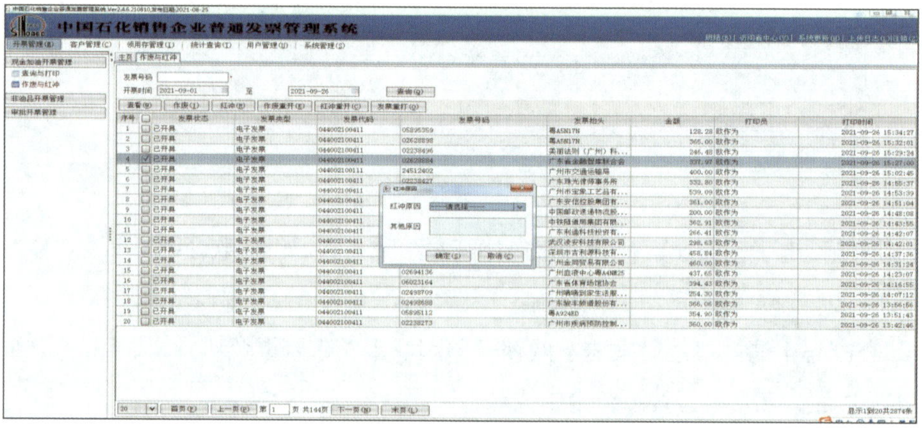

②红冲重开。适用于发生“已开发票抬头信息有误”“客户要求发票进行信息备注”时。依次点击普票管理系统－开票管理－现金加油开票管理－作废与红冲，选中需红冲重开的记录，点击“红冲重开”，输入授权动态密码，点击“确定”，在弹出重开界面，重新开具正确的发票并发送给客户。

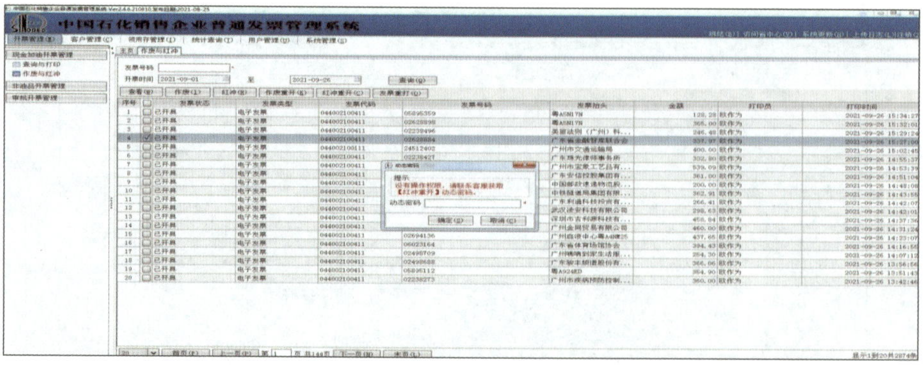

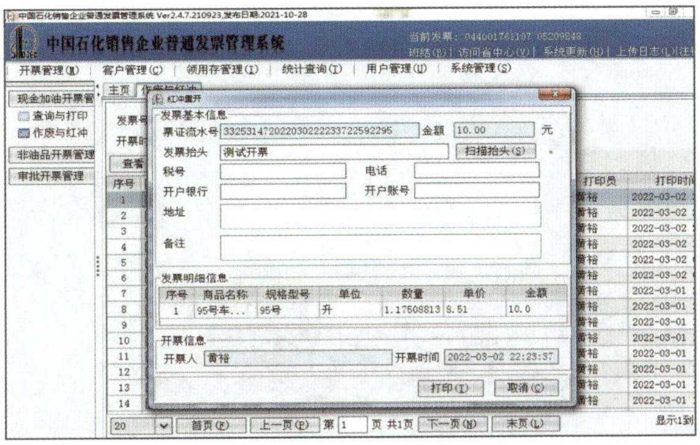

③线上红冲。适用于客户 APP 或小程序自助开票发生的“已开发票抬头或税号信息错误、增加信息备注”等情况（线上开具的电子发票只能红冲，不能红冲重开）。依次点击普票管理系统－访问省中心－发票管理－电子发票管理－电子发票红冲（线上）里，选中需红冲的记录，点击“红冲”，需选择红冲原因，确定即可。

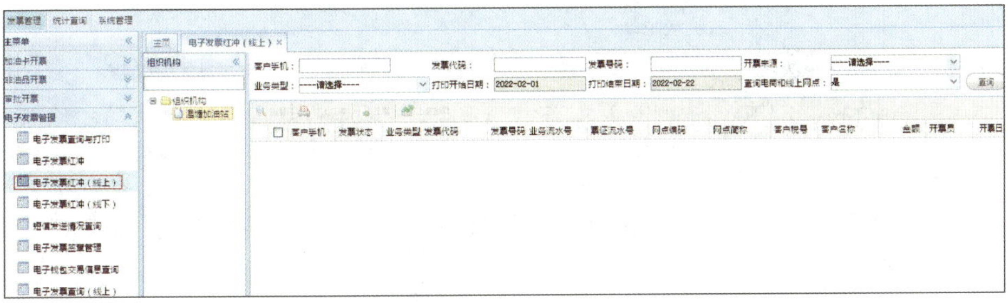

9.3.3　增值税专用发票

（1）资料收集。首次开具增值税专用发票的客户，需提供开票信息（包括购货单位名称、税号、地址、电话、开户行名称及账号），发生单位名称或税号变更的，应提交变更前后的相关证明资料。

（2）发票开具。根据客户的开票信息、收款凭据、销售记录，凭纸质申请单、手机短信验证码或通过 APP 申请开具增值税专用发票，经审核确认后，开票点依据相关记录开具增值税专用发票。

（3）发票签收。客户领取或代客户领取增值税专用发票时，在相关记录本上做好登记。若提供快递寄送发票服务，留下寄送单据备查，并确认快递状态为已签收。

（4）发票保管。空白增值税专用发票必须存入保险箱内，指定专人保管，不得事先加盖发票专用章。

9.4 营业款管理

9.4.1 账户管理

营业款缴存账户由省市公司统一开设、变更和注销，营业款须存入公司指定账户。

9.4.2 现场营业款管理

（1）省市公司根据加能站实际情况确定员工现场持币额度。当员工所收现金达到持币限额时，在工况允许的情况下，及时投入投币式保险柜，做好记录。员工离站前应将所有营业款投入投币式保险柜。

（2）保险柜隐蔽固定安装、密码和钥匙分开保管。密码持有人变更或密码泄露应立即变更密码。

9.4.3 投币式保险柜营业款管理

每次交接班或缴款前，由投币班组领班与员工在监控可视范围内，共同清点柜内营业款。核对无误后，移交营业款和相关报表单证。

9.4.4 营业款缴存管理

（1）当日应缴款数额。当日应缴款数额是指从昨日最后一次缴款至当日缴款前，产生的营业款数，按资金发生日期，可分为昨日营业款和当日营业款。营业款缴存数额及支付方式与实际销售业务一致。

（2）银行上门收款。预先将缴存资金清点无误后打包封存，按公司和银行双方协议要求核对上门收款人员证件，办理书面交接手续，统一在视频监控下进行交接。

（3）自行缴存银行。在站经理监督下清点需缴存的营业款，整理打包后，由站经理（或指定人员）存入指定银行账户，核对银行回单，签字上交。

（4）缴款时间和频次按照上级公司规定执行。在规定时间内，尽量延后下午缴款时间，以避免大额现金在站过夜。

9.4.5　资金监管

1）资金上缴

加能站日结后，登录营运资金监管系统，在“资金上缴”功能中，分别录入现金、非联动的银行卡和第三方的实缴数据。

（1）现金。①选择现金－新增；②选择缴款账号；③确认打印日期（等于实际上交日期）；④对应业务系统，登记已日结和未日结数据；⑤选中已登记的缴款记录，打上√；⑥点击保存；⑦点击合并打印；⑧检查缴款单的状态，是否由录入转变到打印。

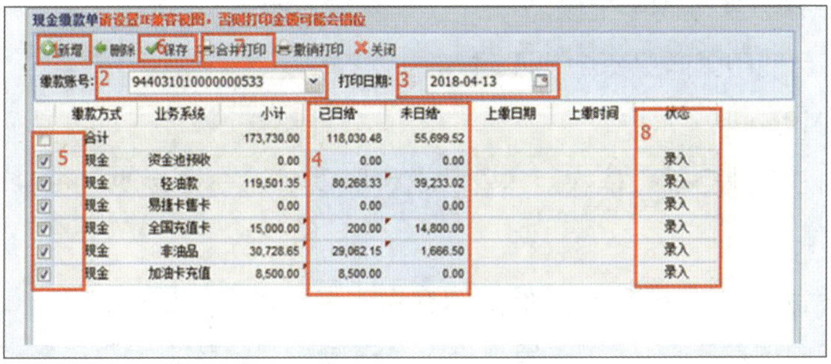

（2）非联动的银行卡。选择银行卡－新增，选择对应收单行，根据银行清算时间，区分昨日刷卡和今日刷卡，按不同业务系统填报，选中填报数据，保存关闭。

（3）第三方。选择第三方－新增，按不同收单方、分业务线条、按实际交易时间填写汇总数。

2）资金预收

（1）预收资金录入。收到客户预交来的现金或者 POS 机刷卡款项时，加能站需在“监管系统预收录入”模块录入。维护客户信息（详见下图中的说明）后，填写预收金额、选择收款方式、点击“确认收款”。

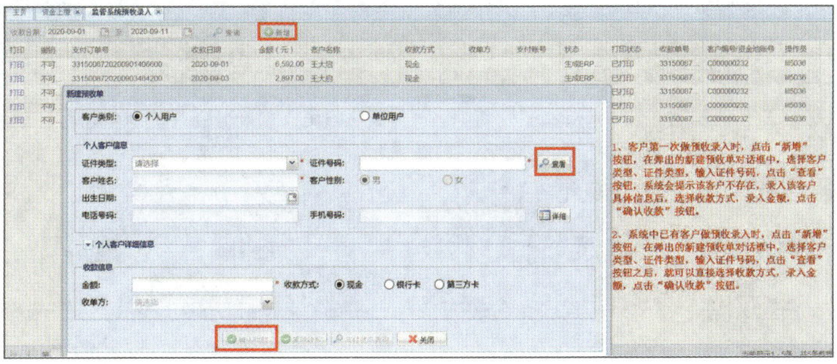

（2）与客户交接。选择缴款日期，点击查询，点击打印，弹出客户业务受理单打印界面，系统会自动生成以“B”或“C”字开头的客户账户号（“B”代表单位，“C”代表个人），点击打印，交客户签字。

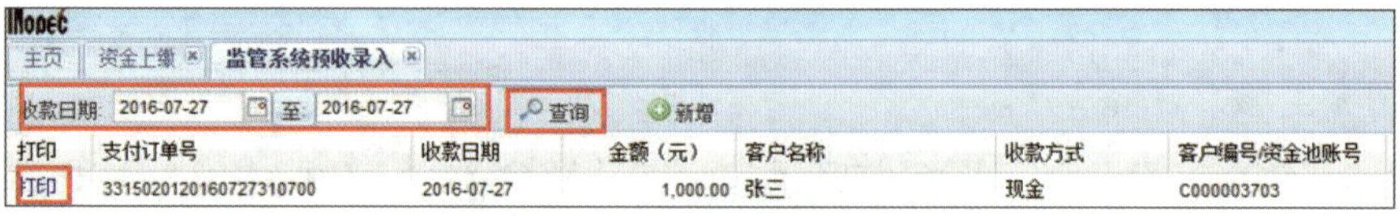

（3）预收资金上缴。次日营运资金监管系统形成预收款的资金日报，业务系统显示“资金池预收”。若缴款方式为现金，在营运资金监管系统－资金上缴－资金池预收的“已日结金额”录入实缴金额；若缴款方式为银行卡，选择正确收单方，并在资金池预收的“昨日刷卡金额”录入实际刷卡金额。

（4）预收资金使用。详见资金池调用。

3）资金池调用

调用资金池办理业务前，依次点击营业资金监管系统－资金池－资金池余额，查询该笔款项到账情况。

（1）调用资金池为 IC 卡客户充值。依次点击卡管系统－发卡充值－充值业务－客户充值（或选单用户卡充值），输入卡号，点击“查询”，“收款方式”选择“资金池”，填写“日期”（到账日期）、“余额”（初始到账金额），点击“查询”，并核对业务系统办理业务的客户名称是否与转账付款名称一致，若不一致，需提供合规的代付款委托证明。若出现“没有可用的付款方账号，请重新选择收款方式或者到【客户付款方账号维护】功能维护客户付款方账号信息”的报错信息，加能站需提供客户付款电子回单或客户盖章确认的银行账户明细表，报上级单位或按设置的权限进行客户账号维护。若出现“该付款方账号无到账信息！”，属于客户转账资金未到账或者客户存在多个账号，若客户存在多个账号，需下拉“付款账号”，查看其他账号是否余额充足。查询核对无误后，点击“确定”即可调用资金池资金充值。

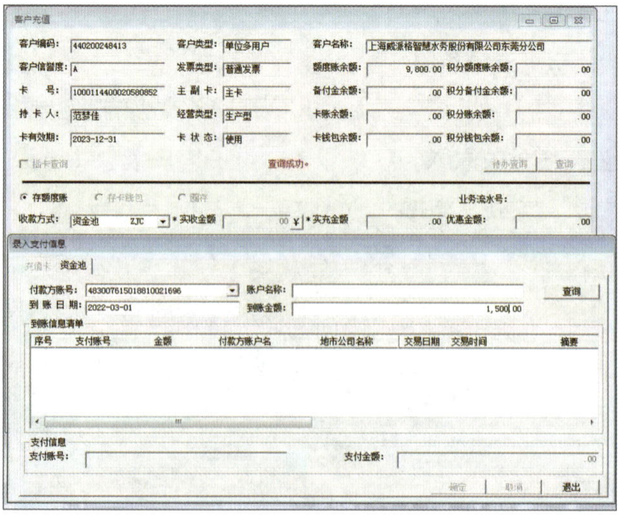

（2）调用资金池销售全国充值卡。登录“充值卡及易捷卡系统”，依次选择“充值卡服务－售卡－卡产品”（售卡类型选全国充值卡），“付款方式”选择“资金池”，输入到账资金的银行账号、付款方户名、到账日期、到账金额，点击“查询”选用到账资金记录，点击“售卡”。

（3）调用资金池零售非油品。客户选择商品后，扫码商品录入销售，在海信系统依次点击结账－更多支付－资金池－确定，填写“付款账户”“记账日期”“记账余额”，点击“查询”，选用资金，点击确定，输入站点自行设置的支付密码。

（4）调用资金池团购非油品。客户选择商品后，登录海信系统网页版，点击“业务管理－团购－增加”，点击“客户”选项框右侧的放大镜图标，搜索“全部”，选择“团购客户”，填写“业务员”“有效日期”，点击下方“新增明细”，支付方式选“9001-资金清账－资金池”，填“支付号”，点击“保存”“提交”后，即生成了团购申请单。上级审批后，再次登入海信系统网页版，点击“新增明细”右侧的“收款”，再次输入“支付号”，输入站点自行设置的支付密码，选用到账资金，待页面显示“成功支付”，点击“记账”。

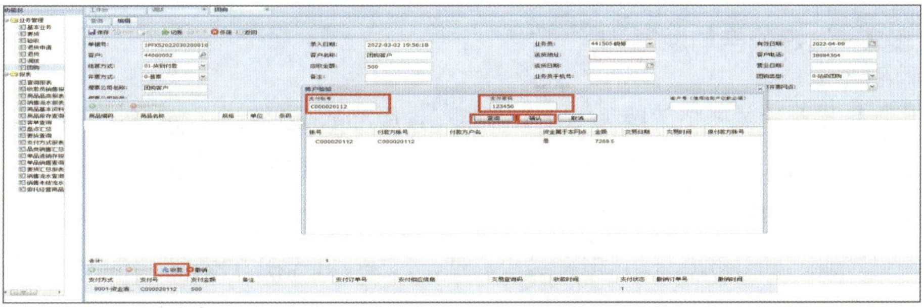

4）派工单处理

（1）营运资金监管系统显示派工单，是因为零管和管控数据核对产生了差异（飘红的记录为缺少零管或管控日报的数据，暂不需要处理）。只有“已说明差异”＝差异，派工单才会消失。

（2）加能站录入差异说明。点击派工单中“差异”的蓝色字体，进入差异查询界面，再点击“已说明差异”列的蓝色字体，进入差异说明界面后，系统会自动根据差异金额，列出一条说明记录，加能站需要选择差异原因，说明具体差异内容后，先点“保存”，再点“提交”。若上一次的差异原因被上级驳回，在此页面重新说明，不需新增差异说明。

9.5 信息系统故障应急处置

9.5.1 快速准确上报

当发生系统或网络故障时，站经理第一时间向上级信息和零售部门报告，并向运维指定人员反馈具体故障，以便信息部门和运维商及时排除。若本区域发生全网络系统故障，站经理可直接向销售公司信息管理部报告。

9.5.2 做好公告与解释

站经理根据系统及网络故障类型，及时张贴相应的故障公告，待故障排除后立即撤除。当石化钱包、加油卡、开票等系统发生故障时，员工可向顾客做如下解释：

场景一：石化钱包无法充值

“尊敬的顾客，因网络问题，电子钱包充值出现未立即到账的情况，给您带来不便深感歉意。公司正在紧急处理中，网络通畅后，我们将尽快为您处理，请耐心等待。”

场景二：石化钱包无法加油

“尊敬的顾客，因系统升级，无法使用石化钱包支付，给您带来不便深感歉意。您可使用加油卡、微信、支付宝或现金支付，如您同意，可留下联系方式，我们将补偿您损失的营销权益。感谢您的理解与配合。”

场景三：加油卡系统故障或升级

“尊敬的顾客，因系统升级，暂无法办理充值、预分配、查询等业务，给您带来不便深感歉意。您可选择石化钱包或微信、支付宝、银行卡等其他支付方式。若系统恢复，我们会立即公告。感谢您的理解和配合。”

场景四：开票系统故障或升级

“尊敬的顾客，因系统升级，暂无法开票，给您带来不便深感歉意。如您同意，可留下联系电话，系统恢复后，我们将立即为您补开。感谢您的理解和支持。”

9.5.3 强化现场应急服务

石化钱包、站级一体化等出现系统故障时，加能站要及时疏导顾客负面情绪，引导顾客使用其他方式支付，或以省市公司授权的应急收款方式收款，想方设法满足顾客的支付需要。如发生因系统故障导致顾客权益损失，要做好记录，并及时向上级部门报告。

9.5.4 加强应急预案演练

在日常工作中，加能站要围绕加油卡、电子钱包、开票等信息系统故障，开展应急预案演练和培训，重点是故障报修、公告张贴、员工解释、应急服务等方面的内容，确保现实中出现问题时，加能站可以精准响应。

第 10 章

系统操作

10.1 站级一体化

10.1.1 模块介绍

站级一体化系统包括销售前台和管理后台两个模块，覆盖油品业务、非油品业务、天然气业务。

功能 模块	业务功能			
	油品业务	非油品业务	天然气业务	
销售前台	班日结管理	收银管理	发票管理	风控管理
	支付管理	进货管理	客户评价	付油管理
管理后台	客户管理	营销管理	经营分析	单站模拟
	异常监控	液位仪管理	远程盘点	实时盘点
	员工管理	发票管理	资金管理	校验管理
	设备管理	监控管理	版本管理	升级管理

10.1.2 监控收银

1）油品销售

（1）客户进入收银室，员工询问加油情况，点击收银界面下方对应加油枪图标选择交易，或点击功能区1未结算流水按钮，选择需结算的交易。

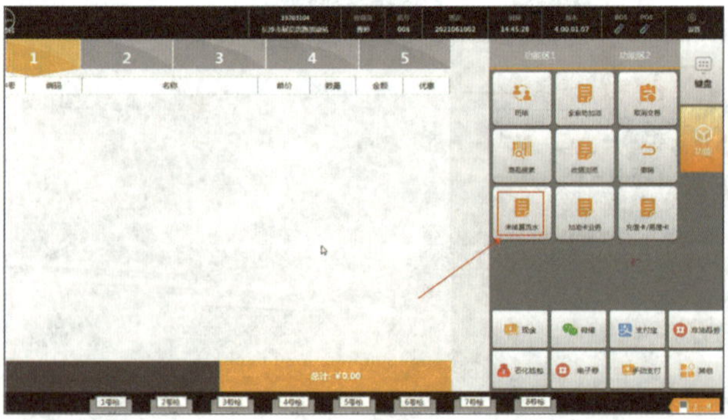

（2）以 10 号枪为例，点击 10 号枪图标，显示出该加油枪上的所有未结交易，根据金额及其他信息选择需结算的交易流水，点击确定按钮。

10#-挂单交易

终端时间	油品名称	数量	单价	枪号	总金额	状态	TTC	员工卡号	员工名称
2021-05-16 09:54:45	92号车用汽油VI	14.89	6.72	10	100.00	未锁定	56646	1000414300000159473	单秋香
2021-05-16 09:48:07	92号车用汽油VI	29.77	6.72	10	200.00	未锁定	56644	1000414300000159474	单秋香
2021-05-16 09:39:51	92号车用汽油VI	36.46	6.72	10	245.00	未锁定	56641	1000414300000159474	单秋香
2021-05-16 09:27:20	92号车用汽油VI	29.77	6.72	10	200.00	未锁定	56637	1000414300000159474	单秋香
2021-05-16 09:24:14	92号车用汽油VI	29.77	6.72	10	200.00	未锁定	56636	1000414300000130956	单秋香

（3）点击功能区 1 的未结算流水按钮，会展示全部油枪的未结算交易，根据加油时间、金额选择需结算的流水。

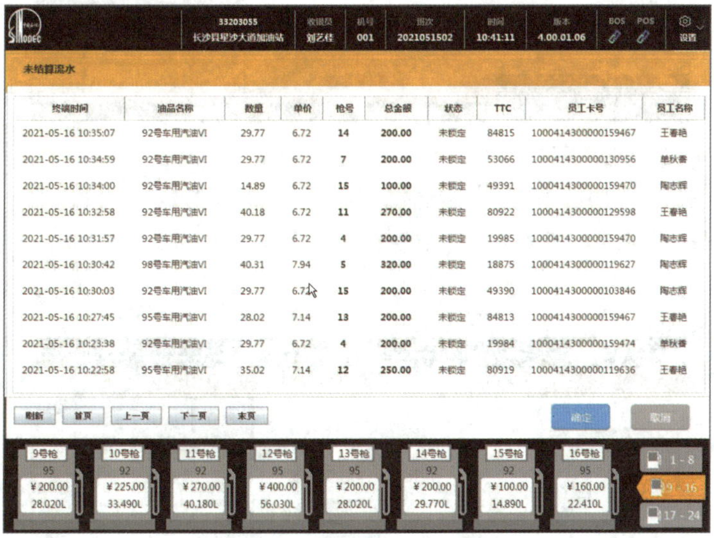

未结算流水

终端时间	油品名称	数量	单价	枪号	总金额	状态	TTC	员工卡号	员工名称
2021-05-16 10:35:07	92号车用汽油VI	29.77	6.72	14	200.00	未锁定	84815	1000414300000159467	王春艳
2021-05-16 10:34:59	92号车用汽油VI	29.77	6.72	7	200.00	未锁定	53066	1000414300000130956	单秋香
2021-05-16 10:34:00	92号车用汽油VI	14.89	6.72	15	100.00	未锁定	49391	1000414300000159470	陶志辉
2021-05-16 10:32:58	92号车用汽油VI	40.18	6.72	11	270.00	未锁定	80922	1000414300000129598	王春艳
2021-05-16 10:31:57	92号车用汽油VI	29.77	6.72	4	200.00	未锁定	19985	1000414300000159470	陶志辉
2021-05-16 10:30:42	98号车用汽油VI	40.31	7.94	5	320.00	未锁定	18875	1000414300000119627	陶志辉
2021-05-16 10:30:03	92号车用汽油VI	29.77	6.7	15	200.00	未锁定	49390	1000414300000103846	陶志辉
2021-05-16 10:27:45	95号车用汽油VI	28.02	7.14	13	200.00	未锁定	84813	1000414300000159467	王春艳
2021-05-16 10:23:38	92号车用汽油VI	29.77	6.72	4	200.00	未锁定	19984	1000414300000159474	单秋香
2021-05-16 10:22:58	95号车用汽油VI	35.02	7.14	12	250.00	未锁定	80919	1000414300000119636	王春艳

（4）若流水已挂单，再次选择该流水进行交易时，系统会给出“对不起，该交易已锁定！”的提示信息。此时，该未结交易会显示在屏幕上方的挂单区等待支付，且单状态显示为“已锁定”。

（5）油品挂单到待支付区域后，若客户使用微信支付，点击微信支付按钮，扫描客户付款码完成支付。

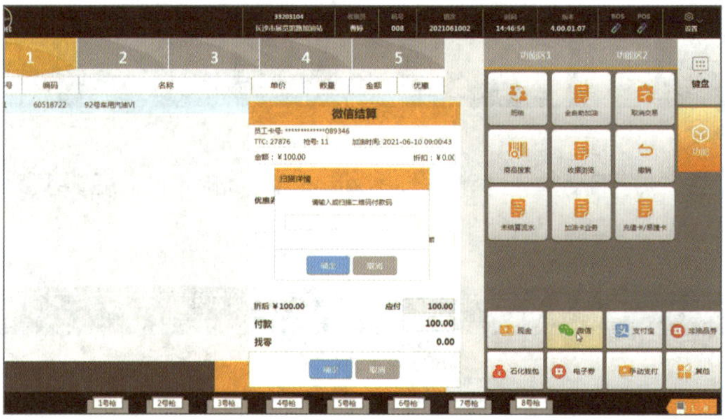

（6）油品和非油品不能同一订单结算，若当前收银区已存在油品，继续输入或扫描非油品商品后，出现“挂单区已存在油品订单，请切换其他签页”提示，切换至其他签页，继续操作。

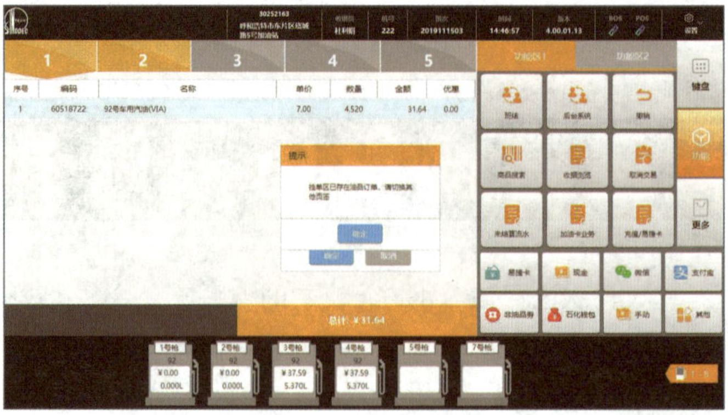

（7）油品销售支持自动打印两张小票，一张作为客人开发票依据，另一张交与员工作为结算凭证。

2）非油品销售

（1）可以用扫描枪直接扫描商品条形码或点击功能区 1 的“商品搜索”输入五位商品编码（输入条形码也可以）或六位商品包编码两种方式录入非油商品

（2）扫描商品条码录入商品，如下图所示。

（3）商品搜索：点击商品搜索，输入五位商品编码，或条形码，或六位商品包编码，点击确认，录入商品。

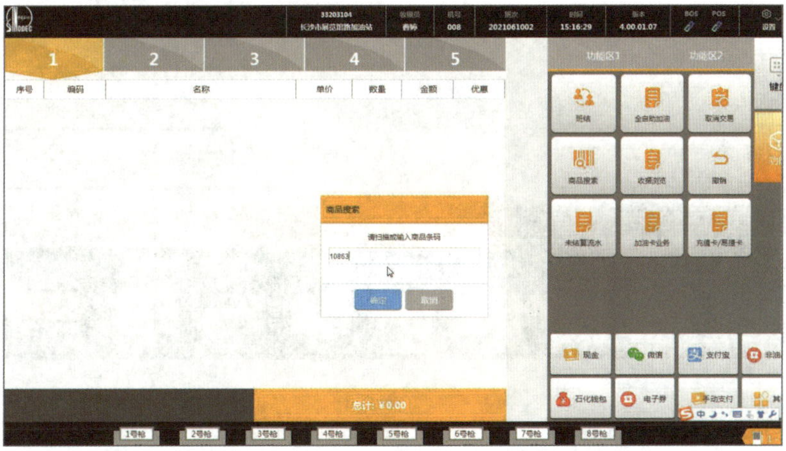

（4）选中销售区需修改数量的商品，点击收银界面右上角的键盘按钮，点击修改后的数量，再点击修改数量。

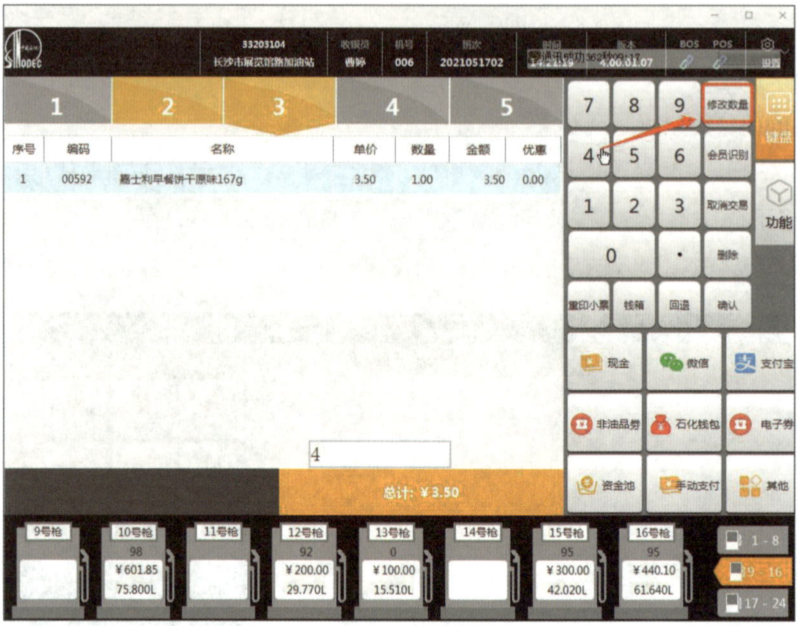

（5）已扫描或录入的商品，若客户在付款前不想购买，可点击键盘界面或者功能区 1 中的“取消交易”按钮；若客户只是不需要某一种商品时，选中该商品，点击删除按钮。点击弹窗的“确定”按钮，清除挂单区的商品。

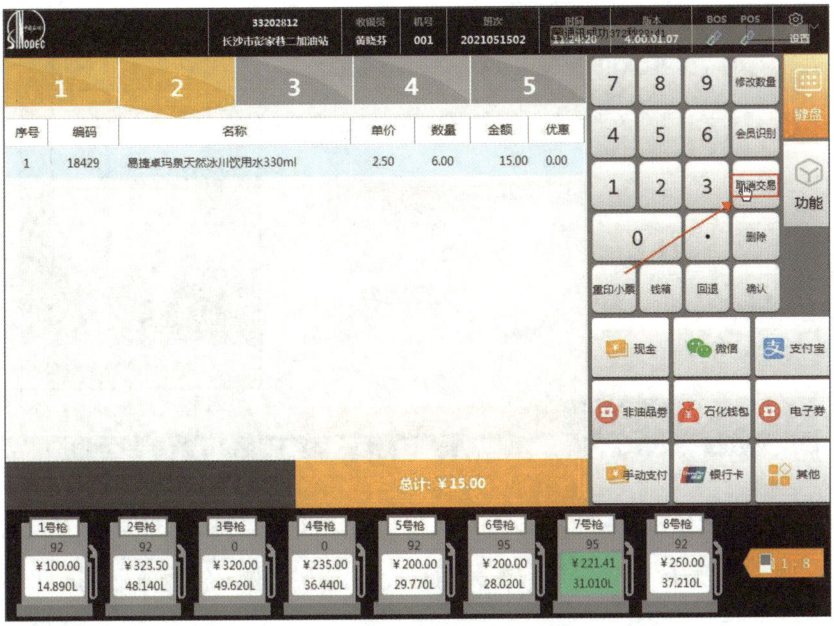

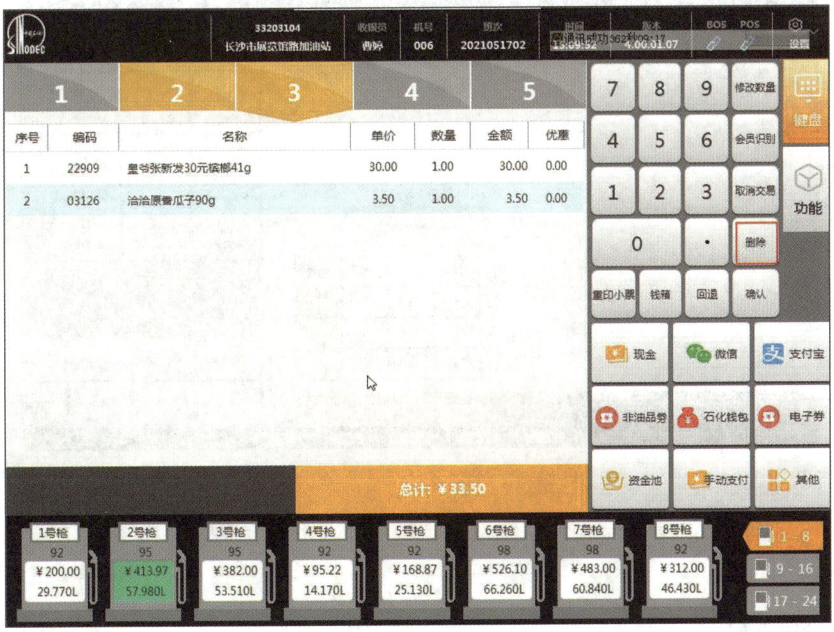

（6）录入完非油商品后，点击支付按钮进行支付，若使用微信，点击微信图标，扫描客户付款码，扣款成功后完成交易，并可根据客户需求打印小票。已支付完成的订单，可在功能区 1 收据浏览菜单中查看。

（7）如客户需退货，点击功能区“撤销”按钮，输入销售小票上的交易号或者扫描下部的条码，点击确定，提示“订单撤销成功”代表完成非油品销售的撤销，非现金的交易金额会原路返还到客户账户。

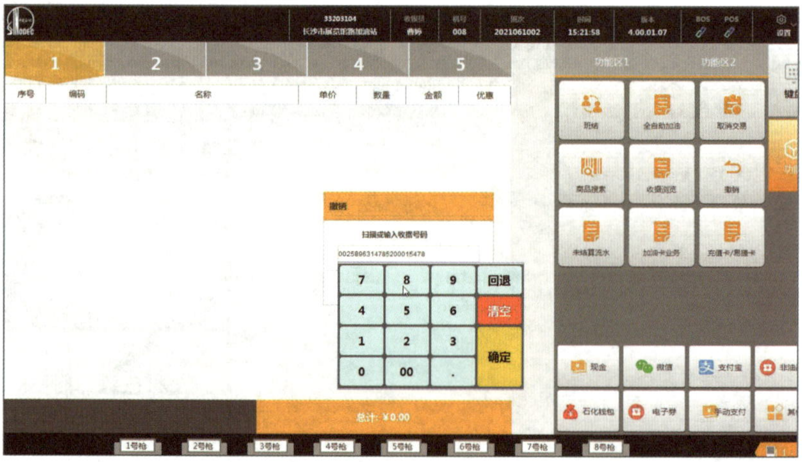

10.1.3 数据通信

1）初始化通信

路径：登录系统→数据通信→初始化通信。初始化通信只允许做一次。

（1）点击“开始通信”按钮，系统会自动进行通信情况的校验，并把校验结果在页面中展示。通信项以红色显示表示该项通信失败，绿色表示该项通信成功，灰色表示不需要通信，并在日志中展示。

（2）点击“下载基础数据”，将从中心下载员工信息、设备信息、液位仪信息、未班结交易流水、已班结交易流水信息。

2）日常通信

日结后，通过日常通信，上传日结数据。路径：登录系统→数据通信→日常通信，点击“开始通信”按钮，系统会自动进行通信情况的校验，并把校验结果在页面中展示。通信项以红色显示表示该项通信失败，绿色表示该项通信成功，灰色表示不需要通信，并在日志中展示。

3）油价调整

（1）通过指定下载获取油价。路径：数据通信→指定通信，点击“开始通信”按钮。

系统会自动进行通信情况的校验，并把校验结果在页面中展示。通信项以红色显示表示该项通信失败，绿色表示该项通信成功，灰色表示不需要通信，并在日志中展示。

（2）下发油机数据。下载油价后，会自动下发油机数据，加油机收到油价一般会上送油价接收记录，可在交易查询中按枪或油品查询；若未收到油机返回油价接收交易，可通过点击下发油机数据（指定通信和日常通信界面的下发油机数据均可）再次下发油机数据；路径：数据通信→指定通信或数据通信→日常通信（指定下载的效率更高），点击“下发油机数据”按钮，进行油机数据下发。系统会提示下发结果。若过了生效时间仍未变价，再次点击下发油机数据，点击监控收银页面的“重连加油机”按钮，进行尝试。

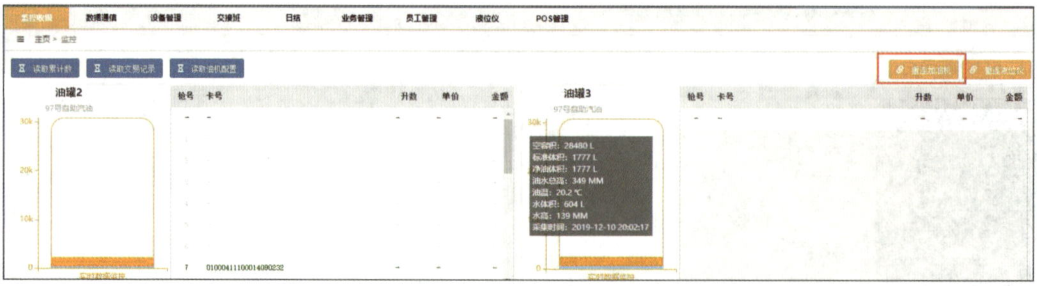

（3）油价下载查询。路径：业务管理→基础信息查询→油品信息查询，在右边界面默认显示所有的油品油价信息，油价信息按照版本号、生效时间进行倒排序，最新发布的油价排在最上面。在对话框中，输入版本号或油品编码，点击“查询”按钮，查询该油品的油价信息。若未查到新的油价信息，请与上级管理部门联系，确认是否发布价格，若已发布未下载成功，请与运维单位联系。

10.1.4　设备管理

1）油机信息维护

路径：登录系统→设备管理→油机维护→油机维护。

（1）查询。默认查询所有记录；输入设备编号、油机编号，点击查询，展示符合条件的记录。

（2）新增。点击“新增”按钮，新增油机前提是需要有对应的未被使用的“物理设备信息”以及未被使用的“连接地址信息”等。输入油机信息（需从油机厂商获得该信息），点击“保存”按钮保存，点击“取消”按钮，则放弃刚才输入的油机信息。

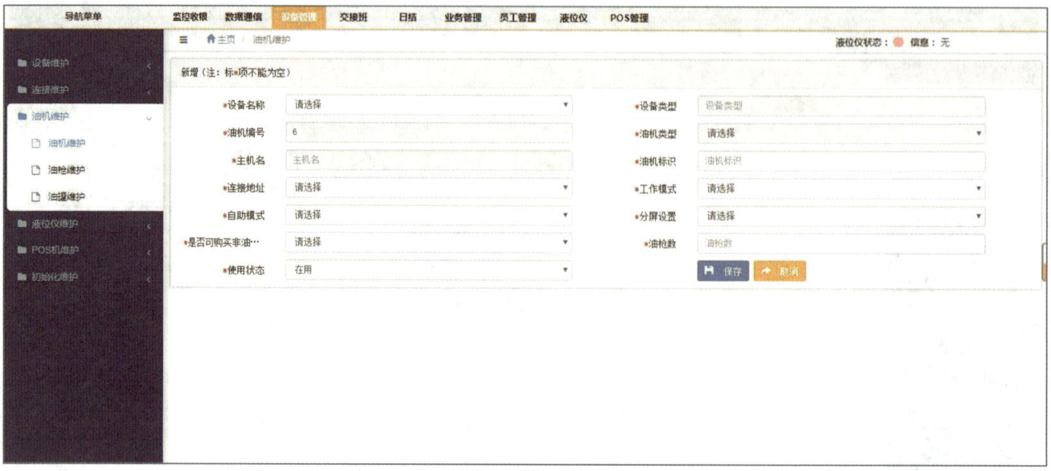

（3）修改。若想修改保存过的油机信息，选中要修改的记录，点击“修改”按钮，修改文本框中的内容，然后点“保存”按钮保存修改的内容。

（4）删除。若想删除保存过的油机信息，选中记录，点击“删除”按钮，出现“确定要删除选中的记录”提示，点击“确认”，删除记录。

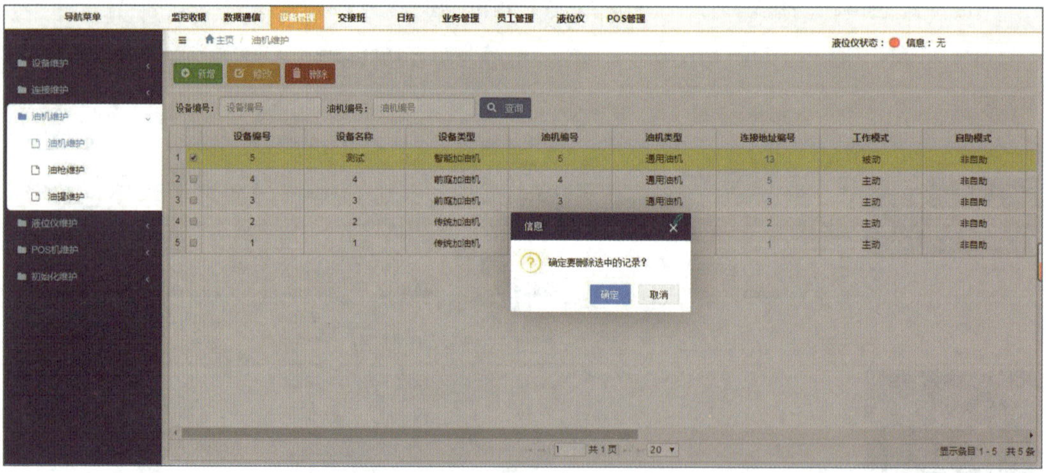

2）油罐信息维护

路径：登录系统→设备管理→油机维护→油罐维护。

（1）查询。输入油罐编号、油品编码、油罐类型等信息执行查询操作，符合条件的结果展示在下方列表中。

（2）新增。点击“新增”按钮，进入油罐新增页面，录入相关信息，点击“保存”按钮。

（3）修改。若想修改保存过的油罐信息，选中要修改的记录，点击“修改”按钮，修改完成后，点击“保存”则修改信息保存，点击“取消”则放弃修改信息的保存。

（4）删除。选择某条油罐数据，点击“删除”按钮，确定后油罐信息被删除。删除油罐信息必须保证油罐停用状态且未绑定任何油枪。

3）油枪信息维护

路径：登录系统→设备管理→油机维护→油枪维护。

（1）查询。输入油枪编号、油罐编号、使用状态等信息后，点击“查询”，符合条件的结果展示在列表中。

（2）新增。点击“新增”按钮，进入油枪新增页面，配置油枪信息后，点击“保存”按钮，信息保存并展示到首页，点击“取消”则放弃保留新增的信息。

（3）修改。选择一条油枪信息后，点击“修改”按钮，进入油枪修改页面，修改油枪数据后，点击“保存”修改数据保留并展示到首页，点击“取消”则放弃保留修改的信息回到首页。

（4）删除。选择一条油枪数据，点击“删除”按钮，确定后，该油枪信息被删除。删除油枪信息，其“使用状态”必须为“停用”。

10.1.5　交接班

特别说明：加能站交接班后，班结数据包括泵码、付油、油罐交接、回罐、班结流水等，会实时上送零管系统；也支持实时对零管系统进行班结；可联系运维开通或关闭联动零管班结；交接班报表查询界面有重新上传零管功能，若零管未收到班结数据，可再次上送数据给零管系统。班结前，应检查错误流水，是否有异常需要更正；班结时，会将错误流水打上班次号，日结后打上日结标记，无法对已日结的错误流水进行更正。

1）交易核对

通过交易流水查询功能，核对员工的加油信息。路径：交接班→交易→交易流水查询。

（1）按照加油机进行交易查询。核对该加油机流水是否完整，通过终端交易序号连续来判断。管控系统已具备缺失流水自动回叫功能，极端情况下，还有可能出现流水无法叫回的情况。

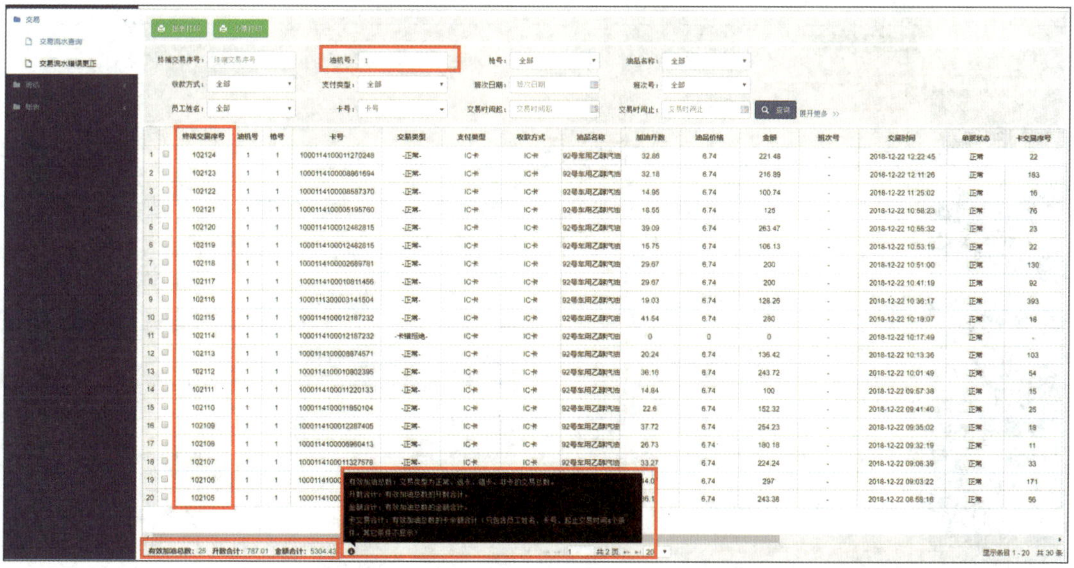

（2）按员工查询交易。对某员工的加油交易进行核对，页面下边会显示有效加油笔数（正常、逃卡、错卡和非卡交易）、有效加油升数和金额（每笔加油升数和金额累计）、卡交易合计（该员工发生交易的员工卡交易金额，仅在按单张员工卡进行查询时显示）。

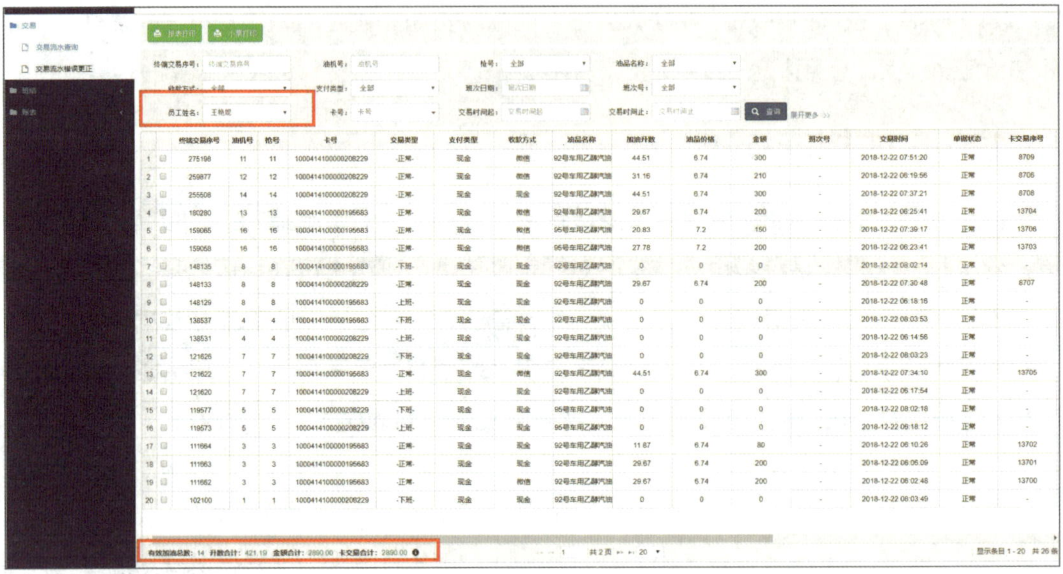

	终端交易序号	油机号	枪号	卡号	交易类型	支付类型	收款方式	油品名称	加油升数	油品价格	金额	班次号	交易时间	单据状态	卡交易序号
1	275198	11	11	1000414100000208229	-正常-	现金	微信	92号车用乙醇汽油	44.51	6.74	300	-	2018-12-22 07:51:20	正常	8709
2	259877	12	12	1000414100000208229	-正常-	现金	微信	92号车用乙醇汽油	31.16	6.74	210	-	2018-12-22 06:19:56	正常	8706
3	255508	14	14	1000414100000208229	-正常-	现金	现金	92号车用乙醇汽油	44.51	6.74	300	-	2018-12-22 07:37:21	正常	8708
4	180280	13	13	1000414100000195683	-正常-	现金	微信	92号车用乙醇汽油	29.67	6.74	200	-	2018-12-22 06:25:41	正常	13704
5	159065	16	16	1000414100000195683	-正常-	现金	微信	95号车用乙醇汽油	20.83	7.2	150	-	2018-12-22 07:39:17	正常	13706
6	159058	16	16	1000414100000195683	-正常-	现金	微信	95号车用乙醇汽油	27.78	7.2	200	-	2018-12-22 06:23:41	正常	13703
7	148135	8	8	1000414100000195683	-下班-	现金	现金	92号车用乙醇汽油	0	0	0	-	2018-12-22 08:02:14	正常	-
8	148133	8	8	1000414100000208229	-正常-	现金	现金	92号车用乙醇汽油	29.67	6.74	200	-	2018-12-22 07:30:48	正常	8707
9	148129	8	8	1000414100000195683	-上班-	现金	现金	92号车用乙醇汽油	0	0	0	-	2018-12-22 06:18:16	正常	-
10	138537	4	4	1000414100000195683	-下班-	现金	现金	92号车用乙醇汽油	0	0	0	-	2018-12-22 08:03:53	正常	-
11	138531	4	4	1000414100000208229	-上班-	现金	现金	92号车用乙醇汽油	0	0	0	-	2018-12-22 06:14:56	正常	-
12	121626	7	7	1000414100000208229	-下班-	现金	现金	92号车用乙醇汽油	0	0	0	-	2018-12-22 08:03:23	正常	-
13	121622	7	7	1000414100000195683	-正常-	现金	微信	92号车用乙醇汽油	44.51	6.74	300	-	2018-12-22 07:34:10	正常	13705
14	121620	7	7	1000414100000208229	-上班-	现金	现金	92号车用乙醇汽油	0	0	0	-	2018-12-22 06:17:54	正常	-
15	119577	5	5	1000414100000208229	-下班-	现金	现金	95号车用乙醇汽油	0	0	0	-	2018-12-22 08:02:18	正常	-
16	119573	5	5	1000414100000208229	-上班-	现金	现金	95号车用乙醇汽油	0	0	0	-	2018-12-22 06:18:12	正常	-
17	111664	3	3	1000414100000195683	-正常-	现金	现金	92号车用乙醇汽油	11.87	6.74	80	-	2018-12-22 06:10:26	正常	13702
18	111663	3	3	1000414100000195683	-正常-	现金	现金	92号车用乙醇汽油	29.67	6.74	200	-	2018-12-22 06:06:09	正常	13701
19	111662	3	3	1000414100000195683	-正常-	现金	微信	92号车用乙醇汽油	29.67	6.74	200	-	2018-12-22 06:02:48	正常	13700
20	102100	1	1	1000414100000208229	-下班-	现金	现金	92号车用乙醇汽油	0	0	0	-	2018-12-22 08:03:49	正常	-

（3）按收款方式查询。支付类型是加能机对应的支付方式，限现金、加油卡、积分等，收款方式则对应现金、微信、银行卡等，微信、银行卡需开通支付联动时，才可用。

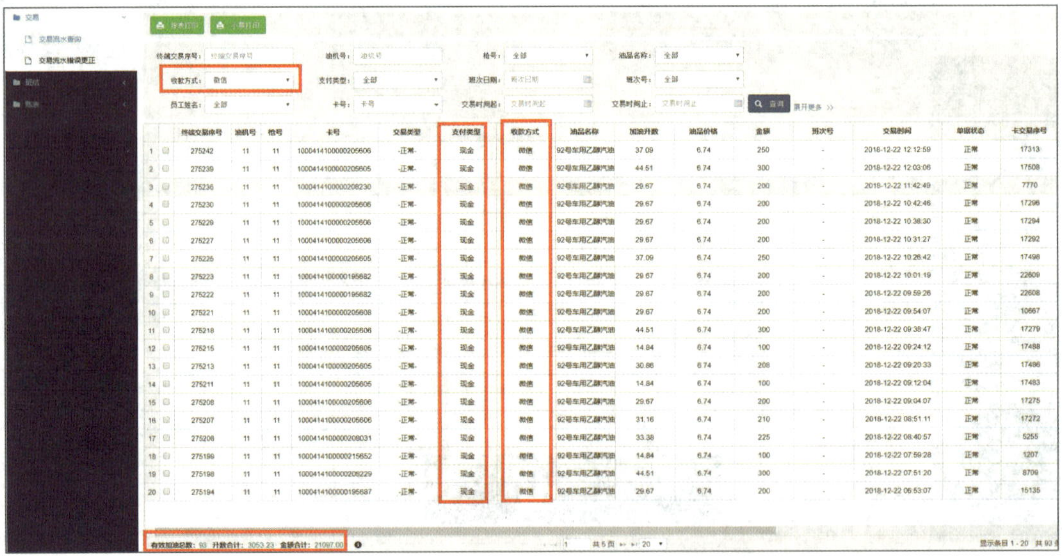

	终端交易序号	油机号	枪号	卡号	交易类型	支付类型	收款方式	油品名称	加油升数	油品价格	金额	班次号	交易时间	单据状态	卡交易序号
1	275242	11	11	1000414100000205606	-正常-	现金	微信	92号车用乙醇汽油	37.09	6.74	250	-	2018-12-22 12:12:59	正常	17313
2	275239	11	11	1000414100000205605	-正常-	现金	微信	92号车用乙醇汽油	44.51	6.74	300	-	2018-12-22 12:03:06	正常	17508
3	275236	11	11	1000414100000208230	-正常-	现金	微信	92号车用乙醇汽油	29.67	6.74	200	-	2018-12-22 11:42:49	正常	7770
4	275230	11	11	1000414100000205606	-正常-	现金	微信	92号车用乙醇汽油	29.67	6.74	200	-	2018-12-22 10:42:46	正常	17296
5	275229	11	11	1000414100000205606	-正常-	现金	微信	92号车用乙醇汽油	29.67	6.74	200	-	2018-12-22 10:38:30	正常	17294
6	275227	11	11	1000414100000205606	-正常-	现金	微信	92号车用乙醇汽油	29.67	6.74	200	-	2018-12-22 10:31:27	正常	17292
7	275225	11	11	1000414100000205605	-正常-	现金	微信	92号车用乙醇汽油	37.09	6.74	250	-	2018-12-22 10:26:42	正常	17498
8	275223	11	11	1000414100000195682	-正常-	现金	微信	92号车用乙醇汽油	29.67	6.74	200	-	2018-12-22 10:01:19	正常	22609
9	275222	11	11	1000414100000195682	-正常-	现金	微信	92号车用乙醇汽油	29.67	6.74	200	-	2018-12-22 09:59:26	正常	22608
10	275221	11	11	1000414100000205608	-正常-	现金	微信	92号车用乙醇汽油	29.67	6.74	200	-	2018-12-22 09:54:07	正常	10667
11	275218	11	11	1000414100000205606	-正常-	现金	微信	92号车用乙醇汽油	44.51	6.74	300	-	2018-12-22 09:38:47	正常	17279
12	275215	11	11	1000414100000205605	-正常-	现金	微信	92号车用乙醇汽油	14.84	6.74	100	-	2018-12-22 09:24:12	正常	17488
13	275213	11	11	1000414100000205605	-正常-	现金	微信	92号车用乙醇汽油	30.86	6.74	208	-	2018-12-22 09:20:33	正常	17486
14	275211	11	11	1000414100000205605	-正常-	现金	微信	92号车用乙醇汽油	14.84	6.74	100	-	2018-12-22 09:12:04	正常	17483
15	275208	11	11	1000414100000205606	-正常-	现金	微信	92号车用乙醇汽油	29.67	6.74	200	-	2018-12-22 09:04:07	正常	17275
16	275207	11	11	1000414100000205606	-正常-	现金	微信	92号车用乙醇汽油	31.16	6.74	210	-	2018-12-22 08:51:11	正常	17272
17	275206	11	11	1000414100000208031	-正常-	现金	微信	92号车用乙醇汽油	33.38	6.74	225	-	2018-12-22 08:40:57	正常	5255
18	275199	11	11	1000414100000215652	-正常-	现金	微信	92号车用乙醇汽油	14.84	6.74	100	-	2018-12-22 07:59:28	正常	1207
19	275198	11	11	1000414100000208229	-正常-	现金	微信	92号车用乙醇汽油	44.51	6.74	300	-	2018-12-22 07:51:20	正常	8709
20	275194	11	11	1000414100000195687	-正常-	现金	微信	92号车用乙醇汽油	29.67	6.74	200	-	2018-12-22 06:53:07	正常	15135

（4）员工业务实时查询。通过本功能，可实时查询各员工及对应的员工卡的现金及第三方支付汇总。第三方支付是指加能机通过员工卡加能而通过收银页面、移动 POS 或线上 APP 等进行微信、银行卡联动收银的交易。

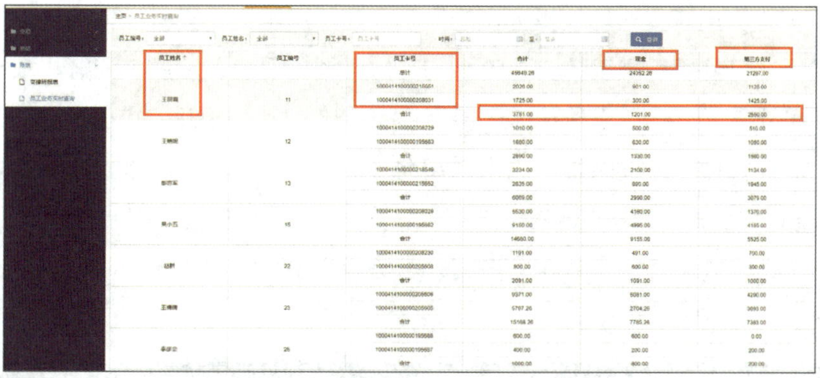

（5）交易流水错误更正。若上送的数据存在无法修正的错误交易，需人工分析确认数据，以保证系统数据的正确性和完整性。当进行班次维护，发现流水记录有问题时，执行此功能。路径：交接班→交易→交易流水错误更正。若班结时交易不连续，应检查是否因为上送的加油流水进入错误表。可进行更正的信息有油品代码、单价、升数、金额、升累计，其他项不允许更正。可根据入库失败原因进行相应的操作，如果提示未入库重复则无须处理。

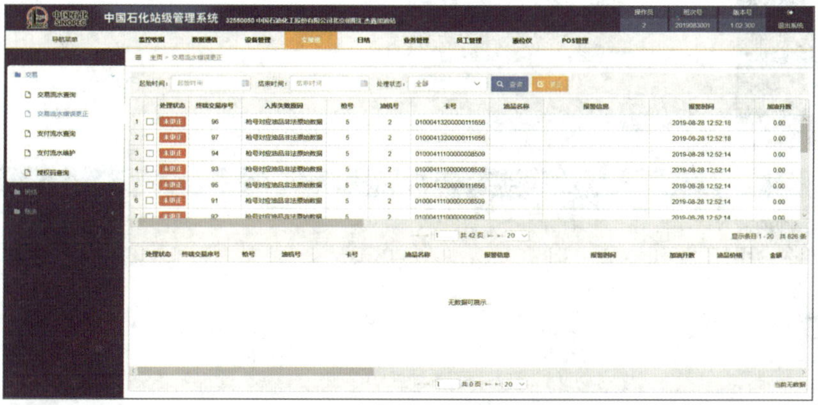

（6）支付类型更正。对加能机上送的员工卡交易流水进行支付类型的更正。必须在班次维护完成后才可使用。员工卡交易流水的支付类型（现金、油票、记账、银行卡、其他一、其他二），可相互更正。路径：交接班→班结→支付类型更正。点击“更正”标签，进入“更正”界面，填写查询条件，点击“查询”按钮，查询交易流水，选中需要更正支付类型的交易流水明细，点击“更正”按钮，在弹出对话框的“新支付类型”下拉列表中，选择正确的支付方式，点击“确定”按钮。若提示支付类型更正无权限，联系运维人员进行权限开通。

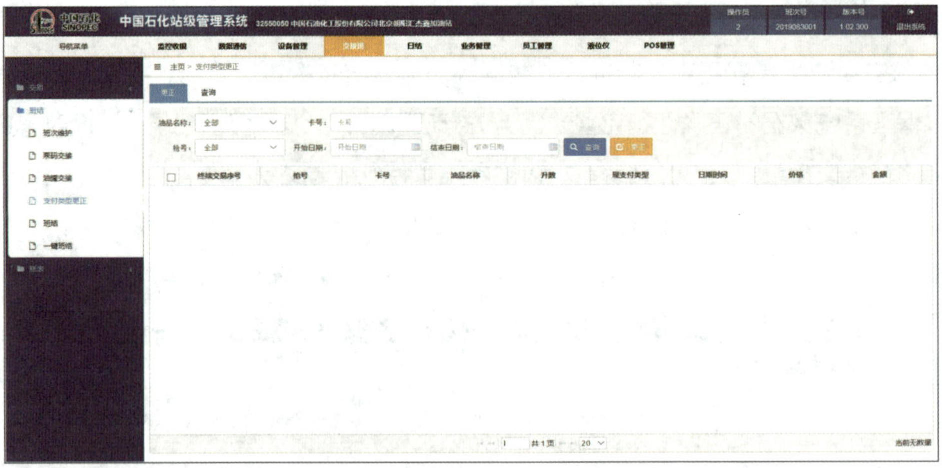

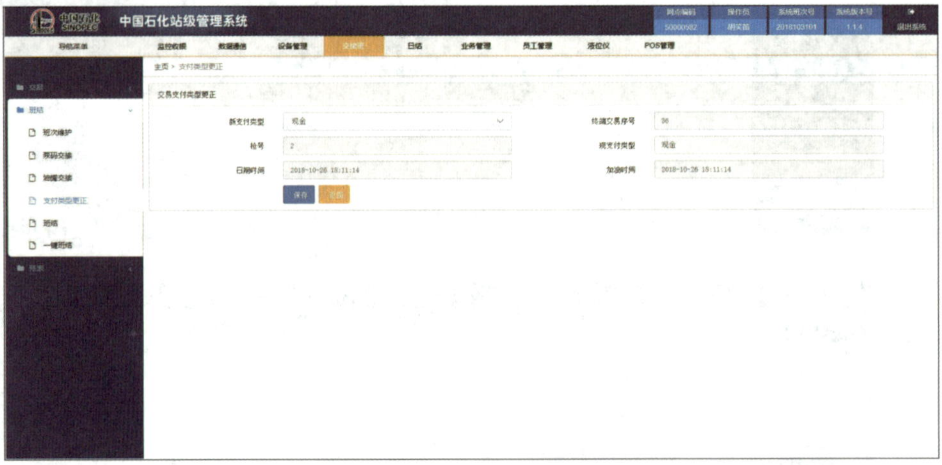

2）班结

（1）班次维护。路径：交接班→班结→班次维护。

①油枪班次维护。进入班次维护界面，核对本班次的交、接班泵码和付油总计等信息是否与实际情况相符，若无问题，点击“全部复核”按钮。或可点击“手动维护”按钮，

在页面中选择枪号和要维护的交易流水（点击“默认下班”按钮，可选中第一条下班记录前的所有加油流水），点击“保存”按钮，提示“保存成功，是否复核”，点击“确定”。若选中流水已保存复核，点击“保存”按钮，则会提示该油枪班次已复核。

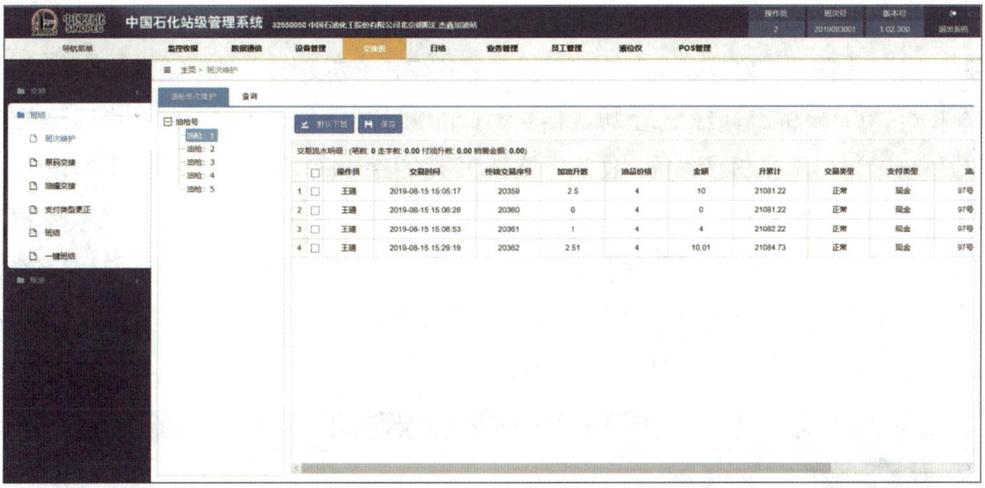

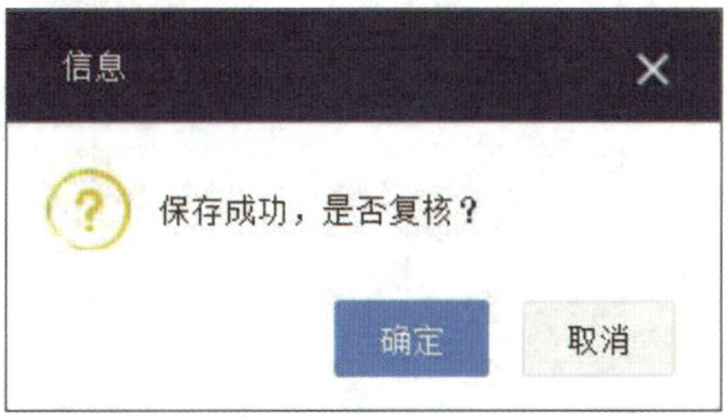

②查询及复核。在“班次维护”的“查询”签页，填写查询的条件，如日期、班次号，然后点击“查询”按钮，显示出符合条件的班次明细记录。未复核的班次流水，可点击“全部复核”按钮进行复核操作。双击班次信息明细记录，交易流水明细列表显示详细流水信息。

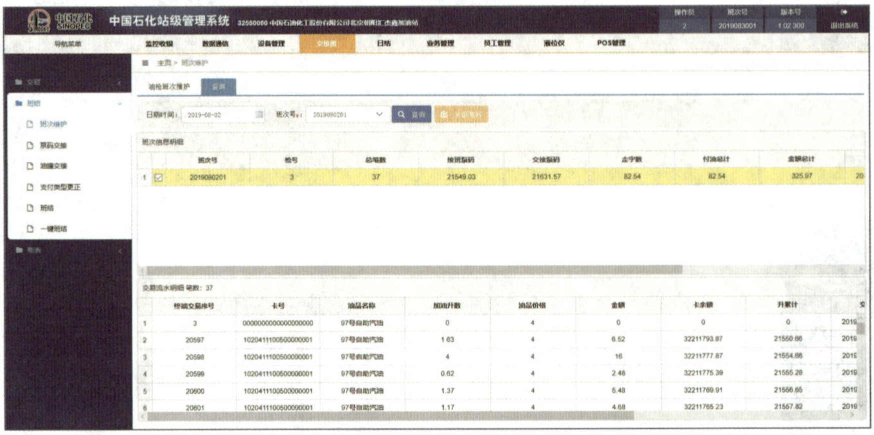

③注意事项。油枪班次维护时，若发生流水缺失或泵码跳变，交易流水汇总（笔数、走字数、升数、金额）会飘红，应核对差异，确定是否流水缺失，并对缺少的 TTC 回叫；员工交接班，应在加能机进行上下班操作，若加能机未上下班，则默认结到当前已发生交易的最后一笔；对于非油品消费，也应严格按班次交接维护；存在“记账”支付方式，提示需先进行支付流水更正。

（2）泵码交接。交接泵码和查询泵码交接信息，路径：交接班→班结→泵码交接，填写日期、油品名称等查询条件，在“显示”下拉列表中选择全部、正常、作废、已复核，然后点击“查询”按钮，查询泵码的交接记录。

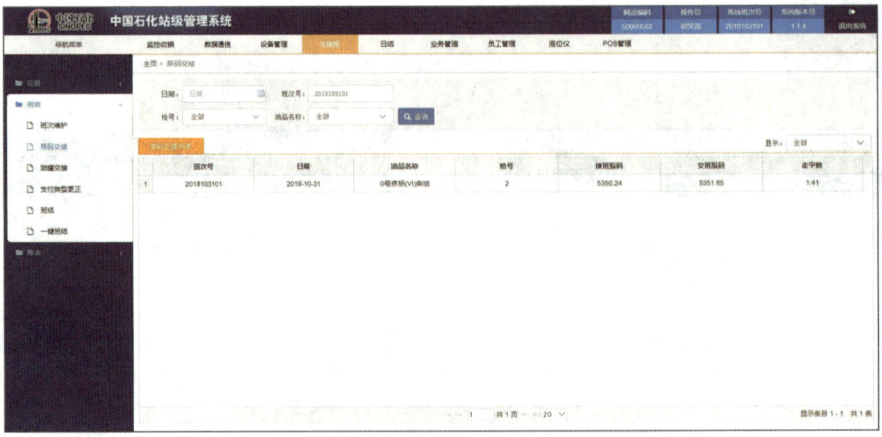

（3）油罐交接。油罐的交接录入和查询，路径：交接班→班结→油罐交接。

①油罐交接录入。在点击“油罐交接录入”签页，在左边“油罐信息”中选择油罐号，在右下方的“油罐进油明细”中选择需要交接的进货记录，在“交班油高”中输入数据，或使用液位仪自动计量的油高。若已完成油罐容积表设置，系统会自动算出“交班升数”，否则手工录入“交班升数”。点击“保存”按钮，则保存当前输入的内容，点击“取消”按钮，则放弃当前输入的内容。

②作废与复核。保存完毕后，若要取消某一油罐交接的记录，先在“油罐交接录入明细”中选择要取消的记录，点击“作废”按钮；若输入内容无误并且有复核权限，则点击“全部复核”按钮，进行复核，复核后的油罐交接不能作废。

③查询。进入“查询”签页，填写查询的一个或多个条件，在“显示”下拉框中选择显示的范围，然后点击“查询”按钮，查询油罐的交接流水；在查询中，还可对多笔交接流水进行复核和作废，点击“多笔复核”和“多笔作废”按钮即可。

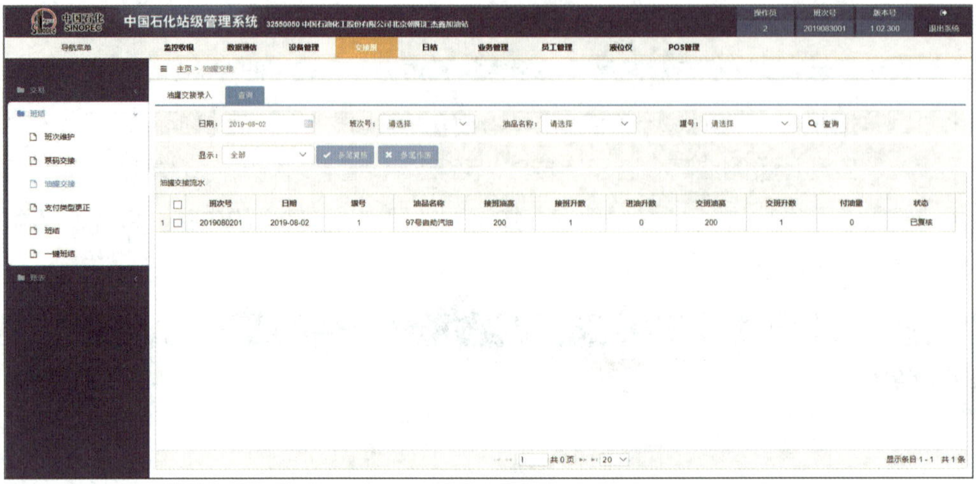

④注意事项。油罐交接交班库存未强制从液位仪获取或获取失败，则会设置为0.1，零管系统取数后，需要申请手动维护审批；若该油罐无付油、进油，油罐交接会取该油罐接班库存作为交班库存。

（4）班结。统计本班次进油、销售、回罐等信息，生成交接班报表。系统自动核对交接班报表数据与交易流水数据，并记录校验信息，通过业务管理模块的“校验日志查询”可查询详细的校验信息。路径：交接班→班结→班结。录入信息，点击“确定”按钮。核对“油枪交接信息”，点击“下一步”按钮；核对“进油核对单”，点击“下一步”按钮；核对“交接泵码”“付油统计”“油罐交接”“支付类型”等信息无误后，点击“交接班”按钮，完成交接班。若流水中存在“记账”和“油票”支付方式时，不允许班结，需支付流水更正后，方可继续班结。

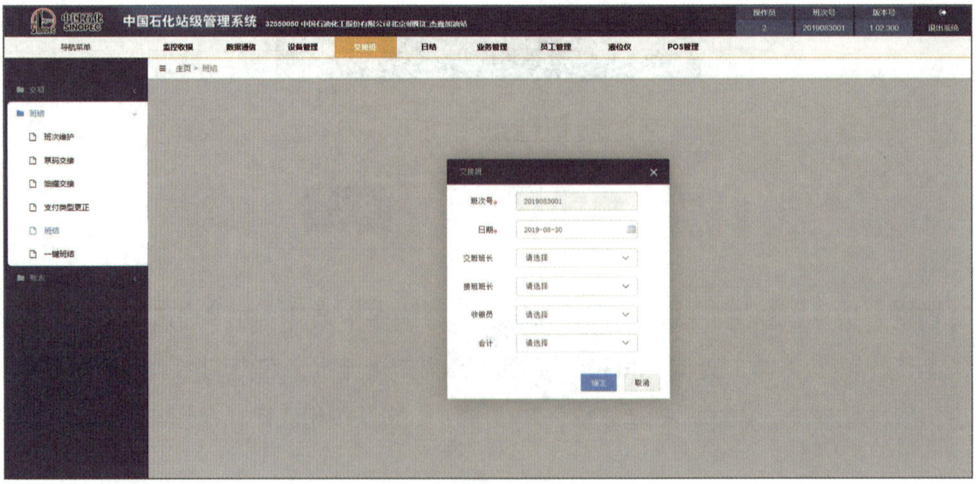

（5）一键班结。实现油品的一键班结，自动进行班次维护、泵码交接、油罐交接及交接班操作，路径：交接班→班结→一键班结，或收银界面→业务管理→一键班结。在“班结基本信息”录入界面，录入相关信息，点击“下一步”按钮，在下一页面中点击“开始”按钮，系统开始自动校验油枪交接、油罐交接等信息，并根据校验反馈结果。若无问题，进入“交班确认”界面，查看泵码交接、油罐交接等数据，若数据无误，点击“确认”按钮，完成班结，若数据有误，点击“取消”按钮，重新进行校验或手动维护进行班结。若出现缺席 TTC、CTC 等情况，根据系统提示进行操作。当流水中存在“记账”等支付方式时，不允许班结，需要先进行支付流水更正。更正后可继续班结。

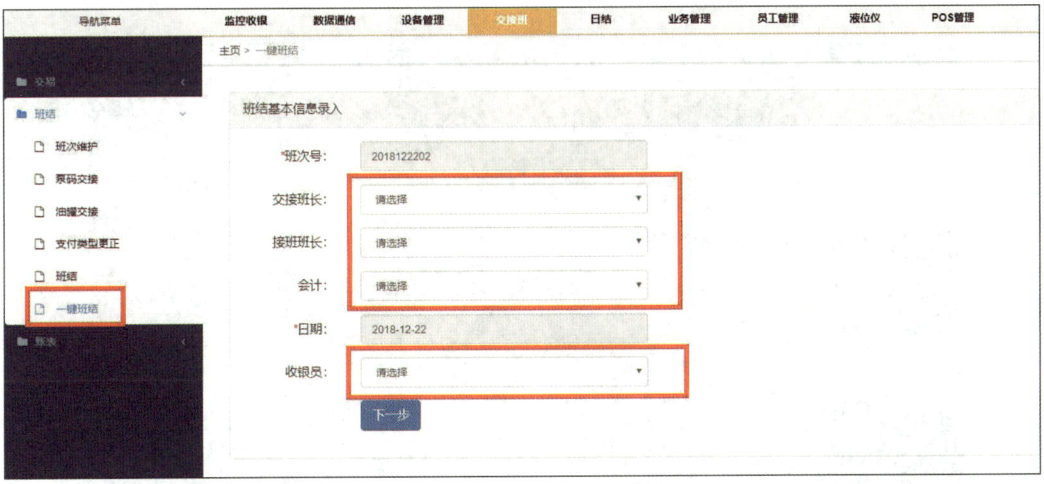

开始
油枪交班
油罐交班
缺席TTC
缺席CTC
暂时无数据...

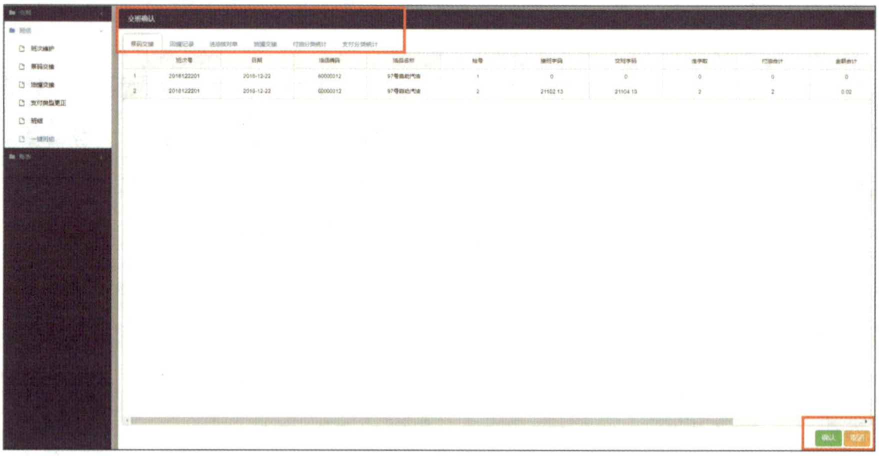
交班确认
确认

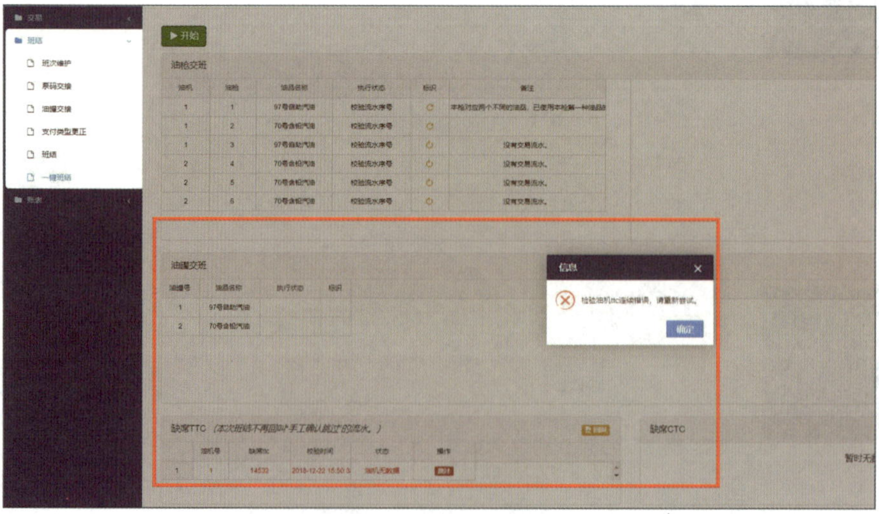
交易
班结
班次维护
票码交接
油罐交接
支付类型更正
班结
一键班结
开始
油枪交班
油罐交班
信息
确定
缺席TTC
缺席CTC

3）交接班核对

通过交接班报表查询功能，查询交接班的泵码交接、油罐交接、付油统计、支付统计、员工统计等报表。

（1）交接班报表查询。根据班结日期和班次号查询并打印各个班次的交接班信息。路径：交接班→账表→交接班报表，输入班结日期，从下拉框中选择班次号，点击“查询”按钮，在不同签页查看不同的报表。

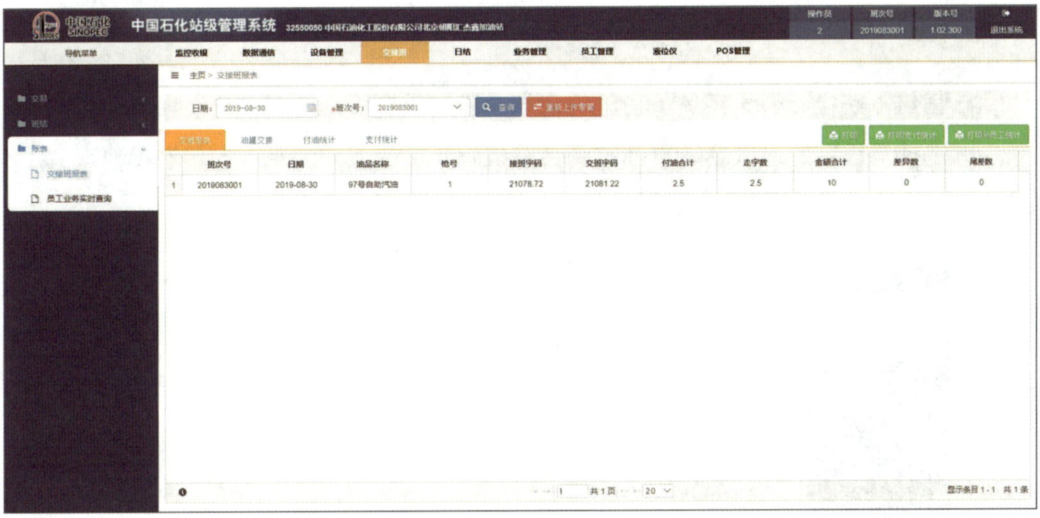

（2）交接班报表打印。根据交接班报表查询的结果，点击“打印”按钮，弹出交接班报表页面；点击“打印支付统计”按钮，弹出班结支付副表界面；点击“打印分员工统计”按钮，弹出交接班员工支付统计副表。

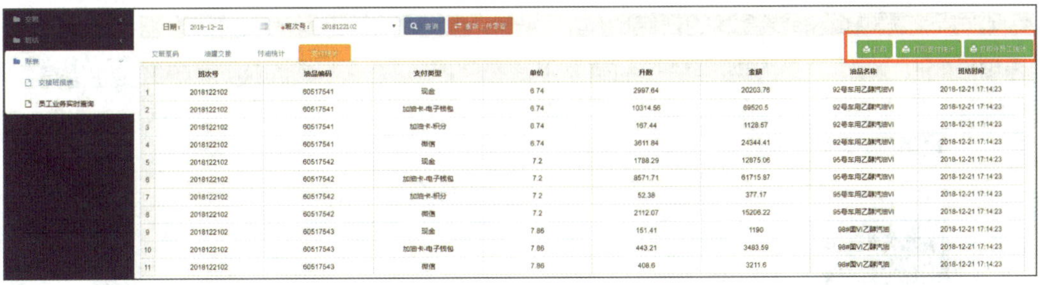

（3）班结重新上传零管。若零管系统未收到管控班结数据，可通过此功能重新上传，重新上传前，需先查询出拟重新上传的班次报表信息。路径：交接班→账表→交接班报表。

10.1.6 日结

（1）日结。路径：登录系统→日结→日结→日结。在界面左侧列出了所有可参与日结的班次，选择需日结的班次后，界面右侧会按泵码交接或加油流水，显示选择班次的所有加油信息，确认无误后，点击“日结”按钮，进行日结。

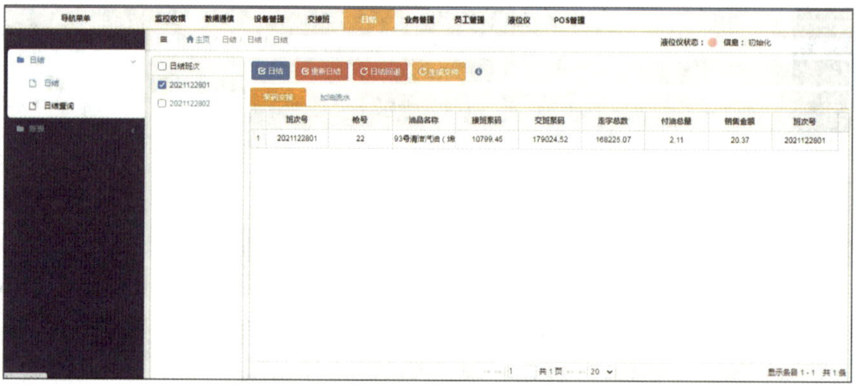

（2）日结查询。路径：登录系统→日结→日结→日结查询。输入要查询的日结日期，在日结时间下拉框中选择要查询的日结时间，点击“查询”，左侧列表中显示已日结的班次号，选择相应的班次号，在右侧按油枪或加油流水方式，显示当前选择的班次的所有加油信息。

10.1.7 业务管理

（1）常用油品设置。路径：登录系统→业务管理→业务管理→常用油品设置，在左侧窗格中双击某个成品油，该品种就会显示在右侧的“常用成品油”窗格中，在右侧的“常用成品油”窗格中，双击某个成品油，该品种从“常用成品油”窗格移出。

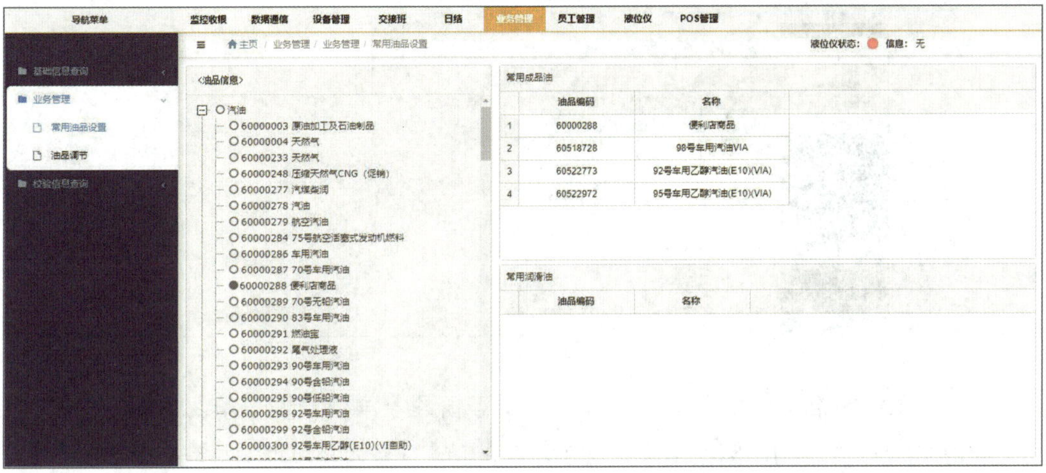

（2）油品调节。路径：登录系统→业务管理→业务管理→油品调节。点击“新增”，在文本框中填写信息或从下拉列表中选择信息，点击“保存”或“取消”按钮，保存或放弃已输入内容。若确认无误，点击“复核”，一旦复核，就不能再修改或作废；若要作废已保存的油品调节信息，点击“作废”，一旦作废，作废的信息不能修改或复核；若已输入内容有误，点击“修改”，修改后，点击“保存”。

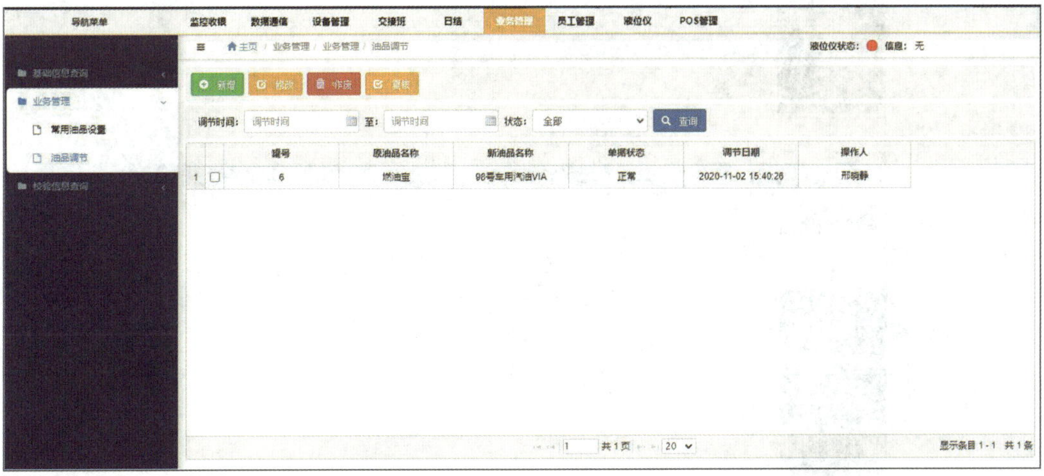

10.1.8 员工管理

（1）员工信息维护。路径：登录系统→员工管理→员工信息维护。点击“新增”按钮，在弹出的对话框中录入员工信息（＊为必填项），点击“保存”，保存员工基本资料；对已存在的员工信息，可进行查询、修改和删除操作，删除后，该员工状态显示为停用。

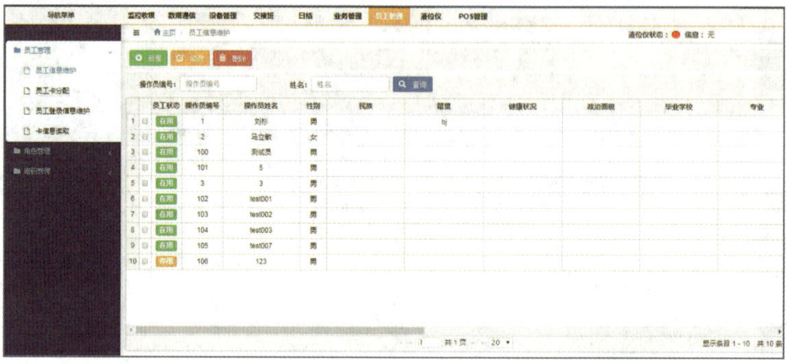

（2）员工角色维护。路径：登录系统→员工管理→角色管理→角色信息维护。点击“新增”按钮。在弹出的对话框中录入员工角色的信息（＊为必填项），点击“保存”，保存员工角色。对已存在的员工信息，可进行查询和修改操作。

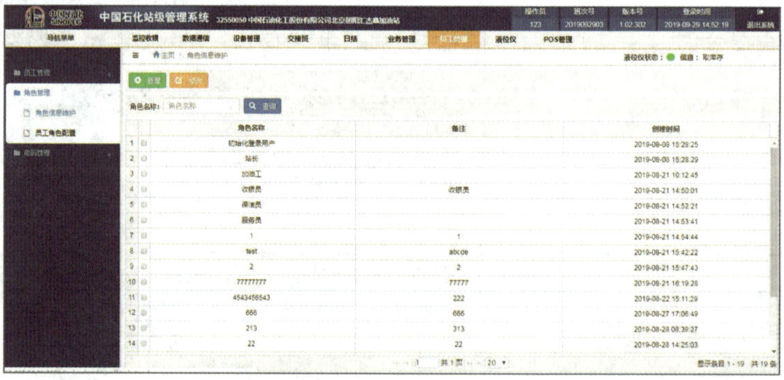

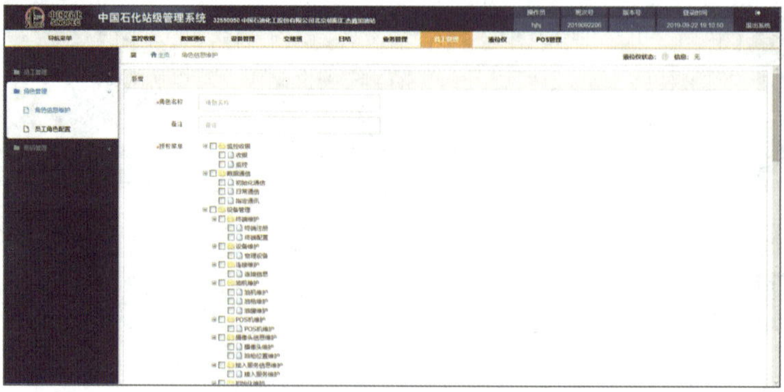

（3）员工卡分配。路径：登录系统→员工管理→员工卡分配。

①分配。点击“分配”签页，在左侧选择卡的类型并选定某个卡号，选择员工编号，点击“分配”按钮，将员工的员工号和员工卡密码写入员工卡。

②取消分配。选择员工编号，然后在“员工卡信息”选中某条记录，点击“取消分配”即可（取消分配后，该卡可再次分配）。

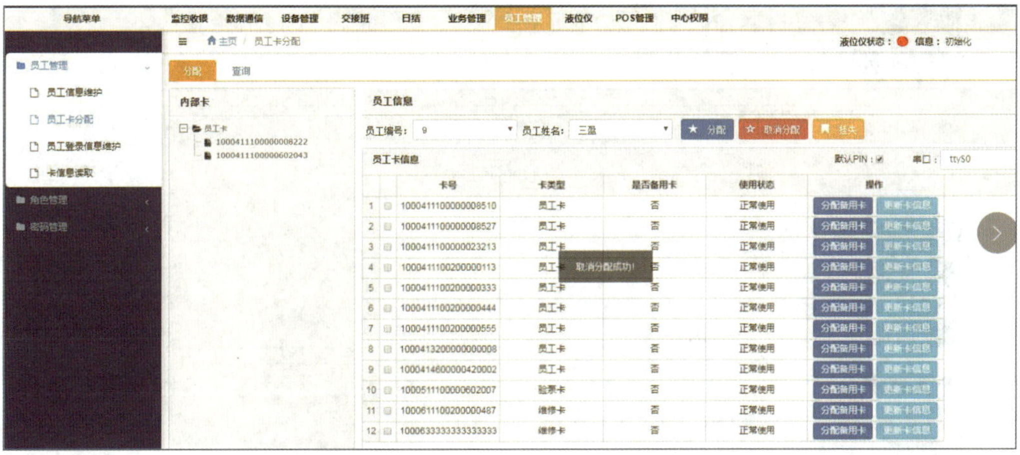

③挂失。选择员工编号，然后在“员工卡信息”中选择某条记录，点击“挂失”即可（挂失后，该卡作废不能再分配）。

④分配备用卡。选择员工编号，然后在“员工卡信息”选择某条记录，点击“分配备用卡”即可（取消备用卡分配后，该卡可再分配）。

⑤员工卡密码修改。

方法 1　路径：登录系统→员工管理→员工信息维护。选中要修改员工卡密码的员工信息，点击“修改”按钮，在弹出界面的“员工卡密码”栏填写新密码，点击“保存按钮”。将员工卡插入管控的读卡器，在“员工卡分配”的分配签页“员工信息”中选中要修改密码的员工卡，点击“更新卡信息”，完成密码修改。

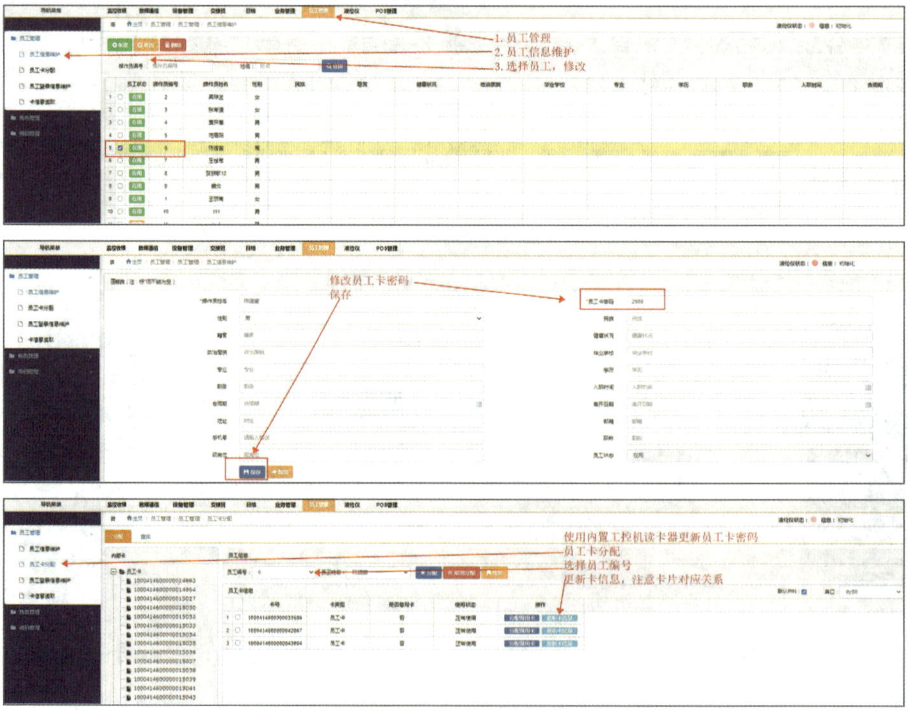

方法 2　路径：登录系统→员工管理→员工管理→卡信息读取。在读卡器插入员工卡，选择对应串口号，点击“读取”按钮，即可显示对应卡的卡号、员工号、卡密码信息，再点击“更新卡密码”，即可。此方法，可先不修改员工员工信息维护中的员工卡密码。

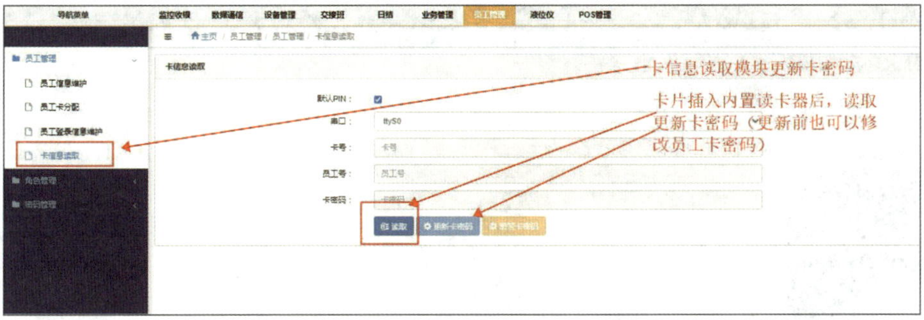

方法 3　通过联迪 POS 机修改密码，直接插卡后，按键 7-4-1，进行密码的直接修改。

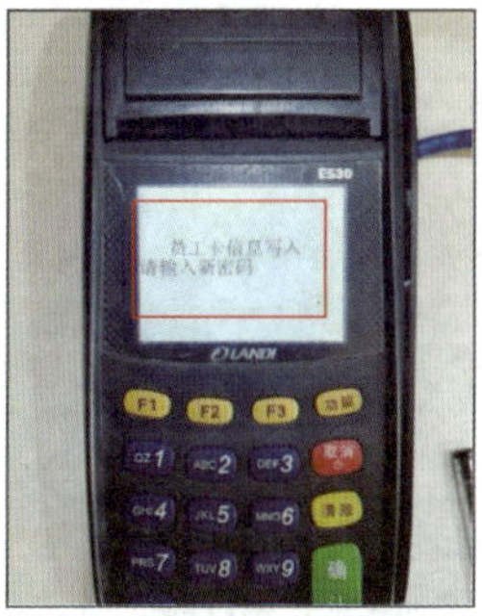

⑥查询。点击“查询”标签页，选择员工编号，点击“查询”按钮，显示某员工名下员工卡信息。若不输查询条件，显示本站所有内部卡的信息。

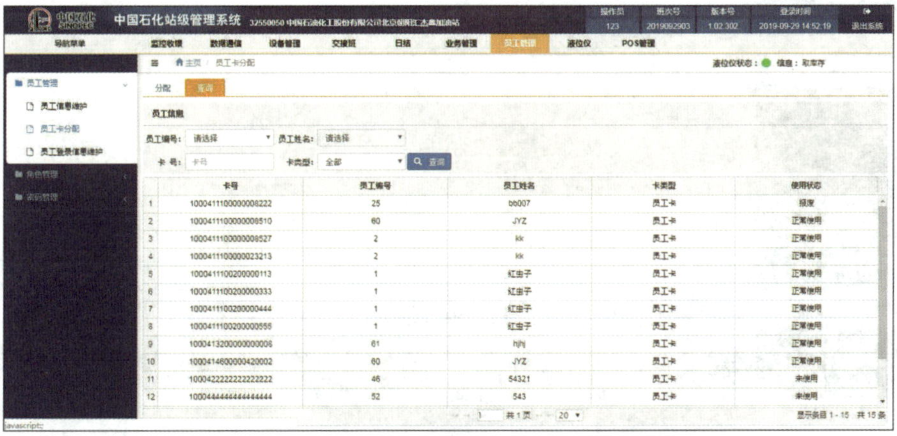

（4）员工登录信息维护。

①添加登录员工。路径：登录系统→员工管理→员工登录信息维护。选择要添加的员工，点击“添加”按钮，输入信息后，点击“保存”按钮。

②员工登录密码修改。路径：登录系统→员工管理→密码管理→员工密码修改。输入当前登录员工旧密码，按密码规则输入新密码和确认新密码，点击“修改”，弹框提示确认修改当前密码，点击“确定”，提示密码修改成功，并自动退出当前系统。

③员工登录密码重置（只有初始化员工有权限）。路径：登录系统→员工管理→密码管理→员工密码重置。选择要重置密码的员工，点击“重置密码”，按照提示确认重置，即可将该用户登录密码重置为 123456。

（5）卡信息读取。路径：登录系统→员工管理→员工管理→卡信息读取。在读卡器插入员工卡，选择对应串口号，点击“读取”按钮，即可显示对应卡的卡号、员工号、卡密码信息。

10.1.9 液位仪

（1）根据出库单进行油品验收。路径：液位仪→进货验收→出库单维护。

①点击选中一条出库单记录，点击“进货验收”按钮，进入“进货验收”页面。

②选择油罐，对应的油枪应该都是挂枪状态，确保前尺获取准确，点击开始卸油，通知罐车卸油；卸油完成后，点击“结束卸油”，进入稳油界面（目前稳油时间为 5min）；稳油完成后，点击右上角“完成卸油”。

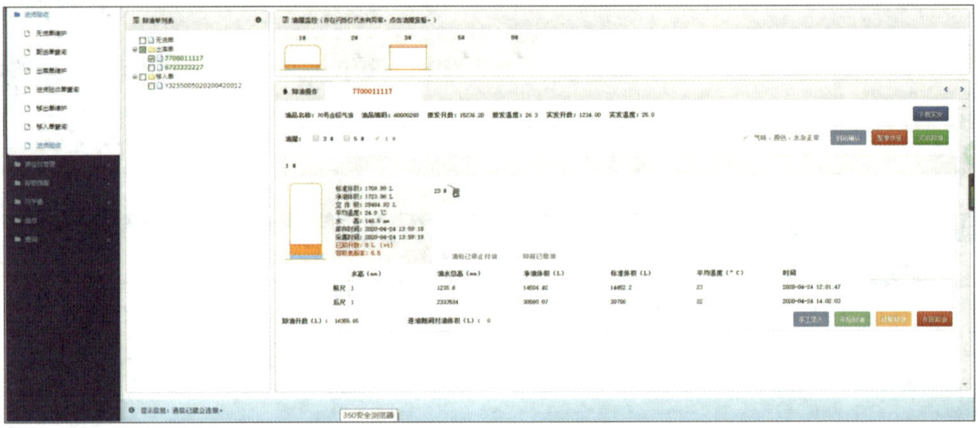

③注意事项。若油罐车已到站，出库单在站级尚未显示，可点击下载出库单再次查询；选择出库单可点击下载实发功能，获取该笔进货的实发数据；若卸油期间液位仪异常无法获取后尺，向上级管理部门报备后，可点击“作废卸油”，申请进行手工录入；手工录入在当班完成，否则日结后，无法获取期间付油数据，导致手工录入损耗偏大。

（2）进行无货单验收。当油罐车到站时，由于出库单尚未下发或其他原因，管控系统查询不到出库单，可先进行无货单验收，记录卸油过程中的前后尺及油温数据，等出货单到站后再关联。路径：液位仪→进货验收→无货单维护。

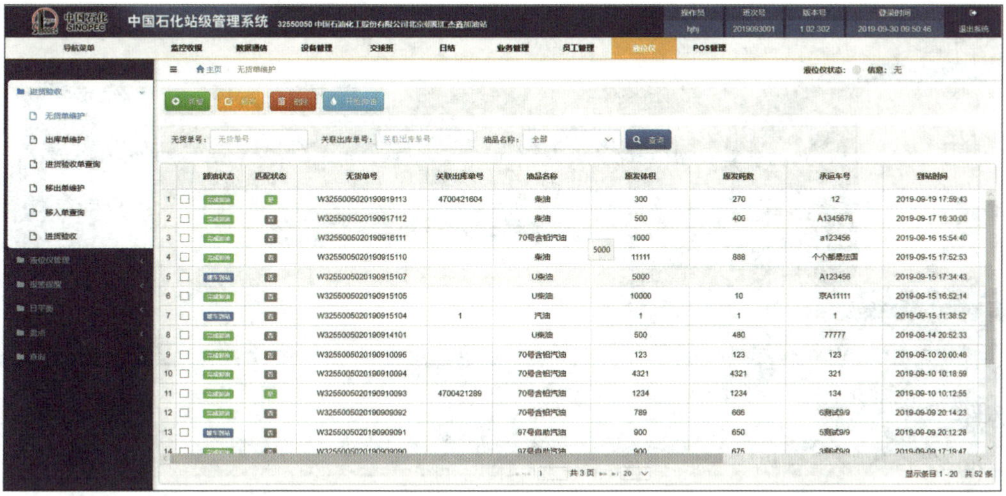

①新增无货单，选择油品名称、输入原发升数、车牌号码、到站时间（无货单号为系统自动生成单号，W+ 网点编码 + 时间 +000X）。

②确认无误后，选择新增的无货单，点击“开始卸油”按钮，进入进货验收流程。

③无货单关联出库单。关联之前，进行无货单验收操作；出库单下载到站级后，点击选中要关联的单据，点击“关联”按钮，在弹出页面内选中要关联的无货单卸油记录，点击确定。新下载的未卸油的出库单和已卸油的同油品无货单验收进行关联时，二者原发升数应该相同。

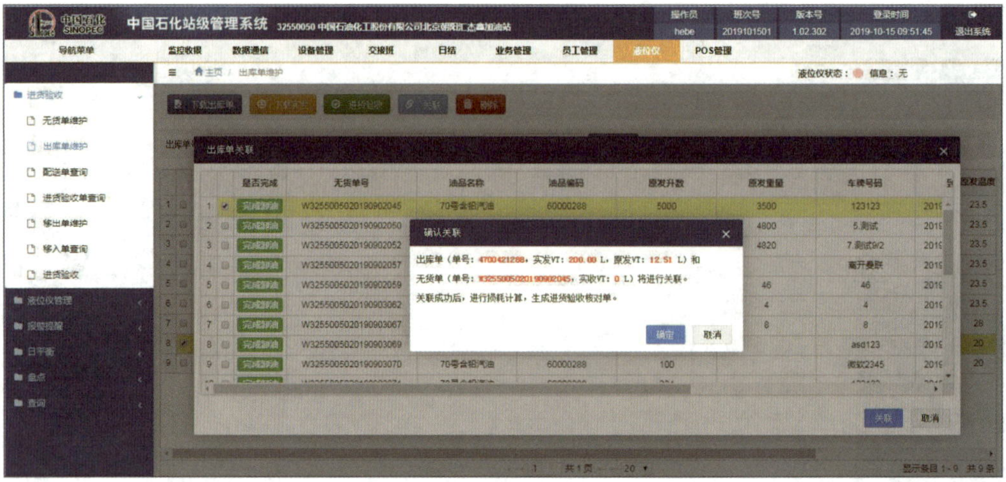

（3）进货验收查询打印。路径：液位仪→进货验收→进货验收查询，输入出库单号，点击选择开始时间、结束时间、油罐号等，点击“查询”按钮，显示符合条件的进货验收单信息。选中一条进货验收记录，点击“打印”按钮。

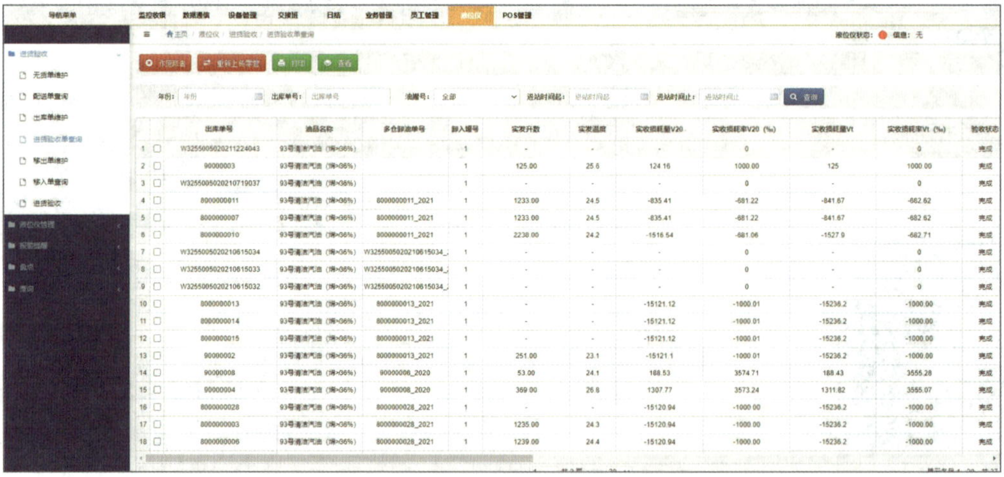

10.1.10 POS 管理

（1）油枪分配。路径：登录系统→ POS 管理→油枪分配。选择油枪，选择要分配的员工编号，点击“分配”按钮进行分配。若想取消分配，在当前员工油枪信息列表中选择要取消分配的油枪，点击“取消分配”按钮。

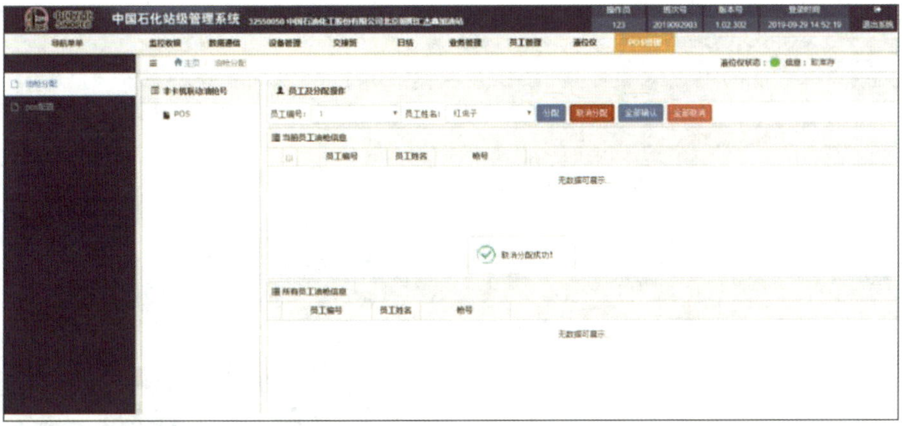

（2）POS 配置。路径：登录系统→ POS 管理→ POS 配置。

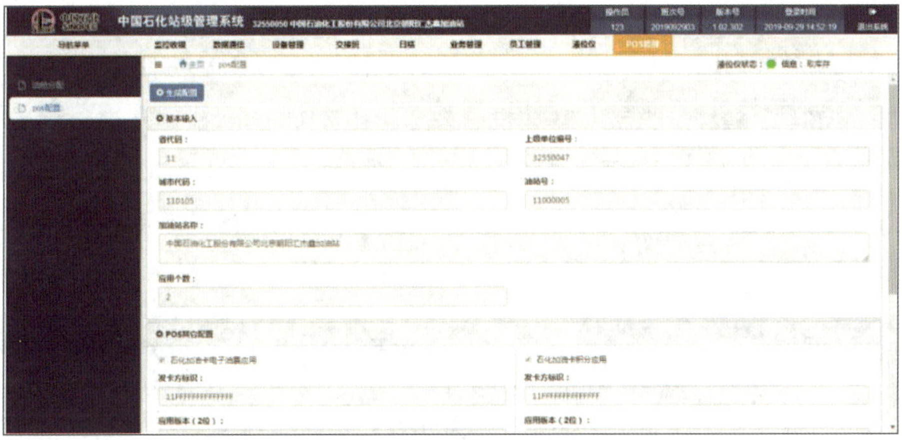

10.2 零管系统

10.2.1 登录管理

密码为大写字母 + 小写字母 + 数字，长度不能少于 8 位，每 3 个月更换一次。

10.2.2 进货

（1）一键班结。管控班结后，零管自动班结，进货数据自动入账。

自动取数。路径：业务管理→进货验收→配送计划查询。选中需验收的数据，点击“配送进货”按钮，进入自动取数的进货单，ERP 单号、车号、数量等会被自动带出，仅铅封号和车辆评价需手工录入，录入完成后点击“保存”按钮。

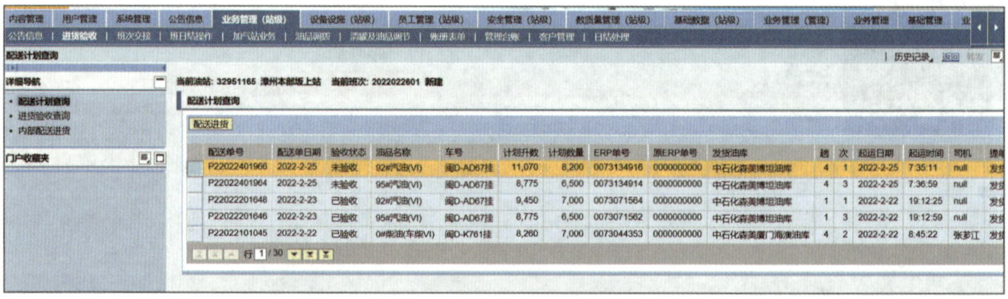

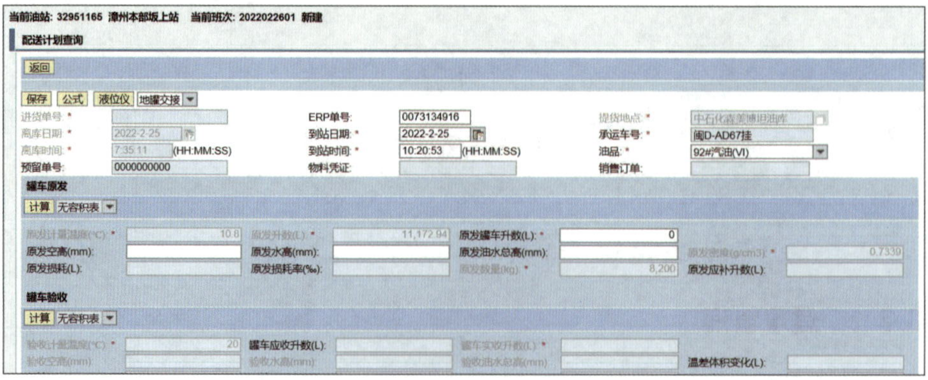

（2）手工录入。路径：业务管理→进货验收→内部配送进货，点击“创建”按钮，新增进货单，带 * 的均为必填项，需要手工录入。

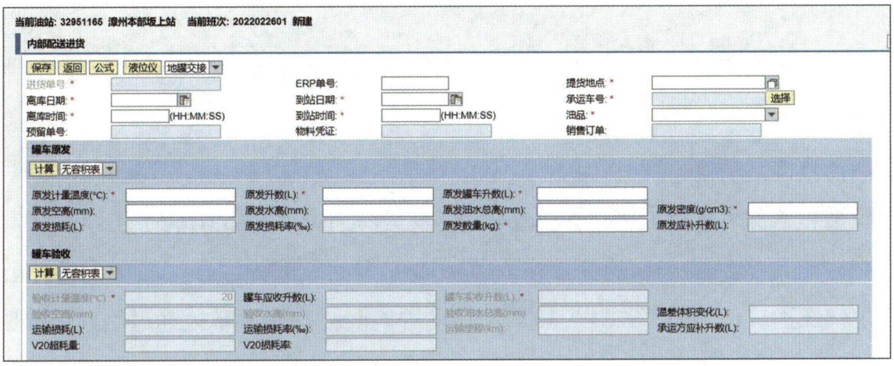

10.2.3 班结

（1）一键班结。管控班结后零管自动班结，不需要手工操作。

（2）强制取数。管控数据传给零管后，点击进入泵码交接录入、付油数量录入、油罐交接录入页面即自动强制取数。核对数据无误后，在“业务操作→班结处理”菜单中班结。

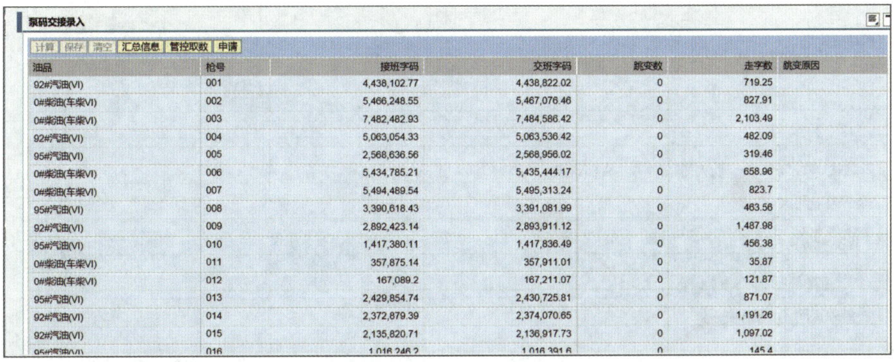

泵码交接录入

计算 保存 清空 汇总信息 管控取数 申请

油品	枪号	接班字码	交班字码	跳变数	走字数	跳变原因
92#汽油(VI)	001	4,438,102.77	4,438,822.02	0	719.25	
0#柴油(车柴VI)	002	5,466,248.55	5,467,076.46	0	827.91	
0#柴油(车柴VI)	003	7,482,482.93	7,484,586.42	0	2,103.49	
92#汽油(VI)	004	5,063,054.33	5,063,536.42	0	482.09	
95#汽油(VI)	005	2,568,636.56	2,568,956.02	0	319.46	
0#柴油(车柴VI)	006	5,434,785.21	5,435,444.17	0	658.96	
0#柴油(车柴VI)	007	5,494,489.54	5,495,313.24	0	823.7	
95#汽油(VI)	008	3,390,618.43	3,391,081.99	0	463.56	
92#汽油(VI)	009	2,892,423.14	2,893,911.12	0	1,487.98	
95#汽油(VI)	010	1,417,380.11	1,417,836.49	0	456.38	
0#柴油(车柴VI)	011	357,875.14	357,911.01	0	35.87	
0#柴油(车柴VI)	012	167,089.2	167,211.07	0	121.87	
95#汽油(VI)	013	2,429,854.74	2,430,725.81	0	871.07	
92#汽油(VI)	014	2,372,879.39	2,374,070.65	0	1,191.26	
92#汽油(VI)	015	2,135,820.71	2,136,917.73	0	1,097.02	
95#汽油(VI)	016	1,016,246.2	1,016,391.6	0	145.4	

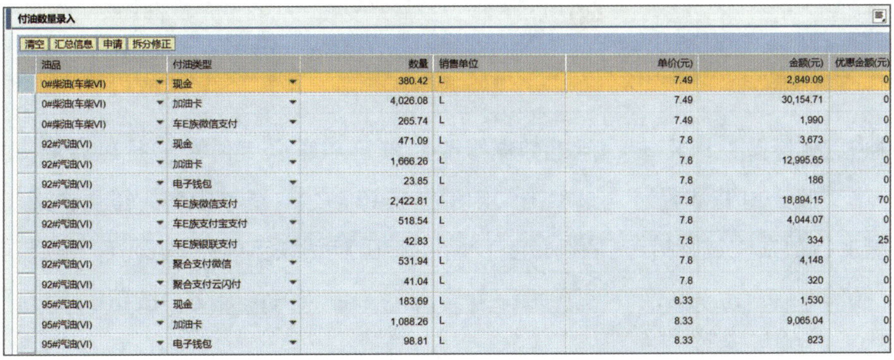

付油数量录入

清空 汇总信息 申请 拆分修正

油品	付油类型	数量	销售单位	单价(元)	金额(元)	优惠金额(元)
0#柴油(车柴VI)	现金	380.42	L	7.49	2,849.09	0
0#柴油(车柴VI)	加油卡	4,026.08	L	7.49	30,154.71	0
0#柴油(车柴VI)	车E族微信支付	265.74	L	7.49	1,990	0
92#汽油(VI)	现金	471.09	L	7.8	3,673	0
92#汽油(VI)	加油卡	1,666.26	L	7.8	12,995.65	0
92#汽油(VI)	电子钱包	23.85	L	7.8	186	0
92#汽油(VI)	车E族微信支付	2,422.81	L	7.8	18,894.15	70
92#汽油(VI)	车E族支付宝支付	518.54	L	7.8	4,044.07	0
92#汽油(VI)	车E族银联支付	42.83	L	7.8	334	25
92#汽油(VI)	聚合支付微信	531.94	L	7.8	4,148	0
92#汽油(VI)	聚合支付云闪付	41.04	L	7.8	320	0
95#汽油(VI)	现金	183.69	L	8.33	1,530	0
95#汽油(VI)	加油卡	1,088.26	L	8.33	9,065.04	0
95#汽油(VI)	电子钱包	98.81	L	8.33	823	0

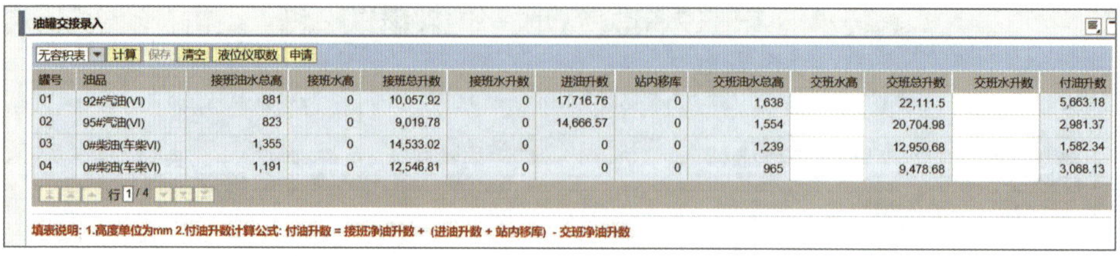

油罐交接录入

无容积表 计算 保存 清空 液位仪取数 申请

罐号	油品	接班油水总高	接班水高	接班总升数	接班水升数	进油升数	站内移库	交班油水总高	交班水高	交班总升数	交班水升数	付油升数
01	92#汽油(VI)	881	0	10,057.92	0	17,716.76	0	1,638		22,111.5		5,663.18
02	95#汽油(VI)	823	0	9,019.78	0	14,666.57	0	1,554		20,704.98		2,981.37
03	0#柴油(车柴VI)	1,355	0	14,533.02	0	0	0	1,239		12,950.68		1,582.34
04	0#柴油(车柴VI)	1,191	0	12,546.81	0	0	0	965		9,478.68		3,068.13

行 1 / 4

填表说明：1.高度单位为mm 2.付油升数计算公式：付油升数 = 接班净油升数 + （进油升数 + 站内移库）- 交班净油升数

（3）数据修改。

①泵码数据修改。更换主板或者泵码跳变等异常情况，需要申请手工修改数据，以跳变为例，路径：班次交接→泵码交接录入，点击“申请”按钮，在“基本内容”签页填写跳变数及跳变原因，在“差异说明”签页填写差异说明并提交。审批通过后泵码数据改变。

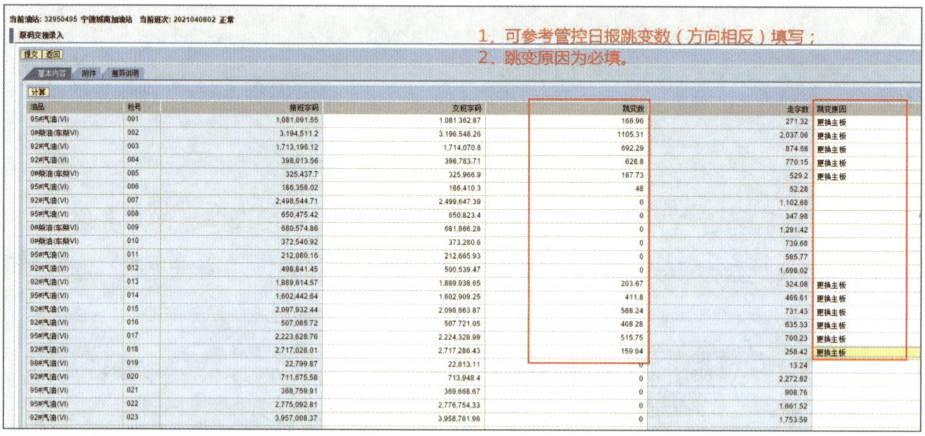

当前油站：32950495 宁德城南加油站 当前班次：2021040802 正常

泵码交接录入

提交 返回

基本内容 附件 差异说明

计算

油品	枪号	接班字码	交班字码	跳变数	走字数	跳变原因
95#汽油(VI)	001	1,081,091.55	1,081,362.87	166.96	271.32	更换主板
0#柴油(车柴VI)	002	3,194,511.2	3,196,548.26	1105.31	2,037.06	更换主板
92#汽油(VI)	003	1,713,196.12	1,714,070.8	692.29	874.68	更换主板
92#汽油(VI)	004	398,013.56	398,783.71	628.8	770.15	更换主板
0#柴油(车柴VI)	005	325,437.7	325,966.9	187.73	529.2	更换主板
95#汽油(VI)	006	186,358.02	186,410.3	48	52.28	
92#汽油(VI)	007	2,498,544.71	2,499,647.39	0	1,102.68	
95#汽油(VI)	008	650,475.42	650,823.4	0	347.98	
0#柴油(车柴VI)	009	680,574.86	681,866.28	0	1,291.42	
0#柴油(车柴VI)	010	372,540.92	373,280.6	0	739.68	
95#汽油(VI)	011	212,080.16	212,665.93	0	585.77	
92#汽油(VI)	012	498,841.45	500,539.47	0	1,698.02	
92#汽油(VI)	013	1,889,614.57	1,889,938.65	203.67	324.08	更换主板
95#汽油(VI)	014	1,602,442.64	1,602,909.25	411.8	466.61	更换主板
92#汽油(VI)	015	2,097,932.44	2,098,663.87	588.24	731.43	更换主板
92#汽油(VI)	016	507,085.72	507,721.05	408.28	635.33	更换主板
95#汽油(VI)	017	2,223,628.76	2,224,328.99	515.75	700.23	更换主板
92#汽油(VI)	018	2,717,028.01	2,717,286.43	159.04	258.42	更换主板
98#汽油(VI)	019	22,799.87	22,813.11	0	13.24	
92#汽油(VI)	020	711,675.58	713,948.4	0	2,272.82	
95#汽油(VI)	021	368,759.91	369,668.67	0	908.76	
95#汽油(VI)	022	2,775,092.81	2,776,754.33	0	1,661.52	
92#汽油(VI)	023	3,957,008.37	3,958,761.96	0	1,753.59	

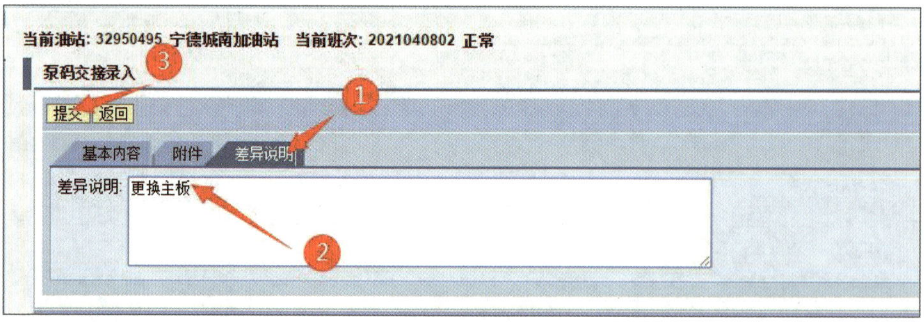

②付油数据修改。以将车E族的数据修改为车E族银联支付和车E族微信支付为例，路径：班次交接—付油数量录入，点击“申请”按钮，在“基本内容”签页，点击“新增一行”（增加行数根据实际拆分类别确定），增加车E族银联支付和车E族微信支付，输入数量、金额等；在“差异说明”签页填写差异说明，并点击“提交”按钮。审批通过后付油数据改变。

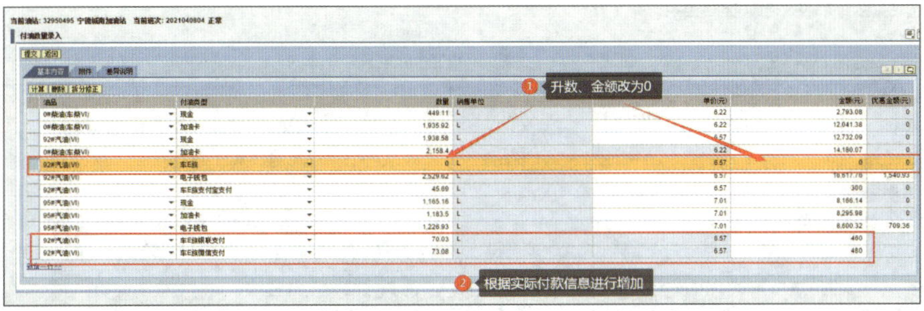

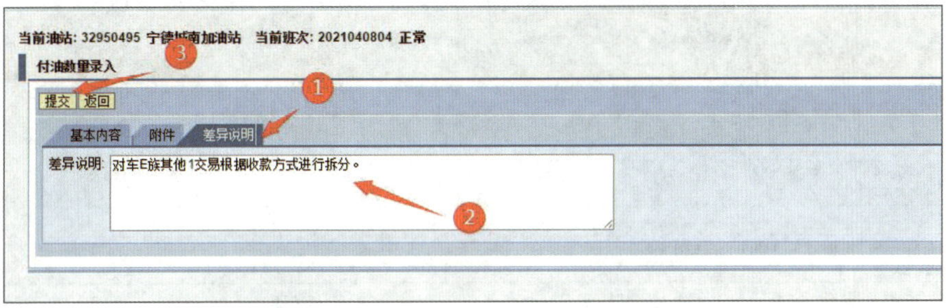

③油罐交接录入。遇管控故障，需要申请手工录入，路径：班次交接→油罐交接录入，点击“申请”按钮，在“基本内容”签页，录入“交班油水总高”“交班水高”“交班总升数”“交班水升数”；在“差异说明”签页，录入“差异说明”，点击“提交”按钮。审批通过后油罐交接数据改变

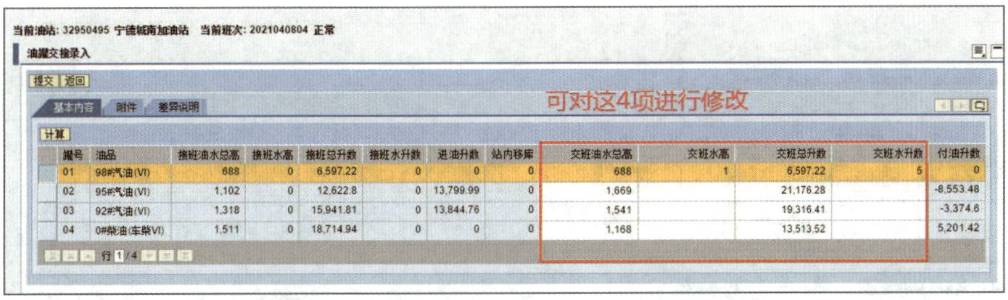

④支付方式拆分。路径：班次交接→付油数量录入，选中需要拆分的数据，点击“拆分修正”按钮，在弹出的“拆分修正”页面，录入相关数据后（拆分后的数据之和等于拆分前对应数据），点击“确定”按钮。

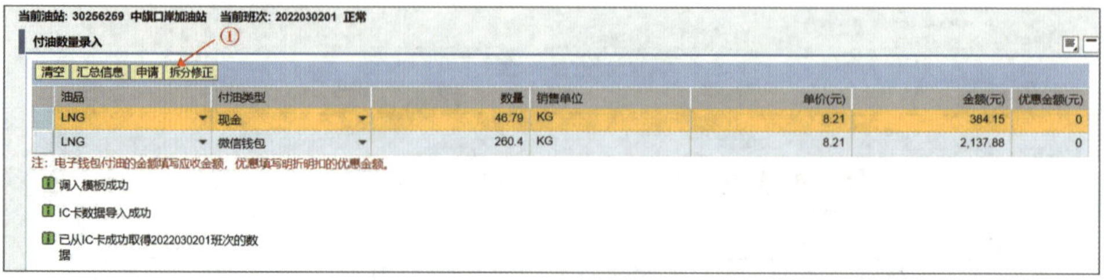

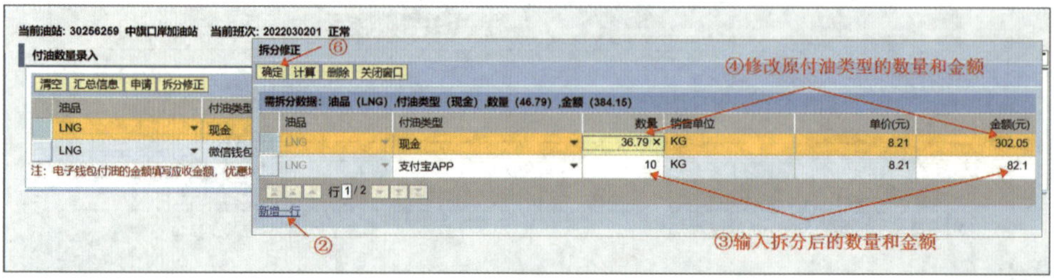

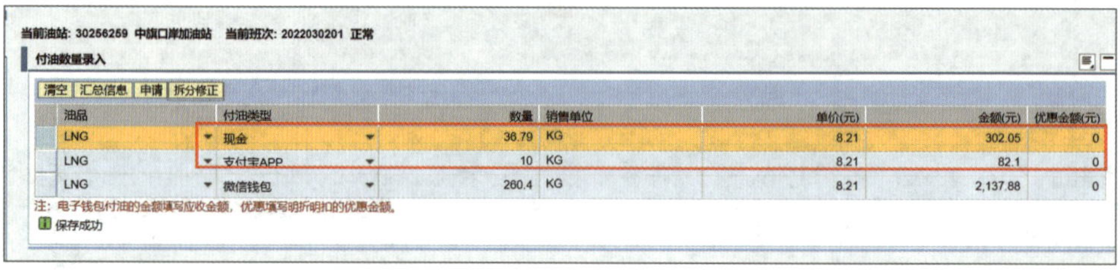

⑤非枪出销售。路径：班次交接→付油数量录入，录入相关数据后，点击“确定”按钮。

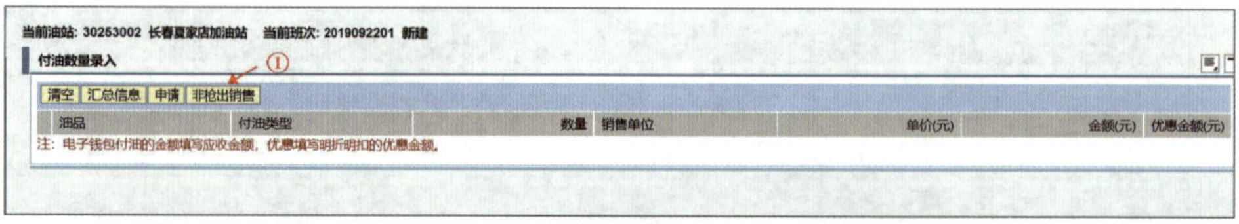

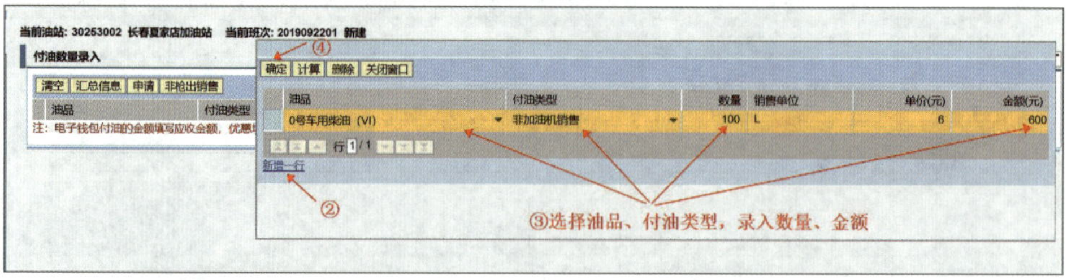

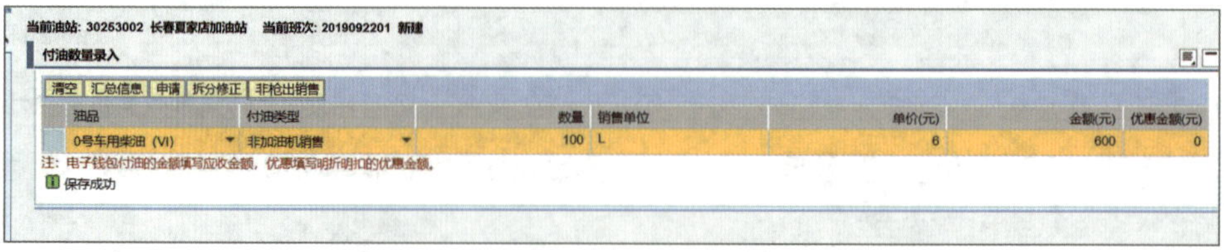

（4）班结。本班次数据做完后，进行班结，路径：业务操作→班结处理，点击“班结”按钮。

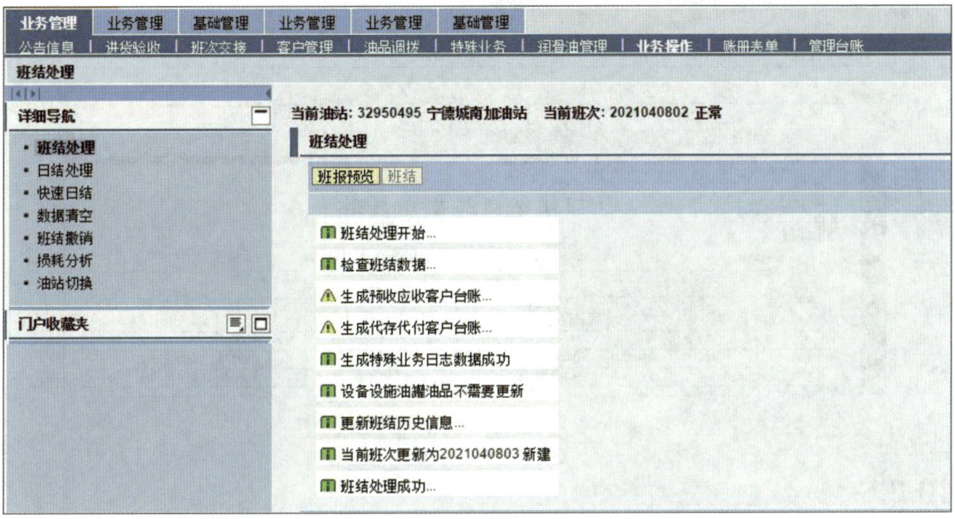

10.2.4 日结

所有班次的数据全部做完且无误后，可进行日结。路径：业务管理→业务操作→日结处理，点击“日结”按钮。日结时，班次状态必须为“新建”，才能点击“日结”按钮，否则，日结按钮置灰，不能操作。

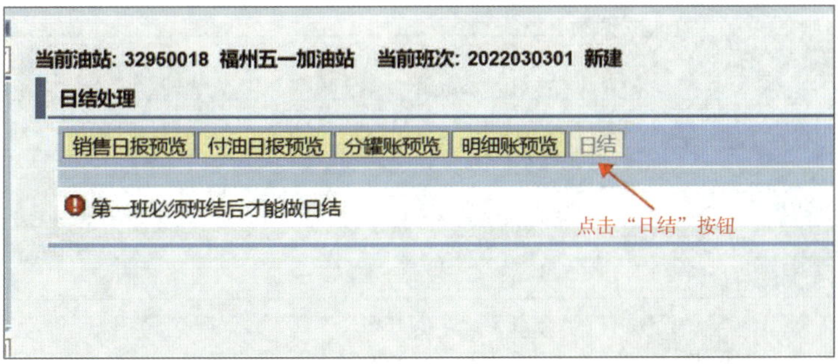

10.2.5 月盘点

盘点日正常日结即可，日结后可在系统中查询盘点报表，路径：账册表单→商品盘点月报表。

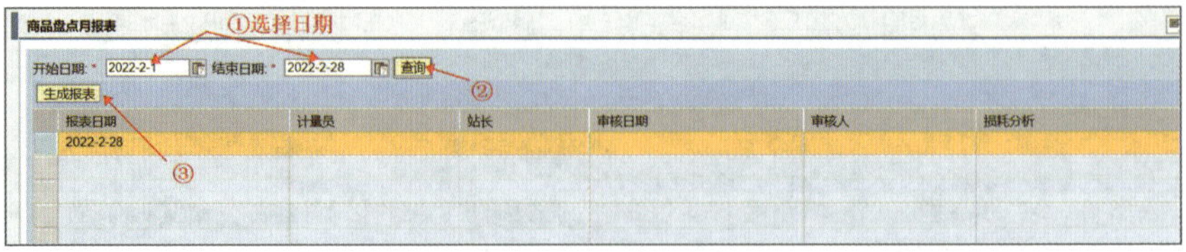

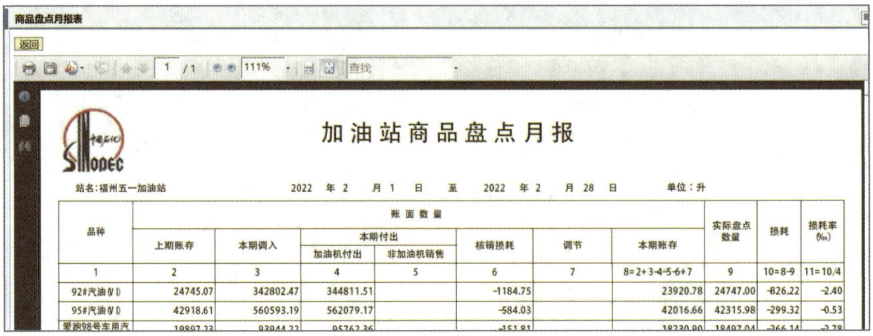

加油站商品盘点月报

站名:福州五一加油站　2022 年 2 月 1 日 至 2022 年 2 月 28 日　单位:升

品种	账面数量							实际盘点数量	损耗	损耗率(‰)
	上期账存	本期调入	本期付出		核销损耗	调节	本期账存			
			加油机付出	非加油机销售						
1	2	3	4	5	6	7	8=2+3-4-5-6+7	9	10=8-9	11=10/4
92#汽油(Ⅵ)	24745.07	342802.47	344811.51		-1184.75		23920.78	24747.00	-826.22	-2.40
95#汽油(Ⅵ)	42918.61	560593.19	562079.17		-584.03		42016.66	42315.98	-299.32	-0.53

10.2.6　变类

路径：特殊业务→油品调节录入，点击“创建”按钮，在弹出窗口中，选择“罐号”“调节后油品”，点击“保存”按钮。油品调节必须在单独的班次进行。

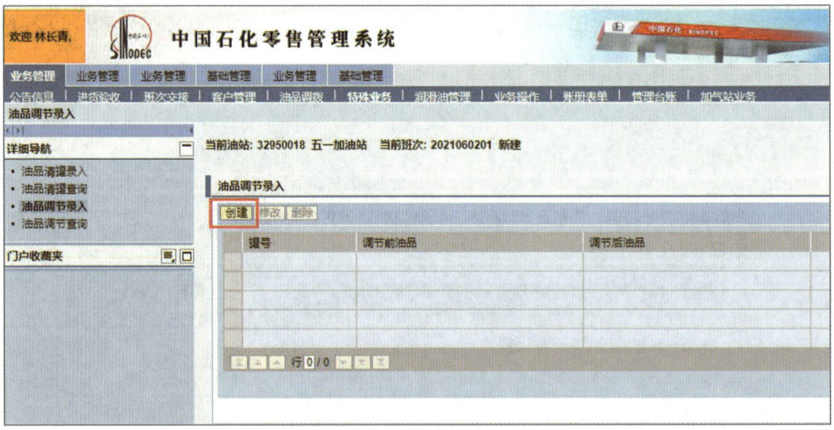

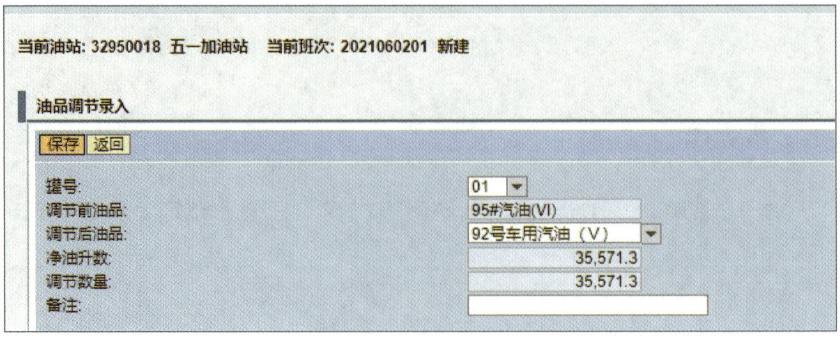

10.2.7 调价

调价前，使用旧价格的业务先做班结，下一个班次的油品使用新价格。

10.2.8 加油机检定和回罐

通过班结联动可以自动取数，若取不到，选择班次交接—回罐情况录入，点击“新增一行”，录入后点击“保存”按钮。

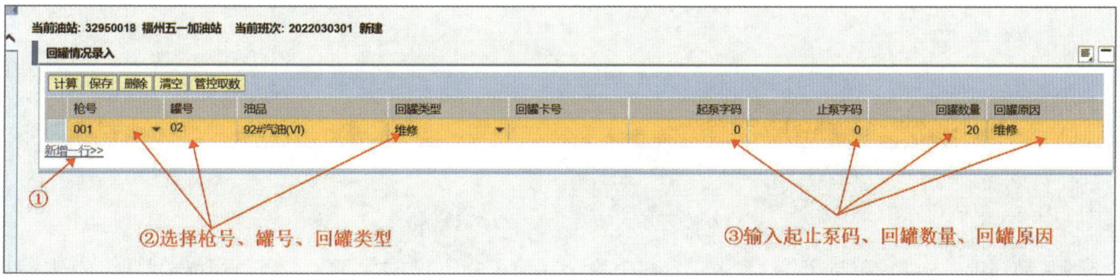

10.2.9 铅封管理

路径：基础管理→数质量管理→加油机铅封登记。

维护需要新增的行数，点击确定。选择油枪，维护铅封部件等信息，维护施封信息，填写铅封编号等信息后，点击“保存”。

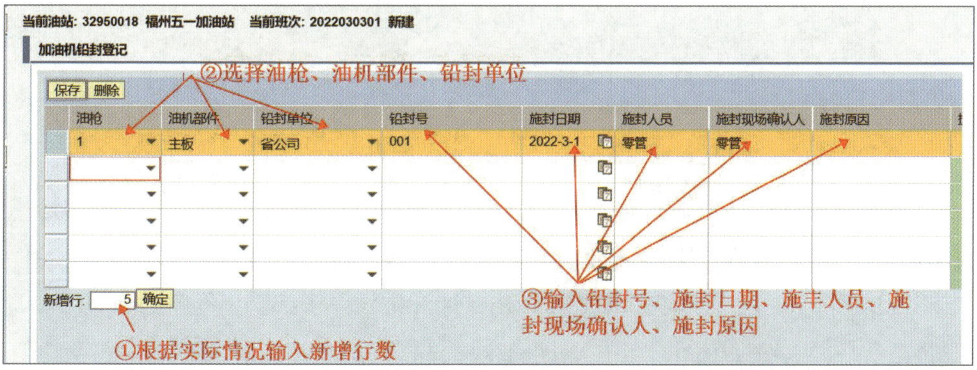

10.3
加油站长俱乐部

10.3.1　添加、注册及解绑

10.3.1.1　添加

登录微信，点击搜索栏，输入“加油站长俱乐部”，点击搜一搜，再点击搜索结果中的目标小程序，即可添加到微信。

10.3.1.2　进入站长俱乐部

方法一：下滑界面栏进入快捷模式，点击“加油站长俱乐部”小程序图标即可。

方法二：在微信发现界面，点击“小程序”，选择“加油站长俱乐部”小程序即可。

10.3.1.3　注册油站

输入本站的油站代码，填写申请人个人信息，填写手机号，点击“获取验证码”，填写手机验证码，点击“注册”按钮，即可注册成功。站长俱乐部微信小程序目前仅允许加油站站长注册。站长注册油站期间，系统会去零管系统中校验站长身份，通过校验方可注册成功，如果注册失败，请联系零管系统维护人员进行人员信息维护。

方法一

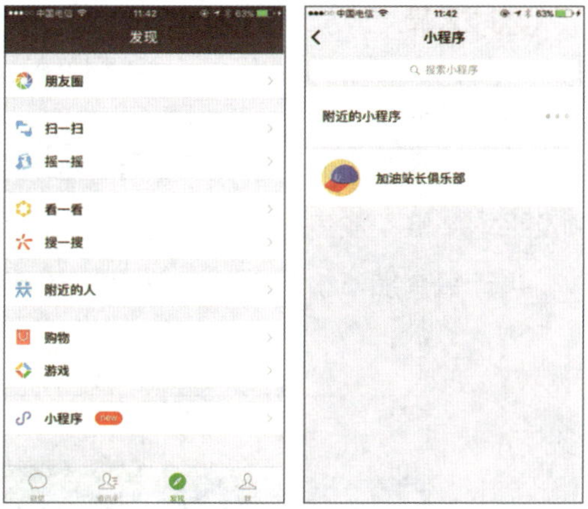

方法二

10.3.1.4 解除绑定

登录小程序后，点击已注册栏油站的解绑按钮，点击解绑确定提示“是”按钮，点击成功解绑提示“确定”按钮，解除绑定。

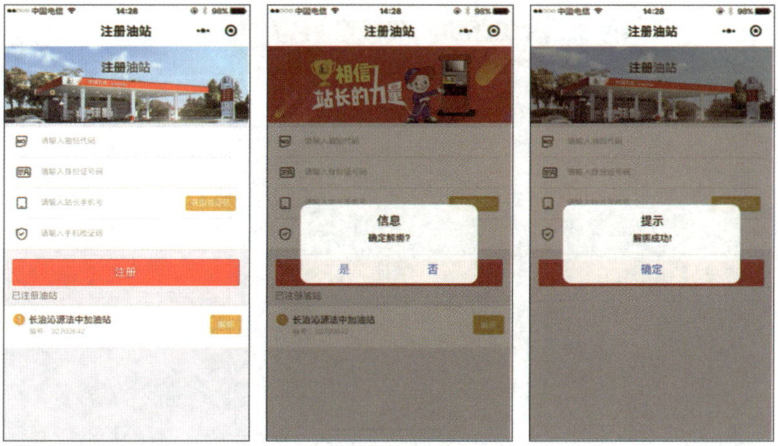

10.3.2 实时运营

10.3.2.1 实时加油（气）

显示加能站当天交易的汽油、柴油及合计的总销量，当天每个加油机下各个油枪的交易升数、金额及平均单价；加气站当天交易的CNG、LNG及合计的总销量、可按重量及体积单位查看，当天每个加气机下各个加气枪的交易数量、金额及平均单价，计量单位随汇总切换。

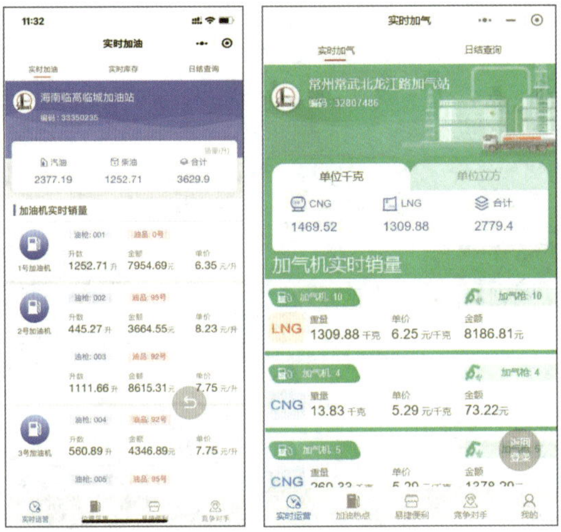

10.3.2.2 油品实时库存

显示加能站当天汽油、柴油及合计的库存量和空容总量，库存时间，油罐的库存量、空容量、标准体积、油水总高、水高及平均温度的实时情况。

10.3.2.3 日结查询

显示汽油及柴油机出和零配的当日升数，机出及零配详情，各油品挂牌价及规定价比例，各油品实时库存；天然气零售日结方数，机出零售当日、当月、同期、同比等，天然气各品种的挂牌价的序日趋势等。

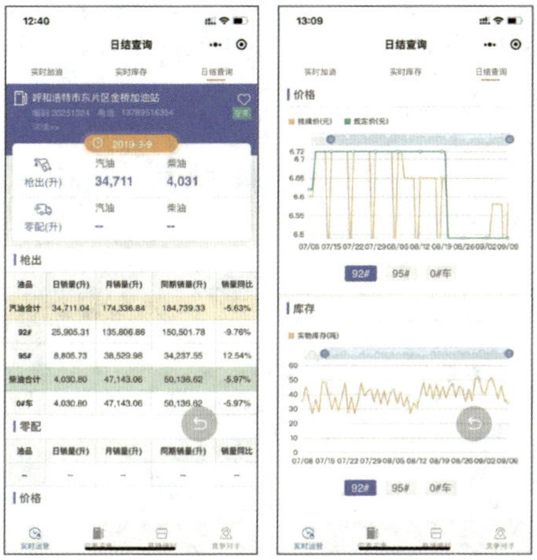

成品油日结查询

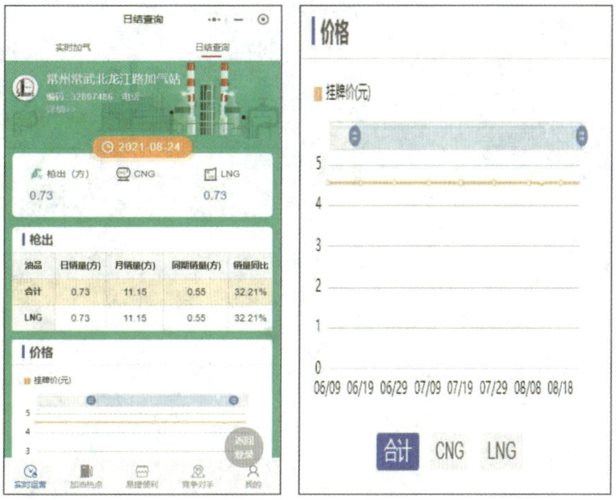

天然气日结查询

10.3.3 综合管理

10.3.3.1 综合价格

选择日期，维护价格信息，点击“保存油站价格”按钮。

10.3.3.2 位置获取

可在地图上进行位置拖拽选择，默认为当前所在位置，点击“位置上报”按钮，上报加油站位置。

10.3.3.3 油站热点

（1）油机配置。进入“布局配置”界面，将未分配的加油机图标（激活状态），拖入准确的车道位置。

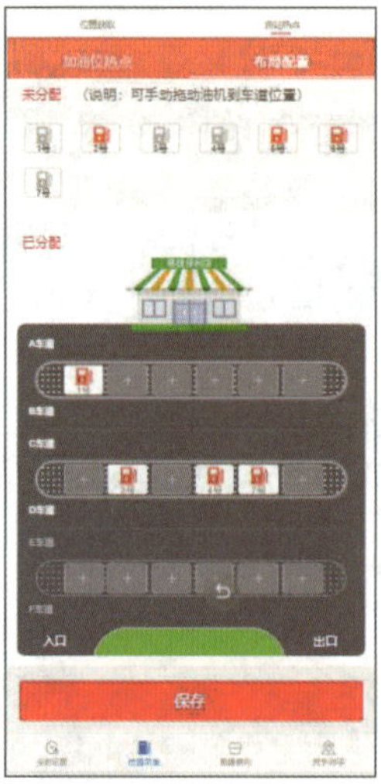

分配中的状态

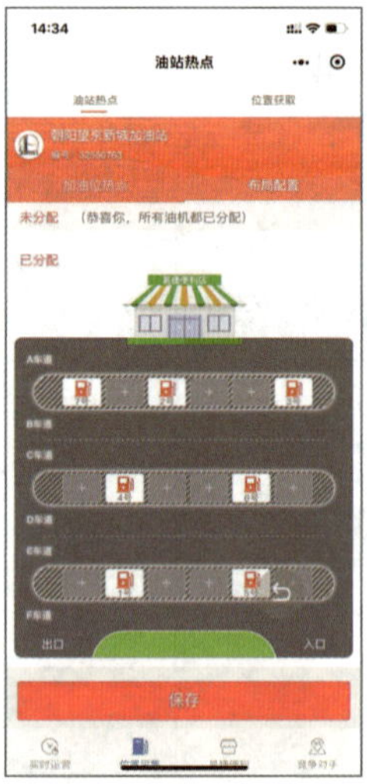

已分配的状态

（2）油枪配置。点击已分配的加油机图标，将未分配的加油枪图标从“未分配”栏拖到加油的正确位置。

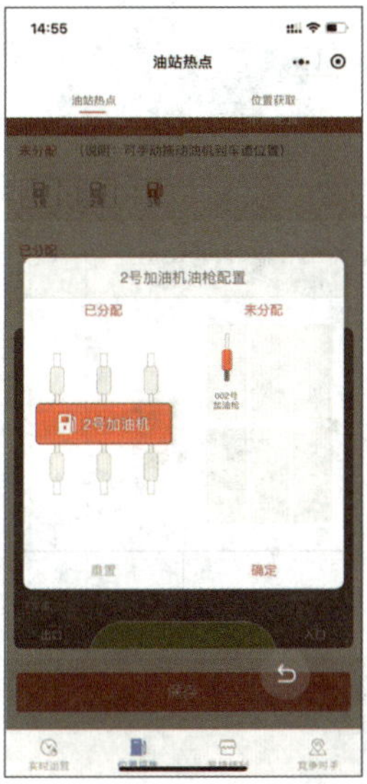

分配中的状态

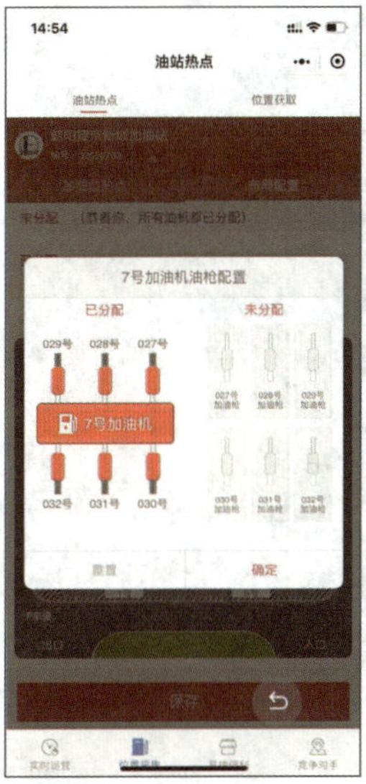

已分配的状态

（3）效率展示。油机、油枪设置后，可查看车道和油机的使用效率，点击油机图标，可显示该油机上所有油枪的使用效率。

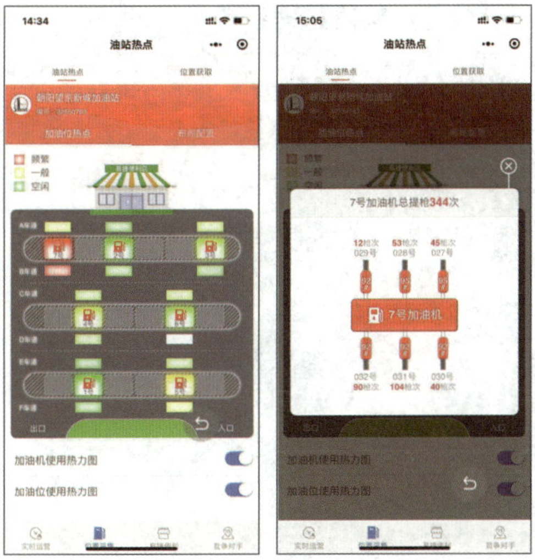

车道、油机、油枪使用效率

（4）位置获取。点击“位置获取”按钮，在弹出的使用手机定位提示对话框，选择“好”。若正处在想获取位置的加能站，点击“黑点”，再点击“位置上报”按钮，即可获取实时当前位置；若不在想获取位置的加能站，拖动地图选择所在加能站位置，点击“位置上报”按钮即可。

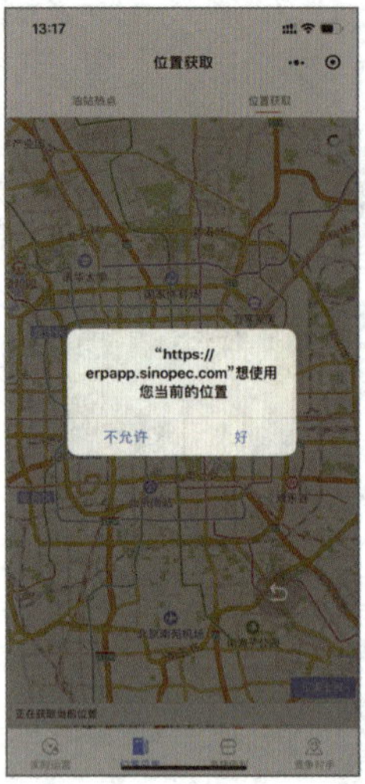

允许使用位置

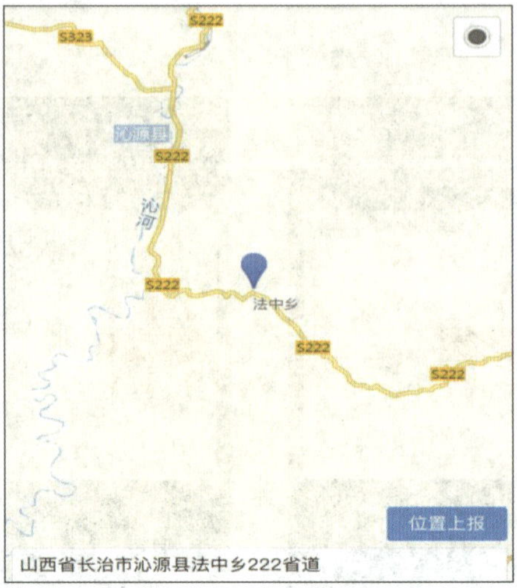

实时位置

非实时位置

10.3.3.4 竞争对手

（1）竞争站搜索。进入“竞争对手”签页，点击“添加绑定”按钮，在弹出页面的搜索栏输入要绑定的站点，点击“搜索”按钮，显示符合条件的竞争站。若搜索显示中没有相应的竞争站，需要通知上级公司在零售管理系统中维护。

（2）竞争站绑定与解绑。选择要绑定的站，点击“绑定”按钮，提示绑定成功。绑定成功后，绑定的竞争站将在“竞争对手”签页显示，点击站名，可查看竞争站详情，点击“解绑”，可解除竞争站的绑定，可通过点击“添加绑定”按钮，绑定多座竞争站。

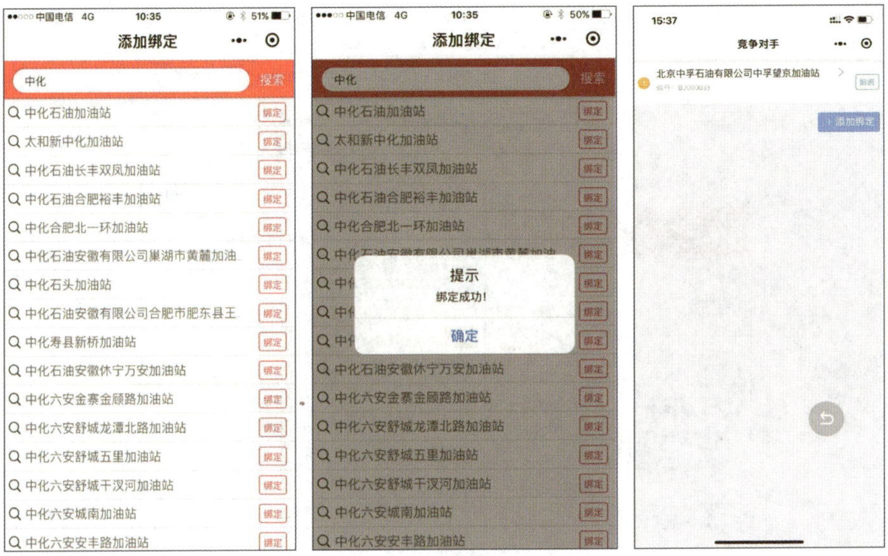

（3）竞争站信息录入。

①经营信息录入。进入竞争站详情后，依次选择竞争站经营主体、营业状态及是否洗车等信息。

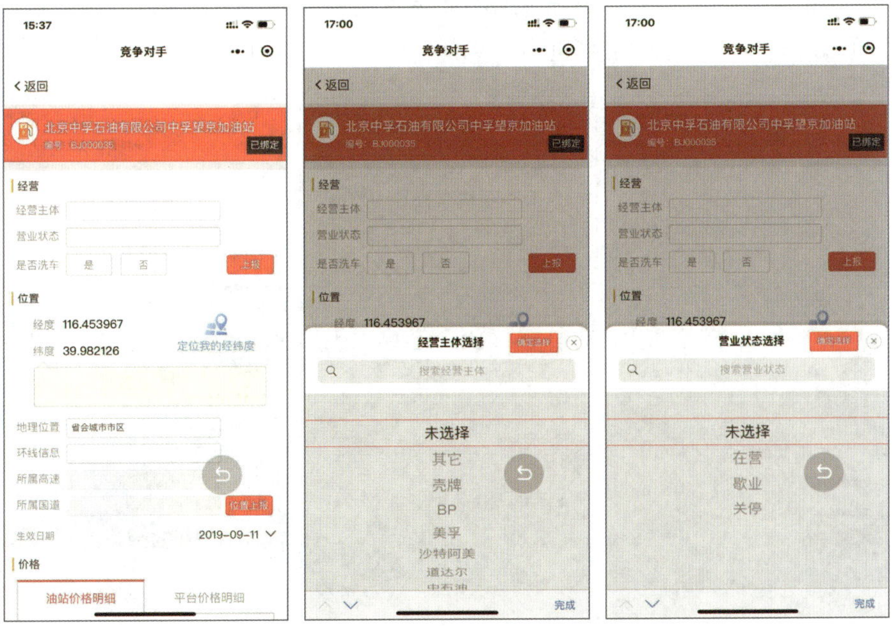

②位置信息录入。点击“定位我的经纬度”按钮，拉动蓝色定位图标至正确的位置，点击“确定”即可。地理位置选择“高速公路服务区”或“高速路出入口”，则必须选择

“所属高速”；地理位置选择“国道沿线”，则必须选择“所属国道”；地理位置选择除上述的其他地理位置，则不用选择所属高速、所属国道。选择完成后，点击上报。

③价格明细录入。分别进行油站价格明细录入和平台价格明细录入，要特别注意选择“生效日期”。可视情况增加 CNG、LNG 等价格维护的内容。

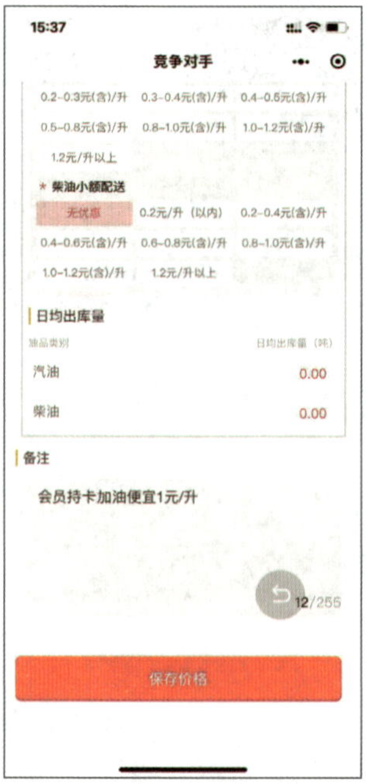

10.3.3.5 异常核查

点击“综合管理”，选择“异常核查”，进入异常核查模块。

（1）时间选择。默认时间为前一日，点选时间，对开始日期及结束日期进行选择。点击确定后刷新数据。

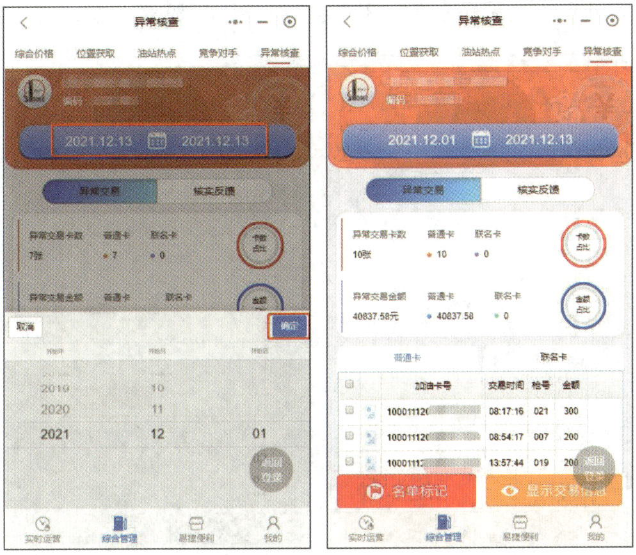

（2）显示交易信息。点击“显示交易信息”后，显示详细的交易信息，可通过向上及向下滑动，显示完整的交易信息，点击“隐藏交易信息”按钮，只保留主要信息。

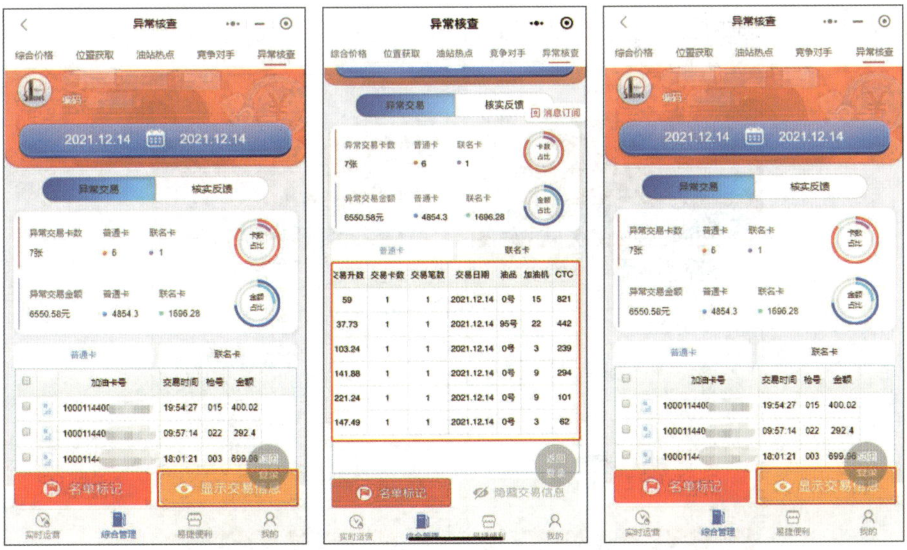

（3）标记卡类型。可点击加油卡号前的图标，也可选中多张卡后点击“名单标记按钮”，在弹出页面中按核实后的结果，如实选择卡类型，填写备注信息点击“确定”按钮后，保存刷新页面。卡类型主要有白名单卡、灰名单卡、红名单卡、黑名单看，其中，白名单是指客户正常交易卡；灰名单是指核实为异常交易的卡；红名单是指反复提醒但一直未反馈核查结果的加油卡；黑名单是指已核实“灰名单”的卡又重新交易的卡。

（4）切换显示。显示的信息，可在“异常交易”（系统识别的异常交易信息）和“核实反馈”（已核实反馈的加油卡信息）之间，以及“普通卡”和“联名卡”之间进行切换。在“核实反馈”界面，选中已标记的卡，可对标记信息进行修改或删除。

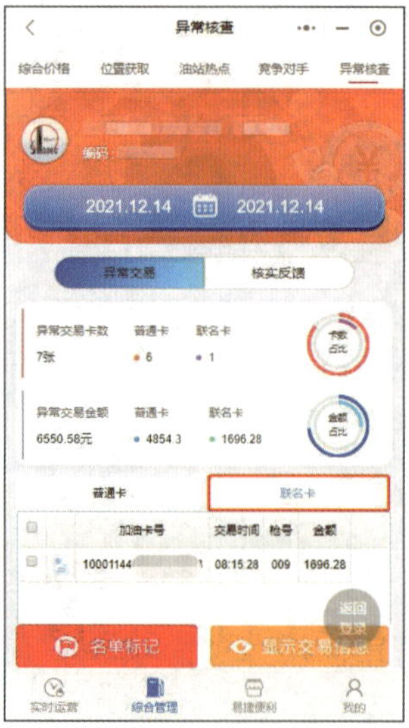

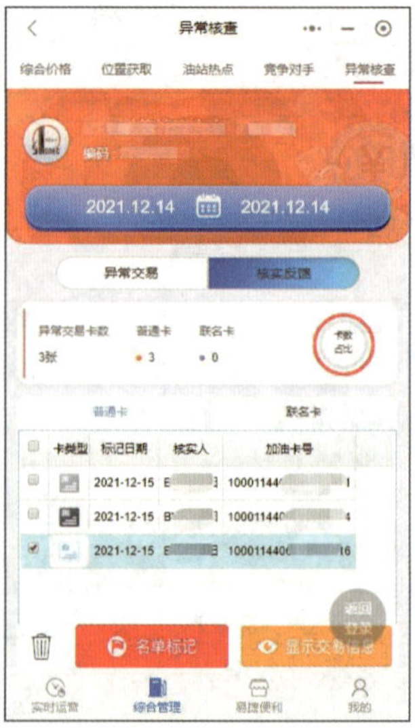

10.3.4 信息订阅

10.3.4.1 订阅

进入加油站长俱乐部，点击浮于页面顶端的“消息订阅”按钮，在弹出的对话框中选择要订阅的加油站服务评价、厕所卫生、评价及异常交易等消息提醒，点击“允许”按钮，完成订阅。订阅后，按钮自动隐藏，不影响页面正常使用。待有订阅消息发送，会在微信端的“服务通知”显示，可点击查看详情。其中，只推送 2 星及以下的（差评）评价信息。

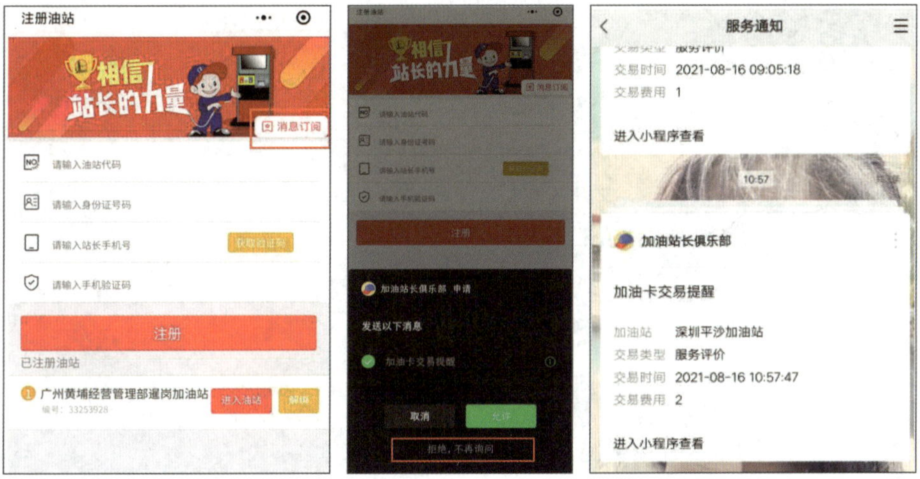

10.3.4.2 消息接收设置

在详情页面里，点击“…”按钮，在弹出页面选择“设置”，进入“通知管理”页面，打开“接受通知”按钮，在下方设置特定消息的接收情况。

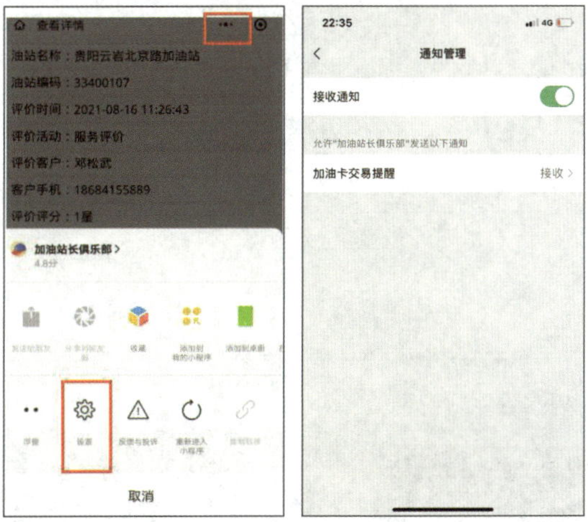

附　件

附件 1

中国石化销售股份有限公司加油（气）站现场管理禁令（部分）

第一条　私自购进、置换、偷盗或违反价格规定销售油品、天然气和非油品等商品。

第二条　私自破坏加油（气）机铅封、进行加油（气）机作弊、擅自调整加油（气）枪精度、克扣客户。

第三条　坐支、挪用、侵占营业款，擅自预收款、赊销、使用个人账号收款；虚开、代开、转借、转让、倒卖发票。

第四条　套现、套积分、套优惠、套消费券、套发票、套差价等；盗取客户账户内钱款或消费券；擅自大单销售或倒卖加油（气）卡及充值卡。

第五条　上架、销售假冒伪劣或过期商品；高价销售低价入账；套取、截留赠品或促销品。

第六条　虚报、瞒报、拒报、篡改、泄露经营管理数据。

第七条　在经营中索贿、受贿或收受好处；强制搭售。

第八条　擅自对信息系统或设备进行关机、断网、调整参数、删除数据等操作；偷盗、擅自外借、故意破坏设备设施。

第九条　站内吸烟或饮酒；直接向绝缘容器加注汽油，违规销售散装汽油；擅自停用环保设备，违规处置危险废物。

第十条　未经授权擅自接受涉及公司业务和相关内容的媒体采访；散布与本公司有关的不实言论；个人违规言行被县级及以上新闻媒体曝光；私自翻拍、拷贝、传播加能站视频监控录像。

附件 2

加能站清洁保养操作手册——视觉标准篇

一 油罐区视觉标准

1	整个油罐区域干净整洁，地面无油污、垃圾、杂草。（杂草定期拔除并修剪，冬季一个季度一次，其他季节一个月一次）
2	所有警示牌、作业指引、安全指引，整齐张贴于明显易见位置，清洁干净，规格和内容符合公司的视觉标准。（①严禁烟火、严禁攀爬等警示标识符合公司标准，建议规格：680mm×680mm，采用铝板制作，安装在卸油通气管上，底部边缘距离地面 2m 特殊情况可安装在罐区围墙中心位置。②点检牌：在卸油口、人孔井内、张贴点检牌，建议规格：A4 规格软磁贴，点检牌上的内容包括保点检项目、点检标准、注意事项、点检标准、责任人、职业危害汽油、苯公示等）
3	人孔井、卸油口、量油口油品油罐标识内容清晰、干净，无积尘、无积水、无油污、无锈蚀，盖板，油漆，未褪色。（①人孔井盖：对油罐区内油品一目了然，便于站内的日常管理。背胶户外写真，使用红色、绿色、墨绿色、灰色耐油漆，标上“1 号罐 92 号汽油”等字样，规格：根据井盖的形状大小再行确定。②卸油口：明确罐号、油品品名牌号和阀门开关状态，避免计量人员卸油时误操作。卸油口盖板上标注“卸油口”字样，卸油口内标注对应罐号和油品标识牌，建议规格：红色、绿色、墨绿色、灰色，户外高清车贴 +5cm PVC225mm×300mm，卸油口管线、快速接头密封盖喷（刷）对应油品标识色）
4	静电仪及报警器干净无油污，正常使用；列入加油站日查内容，设备使用后及时复位。（制作点检牌，建议规格：A4 规格软磁贴张贴在实际测量静电接地报警器箱顶部，点检牌上的内容包括保点检项目、点检标准、注意事项、点检标准、责任人等）
5	消防间工具齐全（消防沙、消防桶、消防铲、灭火器、灭火毡、安全帽、静电线、防毒面具等），保持干净整洁（无尘无蜘蛛网），工具有效使用且有序摆放。按照加油加气站设计与施工规范配置，同时配备各类工具（按需配置防毒面具、消油剂、吸油毡、防护隔离栏、雪糕筒等）。（按照“四定”管理标准维护保养，即“定点摆放、定人管理、定时检查、定期换药”）
6	计量间工具齐全，保持干净整洁（无尘无蜘蛛网），工具有效使用且有序摆放。按照公司标准配置各类工具：铝桶 2 个，弯型铝漏斗 2 个，量油尺 1 把，试水膏 1 支，试油膏按需配置，温度计 1 个，采样瓶按需配置等。（各类工具的有效日期及操作详见器具说明书）
7	罐区操作井静电接地线：接地规范，接地线隐蔽铺设，感觉整个操作井内见不到接地线。（①操作井内统一设置固定静电接地极母排，靠井边设置，接地极母排需预留孔位做到单孔单线。②井内各接地线走向，须朝同一方向扎成一束。③潜泵、液位仪等设备的接地线应紧贴绕性软管底部穿行至与其他接地线汇合成束。④要求管线套管在同一测，使用统一的防爆过线盒进行连接、封堵。⑤所有与接地母排的连接应使用铜螺丝、螺母）
8	车道埋地罐的操作井维护保养：对车道埋地罐的加油站配备一台可燃气体检测报警器，定期检测通风。日常保养方式等同于地下罐的维护保养。（①设置走车式埋地罐加油站应采用人工巡检观察和仪器检测相结合的方式进行监测。具体要求为：每日开盖观察，并使用可燃

续表

8	气体检测报警器对油罐操作井进行油气浓度检测，并将检测数据记录在站长日志中。②设置走车式埋地罐加油站每日应指定专人在 22:00 至次日 05:00 期间（非繁忙时段）开盖通风。具体要求：打开操作井通气盖通风 2h 或打开操作井盖通风 15min，在开盖通风过程中，加油站应在周边设置明显的警示标识，并全程做好安全防护工作，避免人员或车辆误入造成人身伤害和财产损失）
	二　配电房 / 电房视觉标准
1	整体干净整洁，地面无垃圾，无污渍，无灰尘，无蜘蛛网；通风良好
2	警示标语和操作指引内容清晰干净，有序张贴；警示标语采用软磁贴张贴，可随时更换无痕迹
3	消防工具有效使用状态，定位摆放，清洁干净
4	禁止电线裸露、杂乱。（为了安全实用，整洁美观，符合相关规范标准。①分配电柜、液位仪、测漏报警器及套管、接地扁铁等均应嵌入墙体内安装。②分配电柜、液位仪、测漏报警器在同一墙面安装时须保持底部在一条直线上）
5	禁止摆放杂物；禁止随意张贴悬挂；墙上只张贴点检标准
6	危险禁地，需挂牌上锁
7	发电房、配电房：制作点检牌，管理制度、操作规程统一规格上墙，将巡检标准、职业危害告知（噪声部分内容）、设备保养责任人等嵌入，避免墙上乱张贴，影响形象。建议规格：因地制宜设立规格
	三　加油区域视觉标准
1	出入口无垃圾，出入口禁止停车
2	加油区绿化带无杂草无垃圾，绿化修剪齐整，禁止堆放杂物
3	大招牌油品标识与价格内容清晰准确，按照公司要求开启灯光，干净整洁，禁止随意修改和张贴内容，其周边区域无垃圾
4	雨棚檐口灯亮度稳定一致，按照公司要求开启灯光，禁止在檐口处悬挂横幅或宣传物料
5	价格牌（移动式和悬挂式）内容清晰准确，干净整洁无尘
6	加油区域地面整洁无垃圾无油污，划线清晰
7	围蔽围墙墙面整洁干净、无破损
	四　便利店区域视觉标准
1	便利店地面明亮整洁，无破损无污渍
2	便利店货架和商品无灰尘，整洁干净，按要求陈列，积分兑换商品需设专区陈列摆放，禁止与其他便利店商品混放

续表

3	便利店内灯光明亮，正常使用无损坏，清洁干净
4	店内天花板整洁干净，无污渍无蜘蛛网和虫子
5	店内空调机和风帘机正常使用，清洁干净
6	店内冰柜、饮料柜、雪糕柜等设备正常使用，整洁干净，按照要求陈列柜内商品
7	店内设备（支付机、发卡机、彩票机、多媒体投放屏等）设备干净整洁，定位摆放，有效使用
8	灯箱、海报、促销标识、价格标签等内容清晰准确，整洁干净，按要求摆放
9	店内店外堆头陈列饱满（高度应保持在 1.0~1.2m 之间），整洁干净，整齐有序，安全摆放
10	便利店玻璃墙和玻璃门无污渍无灰尘无印记，整洁明亮
11	便利店门楣、檐口灯、易捷 Logo、电子显示屏、广告牌等整洁干净，正常有效使用
12	营业室门口（靠近落地玻璃窗堆头）一般摆放饮料、尿素等整件划一商品，要求摆放整齐，高度为不超过 1.2m 的腰际线，且商品不能直接接触地面，需用 3~5cm 厚度的托盘做支撑
13	营业室门口堆头上面及后方不能堆放杂物，及时进行清洁
14	便利店第三方业态区域保持整洁干净、不杂乱、员工着装整洁、态度亲切
五 便利店仓库视觉标准	
1	仓库内干燥通风良好，天花无脱落，无日晒无积水，整洁干净
2	仓库内禁止摆放清洁工具，禁止摆放与便利店商品无关的物品和工具
3	仓库内禁止商品堆头摆放超过 1.4m
4	所有便利店商品按要求分类，有序摆放（先进先出），食品和非食品分开摆放，并且有清晰分类分商品的标签对应
5	积分兑换商品和非积分兑换商品分开摆放，禁止混放
6	需设置过期商品和损坏商品摆放区域，有序摆放
六 洗手间区域视觉标准	
1	地面无脚印，无垃圾，禁止铺纸皮
2	洗手台清洁干净无污渍无积水，洗手盆清洁干净无堵塞，容貌镜悬挂稳固，干净明亮，无破损无裂痕
3	便池清洁干净无堵塞，无异味，冲水设备正常使用
4	排气扇、风扇、烘干机正常使用，干净无污渍
5	门板、门扣、门框、合页等无损坏，整洁干净无蜘蛛网、虫子、牛皮癣、乱涂乱画

续表

6	墙体干净无涂鸦，壁画、花篮、指示牌正常使用且整洁干净
	七　办公室区域视觉标准
1	办公室内整体干净整洁无污渍，地面墙面清洁无污渍，无杂物私人物品堆放
2	办公的设施设备整洁干净，定位摆放，设备及周边无杂物堆积；除证照区、学习区外，办公室墙面上一律不安排张贴、悬挂物品等
3	安装整站钥匙箱，建议将罐区、电房、便利店、休息室等所有的加油站常用钥匙统一放置在钥匙箱，便于保管与取用
4	办公区文件柜只存放近两年工作所需的文件盒、报表、台账等，其他物品一律不上文件柜。（为了准确迅速查找文件资料，提高工作效率，文件盒统一命名和形迹管理。采用彩色相片纸、塑封膜，规格：42mm×182mm，字体：黑体，内容：Logo、站名、文件盒应编号、文件名称等，采用形迹管理位置，文件盒中部，上下对齐）
5	办公桌面：日常应保持清洁、整齐，只放置与办公密切相关的物品，如：电脑、计算器、笔盒、订书机等物品，其他与办公无关的物品及时收纳到抽屉或者员工休息室个人储物柜中
6	统一购置手机保管盒和员工水杯收纳架，员工杯子统一贴上员工的姓名，手机统一保管
7	办公桌抽屉管理：抽屉采用格子隔开，将物品分类整理，整体效果整齐、明朗
8	证照上墙：在站长室办公区墙面上设置证照区。成品油零售许可证、工商营业执照、危险化学品经营许可证、排污许可证、便利店营业执照、烟草经营许可证、酒类流通许可证等上墙
9	设置学习专区：将站内服务明星、月度销售计划、经验介绍、排班表等需要公示或者学习的内容统一整到该区域
	八　员工休息及宿舍区域视觉标准
1	员工休息室/活动室干净整洁
2	站内宿舍干净整洁，员工个人物品归置有序摆放
3	站内厨房整体干净整洁，无油渍无垃圾，餐厨设备整洁干净；餐厅座椅摆放整齐，台面干净整洁，餐厅内无堆放其他杂物
	九　洗车区域视觉标准
1	地面干净整洁，无积水无垃圾无污渍，排水顺畅
2	洗车设备整洁干净，围蔽栏、宣传栏和标识牌等干净整洁，车辆有序排队等候
3	设备周边禁止火源，禁止摆放易燃易爆物品、杂物
	十　司机之家区域的视觉标准
1	室内地面干爽整洁，无异味无垃圾无积水，通风良好，排水通畅

续表

2	餐厅干净整洁，无油渍无垃圾，餐厅座椅摆放整齐
3	洗衣机、干衣机定期消毒，无异味无垃圾，晾衣架干净无积尘，地面干爽无积水
4	淋浴间干净无异味，设施齐全无损坏无丢失
5	休息室干净整洁，无异味无垃圾，定期消毒；各类家具、电器正常使用
6	停车区域停车位画线清晰可见，地面干净整洁
十一 宣传物料的视觉标准	
1	宣传物料按要求张贴、摆放在相关展示位内，无破损无污渍，整洁有序
2	宣传物料张贴方式需地市范围内统一，建议省内进行统一
3	活动单页 / 折页放在专用摆放架上，放置在收银台上，确保无折角，归类明晰整齐，折页摆放架干净无破损
4	进站口大喷绘、场地刀旗放置在进站口、场地内，确保无污渍无破损
5	海报架（亚克力或玻璃面）根据需要固定在场地内各处，无厚尘
6	企标立柱 LED 屏、便利店 LED 横幅内容显示完整
7	X 展架、易拉宝、加油机海报、厅内吊旗等无蛛网，无厚尘
十二 收银台物料的视觉标准	
1	收银台面油漆完好，无尘无污渍，整洁干净
2	充值、管控、非油品 POS 机设备摆放位置在各工位对应的下方，摆放顺序从营业厅大玻璃往内分别依次为管控、非油品 POS 机、充值机，相应的读卡器放在电脑左侧，扫描枪放在电脑右侧，身份阅读器和银行 POS 机放在充值电脑前方，靠近收银台外侧离客户较近，加油卡业务公示和折页展示在充值电脑和 POS 机中间。电源线、网线等理顺扎股后放在设备侧方，尽量不裸露在外
3	收银台上不宜摆放有关于销售数据、金额的资料，如报表台账等；张贴物料按公司要求执行，开机密码之类的内容切勿张贴
4	收银台抽屉及内柜（含顶上吊柜）内无杂物，必要物品按要求摆放，整洁干净
5	收银台灯具、电子显示屏等整洁干净，正常有效使用

加能站清洁保养操作手册——清洁保养篇

序号	清洁区域	清洁保养项目	标准配置	常态清洁要求（即加油站各区域在日常或实时状态下的常规清洁标准）	常态维护周期	定态清洁要求（即加油站各区域在固定周期频率下的常规清洁）	定态维护周期	常规清洁保养工具	深度清洁要求（对污垢严重区域通过高效清洁设备和清洁剂进行深度清洁）	深度清洁保养工具（清洁剂和设备）	深度清洁周期	安全防护用具
一 油罐区												
1	油罐区	草坪	—	发现出入口有垃圾、障碍物，随手清除，有车辆临时停放，立即礼貌劝离	需要时	佩戴棉线 / 帆布手套，使用剪草大剪刀修剪杂草，或拔除杂草，修剪后草坪高不超过 3cm	需要时	长夹、剪草大剪刀、棉纱手套	—	—	—	帆布手套
2	油罐区	人孔井	—	1. 井内无垃圾、积尘、积水、油污和油气，接线整齐，设备无锈蚀； 2. 液位仪接地良好无油气渗漏； 3. 量油口无油气油污，密封良好上锁； 4. 井内少量积水，用干地拖将水吸干； 5. 井内大量积水，使用手摇泵将水抽尽，再用干地拖将水吸干	需要时	1. 人孔井盖板褪色，使用 320 粒度砂纸打磨后，购买同色油漆重新刷漆（每季度）； 2. 检查井内设备密封性并除锈，使用清洁剂清理积尘、油污。（每周）	每周 / 每季度	地拖、手摇计量泵 ZH-100A、320 打磨砂纸、加厚长软毛刷、彩漆、WD-40 除锈剂	1. 使用艺康泡沫发生器，将 1：9 兑水配制的油必克除油剂均匀喷洒在地面，使泡沫停留 5~10min； 2. 使用刷子进行刷洗； 3. 使用冲水枪冲洗	油必克、泡沫压力壶、刷子、冲洗机	每周或视污物程度而定	帆布手套
3	油罐区	卸油口	—	使用棉布擦拭卸油口、量油口	收油后	1. 使用清洁剂（洗衣粉稀释）配合棉布擦拭卸油口、量油口； 2. 卸油口盖板褪色，使用 320 粒度砂纸打磨后，购买同色油漆重新刷漆； 3. 使用纱布和除锈剂除锈	每季度	洗衣粉、棉布、320 打磨砂纸、加厚长软毛刷、彩漆、纱布、WD-40 除锈剂	1. 使用泡沫发生器，将 1：9 兑水配制的油必克除油剂均匀喷洒在地面，使泡沫停留 5~10min； 2. 使用地刷对地面进行刷洗； 3. 使用冲水枪冲洗地面，并使用地刷将污水推至下水口，对平整地面可以使用水刮刮除地面残留污水	油必克、泡沫压力壶、冲洗机	每周或视污物程度而定	丁腈手套
4	消防间	干粉灭火器（手提式和推车式）	35kg×1 个 4kg×2 个	使用干棉布擦拭筒体、喷管、喷嘴，检查确认无灰尘、无锈蚀、无开裂、无变形、无阻塞	每周	检查灭火器是否处于有效使用状态：压力指针表是否在正常绿色区；铅封是否完好无脱落；“四定”标签清晰，内容规范；干粉灭火器需每周摇晃至少 5 个来回（使其不结块）	每周	棉布	1. 在抹布或无刮痕百洁布或百洁布表面喷洒速效除油剂原液； 2. 对油污表面进行擦拭	速效除油剂，抹布或无刮痕百洁布	每周检查，每月清洁	帆布手套

续表

序号	清洁区域	清洁保养项目	标准配置	常态清洁要求（即加油站各区域在日常或实时状态下的常规清洁标准）	常态维护周期	定态清洁要求（即加油站各区域在固定周期频率下的常规清洁）	定态维护周期	常规清洁保养工具	深度清洁要求（对污垢严重区域通过高效清洁设备和清洁剂进行深度清洁）	深度清洁保养工具（清洁剂和设备）	深度清洁周期	安全防护用具
5	消防间	灭火毯	2 张	抖动除灰尘除蜘蛛网，折叠整齐，摆放有序	每周	检查是否破损和油污，破损或油污严重则必须更换	每周	—	—	—	—	帆布手套
6	消防间	消防铜铲	2~4 把	整齐有序摆放，表面洁净，无穿孔、锈蚀	每周	使用湿棉布擦拭，无灰尘、蜘蛛网，使用除锈剂除锈	每周	棉布，WD-40 除锈剂	—	速效除油剂、抹布或无刮痕百洁布	—	帆布手套
7	消防间	消防桶	4~8 个	整齐有序摆放，表面洁净，无穿孔、锈蚀	每周	使用湿棉布擦拭，无灰尘、蜘蛛网，使用除锈剂除锈	每周	棉布，WD-40 除锈剂	—	速效除油剂、抹布或无刮痕百洁布	—	帆布手套
8	消防间	消防沙池	1 个	使用湿棉布清洁沙池盖板；清理沙池异物	每周	沙池盖板洁净，无锈蚀漏点，沙子细腻平整不结块，洁净，定期翻整沙子；卸油口盖板褪色，使用 320 粒度砂纸打磨后，购买同色油漆重新刷漆	每周	消防铜铲，长夹	—	—	—	帆布手套
9	消防间	隔离栏	6~10 个	整齐有序摆放，表面洁净，无锈蚀	每周	使用湿棉布清洁剂擦拭，无灰尘、蜘蛛网	每周	棉布，洗衣粉	—	速效除油剂、抹布或无刮痕百洁布	—	帆布手套
10	消防间	雪糕筒	按需配置	整齐有序叠放，表面洁净，无破损	每周	使用湿棉布清洁剂擦拭，无灰尘、蜘蛛网	每周	棉布，洗衣粉	—	速效除油剂、抹布或无刮痕百洁布	—	帆布手套
11	消防间	防毒面具	按需配置	整齐有序叠放，表面洁净，无破损	每周	使用湿棉布清洁剂擦拭，无灰尘、蜘蛛网	每周	棉布，洗衣粉	—	速效除油剂、抹布或无刮痕百洁布	—	帆布手套
12	消防间	安全帽	2~4 个	整齐有序叠放，表面洁净，无破损	每周	使用湿棉布清洁剂擦拭，无灰尘、蜘蛛网	每周	棉布，洗衣粉	—	速效除油剂、抹布或无刮痕百洁布	—	帆布手套
13	消防间	静电线	1~2 条	整齐有序盘放，表面洁净，无破损	每周	使用干棉布擦拭	每周	棉布	—		—	帆布手套
14	消防间	警示牌 / 标识牌	—	张贴或悬挂在指定位置，表面洁净，内容清晰，无破损，符合公司视觉标准	每周	使用湿棉布和清洁剂擦拭	每周	棉布，洗衣粉	—	速效除油剂、抹布或无刮痕百洁布	—	帆布手套

续表

序号	清洁区域	清洁保养项目	标准配置	常态清洁要求（即加油站各区域在日常或实时状态下的常规清洁标准）	常态维护周期	定态清洁要求（即加油站各区域在固定周期频率下的常规清洁）	定态维护周期	常规清洁保养工具	深度清洁要求（对污垢严重区域通过高效清洁设备和清洁剂进行深度清洁）	深度清洁保养工具（清洁剂和设备）	深度清洁周期	安全防护用具
15	计量间	铝桶	1~2 个	整齐有序叠放，表面洁净，无破损	使用后	使用湿棉布和稀释清洁剂擦拭	使用后	棉布，清洁剂（90 全能水）	1. 在抹布或无刮痕百洁布或百洁布表面喷洒速效除油剂原液； 2. 对油污表面进行擦拭	速效除油剂、抹布或无刮痕百洁布	每周或视污物程度而定	帆布手套
16	计量间	铝漏斗	1~2 个	整齐有序叠放，表面洁净，无破损	使用后	使用湿棉布和稀释清洁剂擦拭	使用后	棉布，清洁剂（90 全能水）	—	速效除油剂、抹布或无刮痕百洁布	—	帆布手套
17	计量间	量油尺	1 把	整齐有序盘放，无破损	使用后	使用湿棉布和稀释清洁剂擦拭	使用后	棉布，清洁剂（90 全能水）	—	速效除油剂、抹布或无刮痕百洁布	—	帆布手套
18	计量间	试水膏	1 支	整齐有序摆放，无破损	需要时	使用湿棉布和稀释清洁剂擦拭	需要时	棉布，清洁剂（90 全能水）	—	—	—	帆布手套
19	计量间	试油膏（选配）	1 支	整齐有序摆放，无破损	需要时	使用湿棉布和稀释清洁剂擦拭	需要时	棉布，清洁剂（90 全能水）	—	—	—	帆布手套
20	计量间	温度计	1 个	整齐有序摆放，表面洁净，无破损	需要时	使用湿棉布和稀释清洁剂擦拭	需要时	棉布，清洁剂（90 全能水）	—	—	—	帆布手套
21	计量间	采样瓶	按需配置	整齐有序摆放，表面洁净，无破损	需要时	使用湿棉布和稀释清洁剂擦拭	需要时	棉布，清洁剂（90 全能水）	—	速效除油剂、抹布或无刮痕百洁布	—	帆布手套
二　配电房 / 电房												
22	配电房 / 电房	地面墙面	—	使用扫把清洁地面，用棉布鸡毛掸擦拭墙面，无积尘无蜘蛛网，地面清洁无垃圾	每周	使用扫把清洁地面，用棉布鸡毛掸擦拭墙面，无积尘无蜘蛛网	每周	棉布、鸡毛掸、扫把	在抹布或无刮痕百洁布表面喷洒 1：20 配制的过氧化氢清洁剂，对墙面脏污部分进行擦拭，注意不可以直接喷洒清洁剂至墙面或物体表面	过氧化氢、喷瓶、抹布或无刮痕百洁布	每周或视污物程度而定	绝缘手套
23	配电房 / 电房	标识及工具	—	使用湿棉布擦拭警示标识、操作规范、标签等，二氧化碳灭火器、绝缘手套、绝缘鞋、绝缘胶垫、挡鼠板、防虫网等定位摆放	每周	使用湿棉布擦拭警示标识、操作规范、标签等，绝缘手套、绝缘鞋等定位摆放；二氧化碳灭火器每半年称重一次，重量减轻 5% 需更换	每周	棉布、清洁剂（洗衣粉 / 洗洁精）	1. 在抹布或无刮痕百洁布或百洁布表面喷洒速效除油剂原液，不要直接喷洒清洁剂至物体表面； 2. 对油污表面进行擦拭	速效除油剂、抹布或无刮痕百洁布	—	绝缘手套

续表

序号	清洁区域	清洁保养项目	标准配置	常态清洁要求（即加油站各区域在日常或实时状态下的常规清洁标准）	常态维护周期	定态清洁要求（即加油站各区域在固定周期频率下的常规清洁）	定态维护周期	常规清洁保养工具	深度清洁要求（对污垢严重区域通过高效清洁设备和清洁剂进行深度清洁）	深度清洁保养工具（清洁剂和设备）	深度清洁周期	安全防护用具
24	配电房/电房	配电柜及设备	—	1. 无积尘，无锈蚀，关闭严密； 2. 仪表、指示灯指标正常，显示清晰，清洁无尘，开关正常； 3. 警示牌规范张贴，开关标签清晰整洁完好； 4. 部件完好正常使用状态，无损坏	每周	使用棉布擦拭外表面标识，鸡毛掸清扫积尘蜘蛛网，纱布清除设备锈蚀部件，小毛刷清理积尘	每周	干棉布、纱布、鸡毛掸、小毛刷	—	速效除油剂，抹布或无刮痕百洁布	每周或视污物程度而定	绝缘手套
25	配电房/电房	柴油发电机机组	—	1. 使用干棉布擦拭积尘，用清洁剂擦拭油污，纱布清除锈蚀； 2. 检查皮带松紧度，是否老化开裂； 3. 清除排烟管阻塞物； 4. 接地线无松动、无氧化、无锈蚀； 5. 蓄电池外表清洁，电解液高出隔板 5~7mm； 6. 润滑油是否在上下刻度范围内； 7. 每季度充电 3~5h	每两周	1. 干棉布擦拭积尘，用清洁剂擦拭油污，纱布清除锈蚀； 2. 检查皮带松紧度，是否老化开裂； 3. 清除排烟管阻塞物； 4. 接地线无松动、无氧化、无锈蚀； 5. 蓄电池外表清洁，电解液高出隔板 5~7mm； 6. 润滑油是否在上下刻度范围内； 7. 每季度充电 3~5h	每两周	干棉布、纱布、鸡毛掸、小毛刷、清洁剂（洗衣粉/洗洁精）	—	—	—	绝缘手套
三　加油区域												
1	加油区	出入口	—	发现出入口有垃圾、障碍物，随手清除，有车辆临时停放，立即礼貌劝离	随时	使用长尾扫把清洁垃圾，将沙粒扫至一边，再用垃圾铲装起来清理	每周	长尾扫把，塑料水扫把，垃圾铲	1. 使用泡沫发生器，将 1：9 兑水配制的油必克除油剂均匀喷洒在地面，使泡沫停留 5~10min； 2. 使用地刷对地面进行刷洗； 3. 使用冲水枪冲洗地面，并使用地刷将污水推至下水口，对平整地面可以使用水刮刮除地面残留污水	油必克、泡沫压力壶、地刷、冲洗机	每周或视污物程度而定	帆布手套

续表

序号	清洁区域	清洁保养项目	标准配置	常态清洁要求（即加油站各区域在日常或实时状态下的常规清洁标准）	常态维护周期	定态清洁要求（即加油站各区域在固定周期频率下的常规清洁）	定态维护周期	常规清洁保养工具	深度清洁要求（对污垢严重区域通过高效清洁设备和清洁剂进行深度清洁）	深度清洁保养工具（清洁剂和设备）	深度清洁周期	安全防护用具
2	加油区	绿化带	—	1. 草坪：用长夹子清理垃圾、枯叶、树枝； 2. 灌木丛：用竹耙子清理垃圾、枯叶、树枝； 3. 矮树：根据现场情况穿戴合适防护用具（手套、口罩、眼罩）清理枯枝	随时	戴棉线或帆布手套，穿着安全鞋，使用大剪刀或剪草机进行修剪，修剪后草坪，无杂草枯枝，平整且不高于 3cm	每季度	长夹子，竹耙子，剪草大剪刀，剪草机，帆布手套	—	—	—	帆布手套
3	加油区	地面	—	使用长尾 / 塑料扫把打扫前庭地面，处理垃圾和沙粒，保持整洁干净	随时	使用隔离栏，逐步围蔽分区域清洁，用除油剂 / 洗衣粉兑水喷洒地面后，使用竹扫把 / 塑料对地面进行冲刷清洗，扫干积水；清理集油沟垃圾和淤泥沙粒等	每月	除油剂，长尾扫把，塑料水扫把，垃圾铲，棉纱手套，小塑料铲子	1. 使用泡沫发生器，将 1：9 兑水配制的油必克除油剂均匀喷洒在地面，使泡沫停留 5~10min； 2. 使用地刷对地面进行刷洗； 3. 使用冲水枪冲洗地面，并使用地刷将污水推至下水口，对平整地面可以使用水刮刮除地面残留污水	油必克、泡沫压力壶、地刷、冲洗机	污物程度而定	帆布手套
4	加油区	檐口灯罩棚灯	—	雨棚檐口灯和罩棚灯亮度稳定均匀，洁净且正常开启，按照公司要求开启灯光，禁止在檐口处悬挂横幅或宣传物料，发现故障及时报修	每月	使用隔离栏、雪糕筒等隔离，请第三方机构进行专业清洁	每半年 / 每年	隔离栏、雪糕筒	—	—	—	帆布手套
5	加油区	移动 / 悬挂价格牌 / 移动 / 悬挂广告牌 / 墙面标识牌	—	使用棉布和清洁剂擦拭价格牌、广告牌、标识牌表面，保持干净无尘，显示内容清晰准确，如无法正常显示，及时报障维修或更换。	每周	使用棉布和清洁剂擦拭价格牌、广告牌、标识牌表面，保持干净无尘，显示内容清晰准确，如无法正常显示请及时报障维修或更换	每周	棉布，90 全能水清洁剂	1. 使用速效除油剂喷洒在墙面，广告牌等表面的不干胶痕迹，油污表面，使用抹布或无刮痕百洁布擦拭即可； 2. 如果表面没有明显油污，使用 1：20 配制的过氧化氢喷洒在墙面广告牌等表面，使用抹布或无刮痕百洁布进行擦拭（如有电源，清洁之前请先断电）	速效除油剂、过氧化氢、喷瓶、抹布或无刮痕百洁布	每周或视污物程度而定	帆布手套

续表

序号	清洁区域	清洁保养项目	标准配置	常态清洁要求（即加油站各区域在日常或实时状态下的常规清洁标准）	常态维护周期	定态清洁要求（即加油站各区域在固定周期频率下的常规清洁）	定态维护周期	常规清洁保养工具	深度清洁要求（对污垢严重区域通过高效清洁设备和清洁剂进行深度清洁）	深度清洁保养工具（清洁剂和设备）	深度清洁周期	安全防护用具
6	加油区	地面	—	穿着反光衣，使用扫把打扫前庭地面，处理垃圾和沙粒，保持整洁干净	需要时	穿着反光衣，用洗衣粉兑水后，使用竹扫把对地面进行冲刷清洗，扫干积水；清理集油沟垃圾和淤泥沙粒等	每月	反光衣、洗衣粉、竹扫把，垃圾铲	1. 使用泡沫发生器，将 1：9 兑水配制的油必克除油剂均匀喷洒在地面，使泡沫停留 5~10min; 2. 使用地刷对地面进行刷洗； 3. 使用冲水枪冲洗地面，并使用地刷将污水推至下水口，对平整地面可以使用水刮刮除地面残留污水	油必克、泡沫压力壶、地刷、冲洗机	污物程度而定	帆布手套
7	加油区	地面划线	—	检查地面划线情况，确保加油场地车位有按油站设计规范划车位线，划线无褪色无变黑，用拖把清洁警车位线上的覆盖的污渍	每周	用美纹纸、地坪漆、油扫或滚筒对地面脱落的划线进行翻新	每季度	美纹纸、地坪漆、油扫或滚筒	—	油必克、泡沫压力壶、地刷、冲洗机		帆布手套
8	加油区	防撞柱及加油岛周边	—	用抹布清洁防撞柱上的灰尘，检查是否有被车辆剐蹭破损。对轻微剐蹭到的地方补漆，更换破损反光纸。清洁加油岛周边污渍	每周	对防撞柱地面螺丝固定位置容易锈蚀的地方进行油漆翻新，对防撞柱褪色的底漆，反光纸进行更换。翻新加油岛周边	每季度	光漆、反光纸、油刷	使用速效除油剂喷洒在抹布或无刮痕百洁布上，擦拭防撞柱表面油污	速效除油剂、抹布或无刮痕百洁布	每周或视污物程度而定	帆布手套
9	加油区	路牙	—	清除路牙上覆盖的杂草，积尘	需要时	用地坪漆对路牙进行翻新，路牙油黄黑相间警戒色，相间宽度宜为 50cm	每季度	美纹纸、地坪漆、油扫或滚筒	1. 使用泡沫发生器，将 1：9 兑水配制的油必克除油剂均匀喷洒在地面，使泡沫停留 5~10min; 2. 使用地刷对地面进行刷洗。 3. 使用冲水枪冲洗地面，并使用地刷将污水推至下水口，对平整地面可以使用水刮刮除地面残留污水	油必克、泡沫压力壶、地刷、冲洗机	每周或视污物程度而定	帆布手套

续表

序号	清洁区域	清洁保养项目	标准配置	常态清洁要求（即加油站各区域在日常或实时状态下的常规清洁标准）	常态维护周期	定态清洁要求（即加油站各区域在固定周期频率下的常规清洁）	定态维护周期	常规清洁保养工具	深度清洁要求（对污垢严重区域通过高效清洁设备和清洁剂进行深度清洁）	深度清洁保养工具（清洁剂和设备）	深度清洁周期	安全防护用具
10	加油区	油岛及服务箱	—	使用湿地拖清洁油岛台面四周，擦干积水；用毛巾沾洗洁精擦拭服务箱，使用干棉布擦拭灭火器、喷管、喷嘴，检查确认无灰尘、无锈蚀、无开裂、无变形、无阻塞	每班班结	穿着反光衣，洗衣粉兑水后，使用地拖清洗油岛台四周，用干地拖擦干积水；用毛巾沾洗洁精擦拭服务箱；检查灭火器是否处于有效使用状态：压力指针表是否在正常绿色区；铅封是否完好无脱落；“四定”标签清晰，内容规范	每周	反光衣、洗衣粉、地拖、毛巾、洗洁精	使用速效除油剂喷洒在油岛及服务箱表面油污上，使用抹布或无刮痕百洁布擦拭即可	速效除油剂，抹布或无刮痕百洁布	每周或视污物程度而定	帆布手套
11	加油区	立柱及立柱广告指引标识	—	使用玻璃擦海绵头浸水擦拭立柱、广告牌、指引牌，再用玻璃擦胶头刮除水渍	每班班结	使用喷壶装入浸稀释清洁剂喷在立柱表面（都洁铝板外墙清洁剂）和立柱广告牌/指引牌（洗洁精），1min后，用玻璃擦海绵头擦拭，再用玻璃擦胶头刮除水渍，最后使用干棉布擦拭	每周	玻璃擦、喷壶、棉布、洗洁精、都洁铝板外墙清洁剂	1. 使用速效除油剂喷洒在立柱、立柱广告牌等表面的不干胶痕迹、油污表面，使用抹布或无刮痕百洁布擦拭即可； 2. 如果表面没有明显油污，使用1：20配制的过氧化氢喷洒在墙面广告牌等表面，使用抹布或无刮痕百洁布进行擦拭	速效除油剂，抹布或无刮痕百洁布过氧化氢，喷瓶，抹布或无刮痕百洁布	每周或视污物程度而定	安全帽、帆布手套
12	加油区	油机及铅封	—	使用鸡毛掸扫除蜘蛛网，稀释清洁剂（90全能水、洗洁精）湿润棉布擦拭油机面板、油枪、管线、油品标识、消防沙桶	每周	使用鸡毛掸扫除蜘蛛网，稀释清洁剂（90全能水、洗洁精）湿润棉布擦拭油机面板、油枪、管线、油品标识、消防沙桶	每周	鸡毛掸、90全能水、洗洁精、棉布	使用速效除油剂喷洒抹布或无刮痕百洁布上，擦拭油机表面油污	速效除油剂，抹布或无刮痕百洁布	每周或视污物程度而定	帆布手套
13	加油区	静电接地线	—	稀释清洁剂（90全能水、洗洁精）湿润棉布擦拭防撞柱，干棉布擦拭静电接地线	每班班结	稀释清洁剂（90全能水、洗洁精）湿润棉布擦拭防撞柱（如脱色严重则购买油漆重新上色），干棉布擦拭静电接地线，干纱布除锈渍	每季度	90全能水、洗洁精、棉布、纱布、彩色油漆、毛刷	—	—	—	帆布手套
14	加油区	围墙	—	围墙表面有损坏脱落影响视觉标准，需及时报障维修	需要时	使用塑料扫把清扫后，再用水管进行冲洗	每季度	塑料扫把、水管	—	—	—	帆布手套

续表

序号	清洁区域	清洁保养项目	标准配置	常态清洁要求（即加油站各区域在日常或实时状态下的常规清洁标准）	常态维护周期	定态清洁要求（即加油站各区域在固定周期频率下的常规清洁）	定态维护周期	常规清洁保养工具	深度清洁要求（对污垢严重区域通过高效清洁设备和清洁剂进行深度清洁）	深度清洁保养工具（清洁剂和设备）	深度清洁周期	安全防护用具
15	加油区	墙体海报		禁止出现小广告牛皮癣，海报平整铺放，内容清晰准确	每周	使用铲子清除小广告牛皮癣，海报平整铺放，使用湿棉布浸入洗洁精擦拭整洁干净，再用干棉布擦干	每月	小铲子，棉布，洗洁精	使用 1：20 配制的过氧化氢喷洒在墙面广告牌等表面，使用抹布或无刮痕百洁布进行擦拭	过氧化氢 喷瓶 抹布或无刮痕百洁布	每周或视污物程度而定	帆布手套
16	加油区	刀旗 三角彩旗		摆放在指定位置，整齐统一，不影响车辆客流，破损需及时处理并更换	每周	使用洗衣粉稀释搓洗晾干	每月	洗衣粉	—	—	—	帆布手套
17	加油区	隔离围墙		—	—	围蔽围墙墙面整洁干净、无破损，建议重新刷漆或增加墙体海报修饰（做企业宣传）	每季度	油漆及粉刷工具	—	—	—	安全帽、帆布手套、口罩
18	加油区	品牌柱		—	—	聘请第三方进行清洁	每半年		—	—	—	
四　便利店区域												
1	便利店	出入口 地垫 玻璃门		出入口整洁干净，开闭门顺畅无障碍，如果损坏需及时更换，玻璃门及把手干净透亮、无水渍、水雾、污垢、指印，门口地垫干净无沙无污渍	每周	使用塑料扫把对地垫清扫，再用吸尘器吸尘，或将地垫拆卸弹灰，洗衣粉湿润后用刷子清洗再用清水冲洗晾干；使用洁而亮清洁剂湿润毛巾擦拭玻璃门及把手位，再用干毛巾擦干；用洗衣粉湿地拖清洁出入口地面，再用干地拖拖干	每周	吸尘器、地拖、水刮、洁而亮清洁剂、洗衣粉、毛巾、刷子	1. 对玻璃表面进行喷洒 1：20 配制的过氧化氢，先将泡沫喷洒在玻璃上部； 2. 使用抹布或无刮痕百洁布或上水毛套将清洁剂将清洁泡沫涂抹均匀，对重点污渍部分可以使用无刮痕百洁布进行擦拭； 3. 使清洁泡沫停留 2min 左右（不可使清洁剂干掉），使用玻璃水刮刮除清洁剂即可	过氧化氢、喷瓶、地刷、玻璃刮	每周或视污物程度而定	帆布手套
2	便利店	便利店门楣、檐口、檐口灯带、灯箱海报、易捷 Logo		门楣整洁明亮，灯带开关正常，易捷 Logo 干净无尘、无蜘蛛网、无虫子，灯箱及海报明亮清晰、无霉、无尘、无蜘蛛网、无虫子	需要时简易清洁	使用洁而亮清洁剂湿润毛巾擦拭易捷 Logo 及周边、灯箱海报，再用干毛巾擦干；雪糕筒围蔽工作区域，佩戴安全帽使用六级人字梯，用洗洁精湿润百洁布后擦拭便利店门楣、檐口和檐口灯带污渍	每月	洁而亮清洁剂、洗洁精、毛巾、百洁布、人字梯	1. 使用 1：20 配制的过氧化氢，喷洒在抹布或无刮痕百洁布上； 2. 擦拭脏污表面，风干即可（如有电源，清洁之前请先断电）	过氧化氢、喷瓶、抹布或无刮痕百洁布	每周或视污物程度而定	安全帽、帆布手套

续表

序号	清洁区域	清洁保养项目	标准配置	常态清洁要求（即加油站各区域在日常或实时状态下的常规清洁标准）	常态维护周期	定态清洁要求（即加油站各区域在固定周期频率下的常规清洁）	定态维护周期	常规清洁保养工具	深度清洁要求（对污垢严重区域通过高效清洁设备和清洁剂进行深度清洁）	深度清洁保养工具（清洁剂和设备）	深度清洁周期	安全防护用具
3	便利店	店外堆头及价格牌	—	店外堆头饱满，整齐陈列，堆头价格牌清晰正确，避雨避晒，保持外包装立体完好	需要时	使用鸡毛掸弹扫灰尘，湿毛巾擦拭，确保干净整洁	每日	鸡毛掸、毛巾	—	过氧化氢、喷瓶、抹布或无刮痕百洁布	—	帆布手套
4	便利店	空调、风帘机	—	空调运行正常，目测滤网无蛛网、手擦拭无明显灰尘	每月	佩戴安全帽，使用人字梯，关闭电源，拆卸空调滤网用水冲洗擦干，用清洁剂清除油污，用湿毛巾擦拭风帘机出风口和入风口，空调进出风口，滤网清洁无尘	每季度	毛巾、洗洁精、安全帽、六级人字梯	—	过氧化氢、喷瓶、抹布或无刮痕百洁布	—	安全帽、帆布手套
5	便利店	落地玻璃窗墙体	—	根据玻璃水使用说明稀释装入喷壶，喷洒于玻璃面，使用玻璃擦海绵头擦洗后，玻璃擦刮水头刮净水迹	需要时	根据玻璃水使用说明稀释装入喷壶，喷洒于玻璃面，使用玻璃擦海绵头擦洗后，用玻璃擦刮水头刮净水渍	每周	玻璃水、玻璃擦、喷壶、德国凯驰清洁机	1. 对玻璃表面进行喷洒1：20配制的过氧化氢，先将泡沫喷洒在玻璃上部； 2. 使用抹布或无刮痕百洁布或上水毛套将清洁剂将清洁泡沫涂抹均匀，对重点污渍部分可以使用无刮痕百洁布进行擦拭； 3. 使清洁泡沫停留2min左右（不可使清洁剂干掉），使用玻璃水刮刮除清洁剂即可	过氧化氢、喷瓶、抹布或无刮痕百洁布玻璃刮	每周或视污物程度而定	安全帽、帆布手套
6	便利店	店内照明灯	—	便利店内灯光明亮，正常使用无损坏，清洁干净，故障需及时报修或更换	需要时	关闭电源后清洁人佩戴安全帽，使用人字铝梯攀至一定高度，用干抹布擦拭灯具表面；清理时对正下方的物品要用报纸覆盖	每月	干抹布、六级或以上的人字铝梯、安全帽、报纸	—	过氧化氢、喷瓶、抹布或无刮痕百洁布	—	安全帽、帆布手套
7	便利店	地面	—	使用“小心地滑”标识提醒顾客；先清扫地面，拧干拖把后使用海绵地拖拖干	每班	使用威猛先生清洁剂喷于地面后1min，再使用海绵地拖拖干	每日	警示牌、桶、扫帚、海绵地拖、威猛先生清洁剂	1. 使用泡沫发生器，将1：9兑水配制的油必克除油剂均匀喷洒在地面，使泡沫停留5~10min； 2. 使用地刷对地面进行刷洗； 3. 使用冲水枪冲洗地面，并使用地刷将污水推至下水口，对平整地面可以使用水刮刮除地面残留污水	油必克、泡沫压力壶、地刷、冲洗机	污物程度而定	帆布手套

续表

序号	清洁区域	清洁保养项目	标准配置	常态清洁要求（即加油站各区域在日常或实时状态下的常规清洁标准）	常态维护周期	定态清洁要求（即加油站各区域在固定周期频率下的常规清洁）	定态维护周期	常规清洁保养工具	深度清洁要求（对污垢严重区域通过高效清洁设备和清洁剂进行深度清洁）	深度清洁保养工具（清洁剂和设备）	深度清洁周期	安全防护用具
8	便利店	店内堆头陈列	—	店内堆头陈列整齐饱满，禁止堆头有空缺位，价格牌清晰准确	需要时	按照商品、陈列展架层板、陈列配件、价格标签的顺序，依次清洗各个部位，先用湿抹布擦拭，再用干抹布擦干水渍	每日	干抹布、湿抹布	1. 使用 1：20 配制的过氧化氢，喷洒在抹布或无刮痕百洁布上或者待清洁表面； 2. 擦拭脏污表面，风干即可	过氧化氢、喷瓶、抹布或无刮痕百洁布	每周或视污物程度而定	帆布手套
9	便利店	冰柜、雪糕柜饮料柜等设备	—	柜内外干净整洁，无锈无渍无积水，禁止摆放非便利店销售商品和私人饮品物品	需要时	使用湿抹布擦拭冰柜、雪糕柜、饮料柜表面，再用干抹布擦干水渍。雪糕柜除霜每月一次，除霜后彻底清洁雪糕柜内部死角，如雪糕柜底部、雪糕篮	每日 雪糕柜除霜每月	干抹布、湿抹布	—	过氧化氢、喷瓶、抹布或无刮痕百洁布	—	帆布手套
10	便利店	商品及货架	—	使用湿毛巾擦拭商品和不锈钢货架的灰尘，保持干净整齐陈列	每日	先用湿抹布擦拭，再用干抹布擦干水渍。 货架按照商品、陈列展架层板、陈列配件、价格标签的顺序，依次擦拭各个部位	每日	干抹布、湿抹布	—	过氧化氢、喷瓶、抹布或无刮痕百洁布	—	帆布手套
11	便利店	积分商品及货架	—	使用湿毛巾擦拭商品和不锈钢货架的灰尘，保持干净整齐陈列	每日	先用湿抹布擦拭，再用干抹布擦干水渍。 货架按照商品、陈列展架层板、陈列配件、价格标签的顺序，依次擦拭各个部位	每日	干抹布、湿抹布	—	过氧化氢、喷瓶、抹布或无刮痕百洁布	—	帆布手套
12	便利店	收银台及背柜	—	收银台面油漆完好，无尘无污渍，按要求陈列，整洁干净，设备定位摆放，禁止在收银台面摆放杂物，先用湿抹布擦拭，再用干抹布擦干水渍	每班	先用湿抹布擦拭，再用干抹布擦干水渍	每班	干抹布、湿抹布	—	过氧化氢、喷瓶、抹布或无刮痕百洁布	—	安全帽、帆布手套
13	便利店	自助设备（支付机、发卡机、彩票机等）	—	使用湿毛巾擦拭外表，保持干净整齐，检查是否卡纸或纸量不足	每日	使用湿毛巾擦拭外表，保持干净整齐，检查是否卡纸或纸量不足	每日	毛巾	—	过氧化氢、喷瓶、抹布或无刮痕百洁布	—	帆布手套

续表

序号	清洁区域	清洁保养项目	标准配置	常态清洁要求（即加油站各区域在日常或实时状态下的常规清洁标准）	常态维护周期	定态清洁要求（即加油站各区域在固定周期频率下的常规清洁）	定态维护周期	常规清洁保养工具	深度清洁要求（对污垢严重区域通过高效清洁设备和清洁剂进行深度清洁）	深度清洁保养工具（清洁剂和设备）	深度清洁周期	安全防护用具
14	便利店	店内引入多业态清洁	—	—	每日	—	每日	—	—	—	—	—
五　便利店仓库												
1	便利店仓库	天花板及墙面	—	使用鸡毛掸清扫天花板和墙面的蜘蛛网和虫子，如天花板或墙面出现渗漏，需及时上报维修，并转移商品，避免潮湿	需要时	佩戴安全帽，用加长塑料扫把清扫擦拭天花板和墙面	每月	安全帽、加长塑料扫把	—	—	—	安全帽、帆布手套
2	便利店仓库	排气扇、风扇、空调	—	排气扇、风扇和空调正常使用，如有故障需及时上报维修	需要时	使用人字梯，佩戴安全帽，用鸡毛掸清扫蜘蛛网和虫子，用洗洁精湿润毛巾清扫擦拭排气扇、风扇和空调进出风口，拆洗空调滤网	每月	安全帽、人字梯、鸡毛掸、毛巾、洗洁精	1. 清除明显污物； 2. 使用 1：20 配制的过氧化氢，喷洒在抹布或无刮痕百洁布上； 3. 擦拭脏污表面，风干即可	过氧化氢、喷瓶、抹布或无刮痕百洁布	每周或视污物程度而定	安全帽、帆布手套
3	便利店仓库	灯光	—	灯光干净明亮，正常使用，如有故障需及时维修	需要时	关闭电源，使用人字梯，佩戴安全帽，用干毛巾清扫擦拭	每月	安全帽、人字梯、毛巾	—	—	—	安全帽、帆布手套
4	便利店仓库	商品堆头商品货架	—	禁止仓库商品堆头（无货架摆放的）超过 1.4m，货架平稳，按照商品品类分类，有序摆放	需要时	使用湿毛巾擦拭商品和货架	每月	毛巾	—	过氧化氢、喷瓶、抹布或无刮痕百洁布	—	安全帽、帆布手套
5	便利店仓库	干粉灭火器人字梯	—	干粉灭火器和人字梯定位有序摆放，在有效使用状态，使用干棉布擦拭灭火器、喷管、喷嘴，检查确认无灰尘、无锈蚀、无开裂、无变形、无阻塞	需要时	检查灭火器是否有效使用：压力指针表是否在正常绿色区；铅封是否完好无脱落；“四定”标签清晰，内容规范；使用洗洁精湿润毛巾擦拭人字梯	每周	定位胶贴、毛巾、洗洁精	—	过氧化氢、喷瓶、抹布或无刮痕百洁布	—	帆布手套

续表

序号	清洁区域	清洁保养项目	标准配置	常态清洁要求（即加油站各区域在日常或实时状态下的常规清洁标准）	常态维护周期	定态清洁要求（即加油站各区域在固定周期频率下的常规清洁）	定态维护周期	常规清洁保养工具	深度清洁要求（对污垢严重区域通过高效清洁设备和清洁剂进行深度清洁）	深度清洁保养工具（清洁剂和设备）	深度清洁周期	安全防护用具
6	便利店仓库	地面、库门及周边设备	—	用扫把清扫垃圾，用地拖拖净地面，洗洁精湿润擦拭门板	需要时	用扫把清扫垃圾，用地拖拖净地面，洗洁精湿润毛巾擦拭门板	每周	扫把、地拖、毛巾、洗洁精	1. 清理地面大块污物； 2. 使用拖布配合地板清洁剂拖干净地面，最后一步拖干地面步骤，尽量使拖布拧干； 3. 更换拖布或者使用清水涮洗拖布； 4. 使用拖布配合消毒水溶液，对地面进行消毒，保证消毒水在地面停留 10min 以上，风干	地面使用地板清洁剂和消毒片。门、周边设备采用过氧化氢加抹布或无刮痕百洁布	每周或视污物程度而定	丁腈手套
7	店内第三方业态	店内租赁区	—	便利店第三方业态区域保持整洁干净、不杂乱，员工着装整洁、态度亲切、准时出勤	需要时	用扫把清扫垃圾，用地拖拖净地面，使用抹布擦拭货架、商品等	每日	—	—	—	—	—
六　洗手间区域												
1	洗手间区域	洗手间墙面	—	清洁时摆放“小心地滑”提示牌，用水管冲洗墙壁，用棉布或玻璃擦擦拭干净	每日	清洁时摆放“小心地滑”提示牌，用清洁剂装入喷壶喷洒至墙壁（不锈钢门可使用 90 全能水），棉布擦拭	每日	90 全能水或洗洁精、棉布、喷壶	1. 使用泡沫发生器，将 1∶5 配制的省力波溶液均匀喷洒在便池内部污垢集中处； 2. 对便池附近墙面、地面污垢处喷洒省力波； 3. 待便池内清洁剂作用 5min 以上后，使用马桶刷对重点污垢部分进行刷洗，冲水； 4. 待地面上清洁剂作用 5min 以上后，使用地刷或者拖把对地面进行擦洗，自然风干	省力波、艺康泡沫发生器。后期采用过氧化氢、喷壶	如需深度清洁，首次使用省力波，后期日常清洁可使用过氧化氢和喷壶	丁腈手套、口罩、安全帽
2	洗手间区域	洗手间地面	—	用湿地拖拖净脚印，再用干地拖擦干净； 建议铺设深灰色镂空隔水地垫，防滑防脚印；地垫要求每 3 天冲洗一次	每班	清洁时摆放“小心地滑”提示牌，用洗衣粉 / 洁而亮清洁剂洒在地面，用塑料扫把搓洗地面污渍。如铺设地垫则需要每周刷洗一次	每日	地拖、小心地滑提示牌、塑料扫把、洗衣粉、洁而亮清洁剂	—	省力波、艺康泡沫发生器。后期采用过氧化氢，喷壶	—	丁腈手套、口罩

续表

序号	清洁区域	清洁保养项目	标准配置	常态清洁要求（即加油站各区域在日常或实时状态下的常规清洁标准）	常态维护周期	定态清洁要求（即加油站各区域在固定周期频率下的常规清洁）	定态维护周期	常规清洁保养工具	深度清洁要求（对污垢严重区域通过高效清洁设备和清洁剂进行深度清洁）	深度清洁保养工具（清洁剂和设备）	深度清洁周期	安全防护用具
3	洗手间区域	洗手间门板	—	使用 90 全能水稀释装在喷壶，喷洒至污渍表面，用湿毛巾擦拭，保持干净整洁，无牛皮癣无小广告	每日	使用鸡毛掸扫除蜘蛛网，再用 90 全能水稀释装入喷壶，喷洒至污渍表面，用湿毛巾擦拭	每周	90 全能水、棉布、喷壶、鸡毛掸	1. 使用速效除油剂喷洒在洗手间门板上，使用抹布或无刮痕百洁布擦拭即可； 2. 如果门板表面有锈蚀，使用泡沫喷壶将 1：5 配制的省力波喷洒在门板表面，擦拭，过水风干即可	速效除油剂、抹布或无刮痕百洁布、省力波	每周或视污物程度而定	丁腈手套、口罩、安全帽
4	洗手间区域	排气扇及风扇	—	保持排气扇、风扇正常运作，如故障损坏，需及时维修或更换	需要时	使用六级或以上人字梯，佩戴安全帽，关闭电源，稀释洗洁精浸湿棉布或毛巾擦拭后，再用干毛巾擦干	每周	人字梯、安全帽、洗洁精、棉布、毛巾	使用速效除油剂喷洒在抹布或无刮痕百洁布上，擦拭排气扇以及风扇表面油污	速效除油剂、抹布或无刮痕百洁布	每周或视污物程度而定	丁腈手套、口罩、安全帽
5	洗手间区域	洗手台及洗手盆	—	使用洗洁精和湿毛巾擦拭，用水将污渍冲干净	每班	顽固污渍可使用洁而亮清洁剂或威猛先生喷在污渍表面，用百洁布擦拭干净	每周	毛巾、百洁布、洁而亮清洁剂、威猛先生清洁剂	1. 使用泡沫发生器，将 1：5 配制的省力波溶液均匀喷洒在便池内部污垢集中处； 2. 对便池附近墙面、地面污垢处喷洒省力波； 3. 待便池内清洁剂作用 5min 以上后，使用马桶刷对重点污垢部分进行刷洗，冲水； 4. 待地面上清洁剂作用 5min 以上后，使用地刷或者拖把对地面进行擦洗，自然风干	省力波、艺康泡沫发生器。后期采用过氧化氢、喷壶	如需深度清洁首次使用省力波，后期日常清洁可使用过氧化氢和喷壶	丁腈手套、口罩
6	洗手间区域	便池及周边设备	—	使用威猛先生洁厕液喷于表面，1min 后用马桶刷擦拭清洁，冲水洗净便池内外	每班	使用威猛先生洁厕液喷于表面，1min 后用马桶刷擦拭清洁，冲水洗净便池内外	每周	威猛先生洁厕液、马桶刷	—	省力波、艺康泡沫发生器。后期采用过氧化氢、喷壶	—	丁腈手套、口罩
7	洗手间区域	洗手间容貌镜、壁画、花篮、烘干机等	—	使用湿棉布或毛巾擦拭，干棉布擦干，禁止摆放发霉壁画，镜面和壁画破损发霉需及时更换	需要时	使用湿棉布或毛巾擦拭，除灰	每月	棉布、毛巾	1. 使用 1：20 配制的过氧化氢，喷洒在抹布或无刮痕百洁布上或者待清洁表面； 2. 擦拭脏污表面，风干即可	过氧化氢、喷壶	每天清洁	丁腈手套、口罩

续表

序号	清洁区域	清洁保养项目	标准配置	常态清洁要求（即加油站各区域在日常或实时状态下的常规清洁标准）	常态维护周期	定态清洁要求（即加油站各区域在固定周期频率下的常规清洁）	定态维护周期	常规清洁保养工具	深度清洁要求（对污垢严重区域通过高效清洁设备和清洁剂进行深度清洁）	深度清洁保养工具（清洁剂和设备）	深度清洁周期	安全防护用具
8	洗手间区域	环境气味	—	保持自动喷香机正常运作，如故障损坏，需及时换电池维修或更换	需要时	使用湿棉布或毛巾擦拭，除灰	每周	棉布，毛巾	—	—	—	丁腈手套、口罩
9	洗手间区域	垃圾桶	—	卫生间蹲位、洗手台旁垃圾桶内垃圾达到三分之二，需更换新垃圾袋	需要时	清洗垃圾桶，检查有否损坏，损坏需采买新桶	每周	水枪、毛巾冲洗	使用速效除油剂喷洒在垃圾桶油污表面，使用专用抹布或无刮痕百洁布擦拭即可	速效除油剂、抹布或无刮痕百洁布	每周或视污物程度而定	丁腈手套、口罩
10	旱厕	地面	—	1. 瓷砖地面，用湿地拖拖净脚印、污渍，再用干地拖擦干净； 2. 水泥地面，使用扫把清扫干净； 3. 保持地面干净整洁，无蛆虫、无烟蒂、无废纸垃圾	每班班结	清洁时摆放“小心地滑”提示牌，用洗衣粉洒在地面，用塑料扫把搓洗地面污渍。夏季使用杀虫剂消杀蛆虫、蚊蝇	需要时或每周	地拖、喷壶、洗衣粉、杀虫剂、小心地滑提示牌	使用洁厕灵（顽垢清洁剂）均匀喷洒在地面上；待地面上清洁剂作用 5min 以上后，使用地刷或者拖把对地面进行擦洗，自然风干	洁厕灵（顽垢清洁剂）、地刷、拖把	每季度	丁腈手套、口罩
11	旱厕	墙面	—	清除小广告，清除涂鸦，保持墙壁整洁干净	需要时	使用小木铲清除小广告，（余胶、涂鸦）除胶剂喷于表面，使用干毛巾擦干	需要时	小木铲、除胶剂、毛巾	对非瓷砖墙面使用涂料粉刷	滚刷、涂料、口罩、手套	每年	丁腈手套、口罩
12	旱厕	蹲坑	—	大便坑位周边地面清洁无污垢，盖板表面保持清洁。清除异味及蛆虫，撒石灰粉，夏季每周不低于 1 次，冬季每月不低于 1 次	夏季每周／冬季每月	使用笤帚、簸箕清扫大便坑位周边，撒匀石灰粉，佩戴好口罩、手套、防护眼镜	夏季每周	石灰粉、口罩、防护眼镜、橡胶手套、铁锹	—	—	—	丁腈手套、口罩
七 办公区域												
1	办公室区域	主机（管控，POS，发卡点主机等设备）	—	使用棉布和小毛刷清洁外表面，整洁无锈无尘无污迹，固定摆放，干燥通风良好，设备上及周边禁止摆放杂物，及时清洁拆洗设备的防尘滤网	每周	每季度运维人员到站进行主机内部清洁。（网线、电线杂乱布置需协调运维中心统一）	每季度	棉布、鸡毛掸、小毛刷	1. 使用 1：20 配制的过氧化氢，喷洒在抹布或无刮痕百洁布上（不可直接喷洒在有电设备表面）； 2. 擦拭脏污表面，风干即可	过氧化氢、喷瓶、抹布或无刮痕百洁布	每周或视污物程度而定	棉纱手套、口罩

续表

序号	清洁区域	清洁保养项目	标准配置	常态清洁要求（即加油站各区域在日常或实时状态下的常规清洁标准）	常态维护周期	定态清洁要求（即加油站各区域在固定周期频率下的常规清洁）	定态维护周期	常规清洁保养工具	深度清洁要求（对污垢严重区域通过高效清洁设备和清洁剂进行深度清洁）	深度清洁保养工具（清洁剂和设备）	深度清洁周期	安全防护用具
2	办公室区域	机柜	—	机柜整洁无污迹，机柜内禁止摆放任何杂物，风扇及托板干净无积尘。各站根据实际情况定做机柜摆放网络设备并梳理各种线路	每月	使用鸡毛掸除尘后，湿棉布擦拭，定期清洗风扇和托板（关闭电源后拆洗风扇，除尘除杂物）	每月	鸡毛掸、棉布、毛巾	—	过氧化氢、喷瓶、抹布或无刮痕百洁布	—	棉纱手套、口罩
3	办公室区域	网络设备	—	交换机、路由器、调制解调器表面及附属电源整洁干净无尘，设备及周围禁止摆放杂物，保持良好通风	每周	使用棉布擦拭，小毛刷清扫，除尘除杂物	每周	棉布、小毛刷	—	过氧化氢、喷瓶、抹布或无刮痕百洁布	—	棉纱手套、口罩
4	办公室区域	液位仪控制台设备	—	外部清洁无污渍，屏幕明亮，铅封完好无破损	每周	使用棉布擦拭，小毛刷清扫，除尘除杂物	每周	棉布、小毛刷	—	过氧化氢、喷瓶、抹布或无刮痕百洁布	—	棉纱手套、口罩
5	办公室区域	视频监控设备	—	主机、显示器和摄像头或枪表面干净整洁，无锈无尘，使用正常，设备上及周边禁止摆放杂物，保持干燥通风	每周	检查摄像头是否有效运作，如有画面缺失、模糊、角度不对的问题需及时报修	每周	棉布、毛巾、鸡毛掸、小毛刷	—	过氧化氢、喷瓶、抹布或无刮痕百洁布	—	棉纱手套、口罩
6	办公室区域	税控机及附属设备	—	税控机、读卡器、鼠标和键盘表面清洁干净，对卡片进行保养	每月	使用棉布擦拭，小毛刷清扫，除尘除杂物	每月	棉布、小毛刷	—	过氧化氢、喷瓶、抹布或无刮痕百洁布	—	棉纱手套、口罩
7	办公室区域	办公设备（电脑、打印机、复印机、点钞机、电话机、空调、风扇、排气扇等）	—	保持设备整洁干净，定期关机拆洗保养，除尘除污渍，设备通风良好，无杂物堆放	每日	使用棉布擦拭表面，小毛刷清扫缝隙，除尘除杂物，定期拆洗空调滤网，打印机导向杆点润滑油等	每月	棉布、小毛刷	—	过氧化氢、喷瓶、抹布或无刮痕百洁布	—	棉纱手套、口罩

续表

序号	清洁区域	清洁保养项目	标准配置	常态清洁要求（即加油站各区域在日常或实时状态下的常规清洁标准）	常态维护周期	定态清洁要求（即加油站各区域在固定周期频率下的常规清洁）	定态维护周期	常规清洁保养工具	深度清洁要求（对污垢严重区域通过高效清洁设备和清洁剂进行深度清洁）	深度清洁保养工具（清洁剂和设备）	深度清洁周期	安全防护用具
8	办公室区域	办公家具，文具用具等	—	办公家具和文件文具定位有序摆放，整洁不杂乱	每日	使用棉布擦拭表面，小毛刷清扫缝隙，除尘除杂物	每周	棉布、小毛刷	—	过氧化氢、喷瓶、抹布或无刮痕百洁布	—	安全帽、棉纱手套、口罩
9	办公室区域	证照和荣誉信息栏	—	油站各类经营所需证照有序悬挂或摆放，干净整洁，悬挂证照均在有效期内，荣誉栏信息内容清晰，干净整洁	每周	使用棉布、毛巾擦拭表面，除尘除杂物	每月	棉布、毛巾	—	过氧化氢、喷瓶、抹布或无刮痕百洁布	—	安全帽、棉纱手套、口罩
八　员工休息区 & 宿舍区												
1	休息区 & 宿舍区	地面及墙面	—	墙面及地面整洁干净无污渍，浴室保持良好通风	每日	用扫把清扫，洗衣粉兑水湿润地拖进行清洗，瓷砖墙面可使用洁而亮清洁剂稀释湿润毛巾擦拭，石灰墙面可使用鸡毛掸清扫墙面	每月	扫把、地拖、毛巾、鸡毛掸、洁而亮清洁剂	1. 清理地面大块污物； 2. 使用拖布配合 1：9 配制的油必克拖干净地面，最后一步拖干地面步骤，尽量使拖布拧干； 3. 更换拖布或者使用清水涮洗拖布； 4. 使用拖布配合消毒水溶液，对地面进行消毒，保证消毒水在地面停留 10min 以上，风干	油必克、消毒片、拖把、榨水车	每周或视污物程度而定	安全帽、棉纱手套、口罩
2	休息区 & 宿舍区	家具设备（门、桌、椅、柜、架子、床等）	—	各类家具正常使用，家居用品分类整齐摆放，不杂乱，如损坏需及时维修更换	需要时	用洗洁精湿润毛巾擦拭干净，有序摆放	每周	洗洁精、毛巾	1. 使用 1：20 配制的过氧化氢，喷洒在抹布或无刮痕百洁布上或待清洁物体表面（不可直接喷洒在有电设备表面）； 2. 擦拭脏污表面，风干即可（如有电源，清洁之前请先断电）	过氧化氢、喷瓶、抹布或无刮痕百洁布	每周或视污物程度而定	安全帽、棉纱手套、口罩

续表

序号	清洁区域	清洁保养项目	标准配置	常态清洁要求（即加油站各区域在日常或实时状态下的常规清洁标准）	常态维护周期	定态清洁要求（即加油站各区域在固定周期频率下的常规清洁）	定态维护周期	常规清洁保养工具	深度清洁要求（对污垢严重区域通过高效清洁设备和清洁剂进行深度清洁）	深度清洁保养工具（清洁剂和设备）	深度清洁周期	安全防护用具
3	休息区&宿舍区	电器设备（电视、风扇、空调、消毒柜、冰箱、热水器、微波炉、热水壶、抽油烟机等）	—	各类家电电器正常使用，如故障需及时维修更换，在规定容量范围内安全用电	需要时	关闭电源，用洗洁精湿润毛巾擦拭空调进出风口、消毒柜、抽油烟机、微波炉等电器，用湿毛巾擦拭热水器、热水壶等其他设备，再用干毛巾擦干，高空作业需使用人字梯，佩戴安全帽	每周	洗洁精、毛巾、安全帽、人字梯	—	过氧化氢、喷瓶、抹布或无刮痕百洁布	—	安全帽、棉纱手套、口罩
4	休息区&宿舍区	干粉灭火器	—	使用干棉布擦拭筒体、喷管，检查确认无灰尘、无锈蚀、无开裂、无变形、无阻塞	每周	检查灭火器是否处于有效使用状态：压力指针表是否在正常绿色区；铅封是否完好无脱落；“四定”标签清晰，内容规范；干粉灭火器需每周摇晃至少5个来回（使其不结块），二氧化碳灭火器每半年称重一次，重量减少需及时更换	每周	棉布	—	过氧化氢、喷瓶、抹布或无刮痕百洁布	—	安全帽、棉纱手套、口罩
九　洗车区域												
1	自动洗车区域	地面	—	地面排水顺畅，整洁干净，无积水、污渍、垃圾	每日	用扫把清扫地面垃圾和积水	每日	扫把	1. 使用泡沫发生器，将1：9兑水配制的油必克除油剂均匀喷洒在地面，使泡沫停留5~10min； 2. 使用地刷对地面进行刷洗； 3. 使用冲水枪冲洗地面，并使用地刷将污水推至下水口，对平整地面可以使用水刮刮除地面残留污水	油必克、泡沫压力壶、地刷、冲洗机	污物程度而定	安全帽、棉纱手套、口罩
2	自动洗车区域	设备及周边	—	设备正常有效使用，定期检查喷头、喷孔有无堵塞，定期清理排水沟和沉淀池内污泥；使用百洁布和洗洁精擦拭周边围蔽和指引标识	按需要求厂家维护	关闭电源，使用玻璃擦擦拭外表面，使用垃圾铲清除污泥	按需要求厂家维护	玻璃擦、扫把、垃圾铲、百洁布、洗洁精	使用速效除油剂喷洒在抹布或无刮痕百洁布上，对表面油污擦拭即可（如有电源，清洁之前请先断电）	—	每周或视污物程度而定	安全帽、棉纱手套、口罩

序号	清洁区域	清洁保养	标准配置	常态清洁要求	常态维护周期	定态清洁要求	定态维护周期	常规清洁保养工具	深度清洁要求（对污垢严重区域通过高效清洁设备和清洁剂进行深度清洁）	深度清洁保养工具（清洁剂和设备）	深度清洁周期	安全防护用具
		项目		（即加油站各区域在日常或实时状态下的常规清洁标准）		（即加油站各区域在固定周期频率下的常规清洁）						
3	自动洗车区域	配电箱	—	设备及周边干净整洁，无火源无易燃易爆物品	按需要求厂家维护	在进行任何清洁和保养时，应先切断电源。请专业第三方机构进行维护检修	按需要求厂家维护	棉布、毛巾	—	—	—	安全帽、棉纱手套、口罩
十　司机之家区域												
1	司机之家	墙面、地面	—	室内地面干爽整洁，无异味无垃圾无积水，通风良好，排水通畅	需要时	用扫把清扫，洗衣粉兑水湿润地拖进行清洗，瓷砖墙面可使用洁而亮清洁剂稀释湿润毛巾擦拭，高处可使用鸡毛掸清扫墙面	每周	扫把、地拖，鸡毛掸、水刮、洁而亮清洁剂、洗衣粉、毛巾、刷子	—	—	—	安全帽、棉纱手套、口罩
2	司机之家	餐厅	—	餐厅干净整洁，无油渍无垃圾，餐厅座椅摆放整齐	需要时	用扫把清扫，洗衣粉兑水湿润地拖进行清洗，桌面可使用洁而亮清洁剂稀释湿润毛巾擦拭	每周	90 全能水或洗洁精、棉布、地拖、扫把、喷瓶	—	—	—	安全帽、棉纱手套、口罩
3	司机之家	洗衣区	—	洗衣机、干衣机定期消毒，无异味无垃圾，晾衣架干净无积尘，地面干爽无积水	需要时	洗衣机、干衣机、晾衣架外部可使用洁而亮清洁剂稀释湿润毛巾擦拭，内部使用喷瓶装入消毒水进行喷雾消毒，用地拖擦拭地面	每周	90 全能水或洗洁精、棉布、地拖、消毒水、喷瓶	—	—	—	安全帽、棉纱手套、口罩
4	司机之家	淋浴间	—	淋浴间干净无异味，设施齐全，无损坏无丢失	需要时	用地拖擦拭地面	每周	地拖	—	—	—	安全帽、棉纱手套、口罩

续表

序号	清洁区域	清洁保养项目	标准配置	常态清洁要求（即加油站各区域在日常或实时状态下的常规清洁标准）	常态维护周期	定态清洁要求（即加油站各区域在固定周期频率下的常规清洁）	定态维护周期	常规清洁保养工具	深度清洁要求（对污垢严重区域通过高效清洁设备和清洁剂进行深度清洁）	深度清洁保养工具（清洁剂和设备）	深度清洁周期	安全防护用具
5	司机之家	休息室（家具设备，电器设备）	—	休息室干净整洁，无异味无垃圾，定期消毒；各类家具，电器正常使用	需要时	用扫把清扫，洗衣粉兑水湿润地拖棉布对地面进行清洗擦拭，使用喷瓶装入消毒水进行喷雾消毒；家具用洗洁精湿润毛巾擦拭干净，有序摆放；电器关闭电源，用洗洁精湿润毛巾擦拭空调进出风口等电器，用湿毛巾擦拭开水器等其他设备，再用干毛巾擦干	每周	棉布、地拖、扫把、消毒水、喷瓶、洗洁精、毛巾	—	—	—	安全帽、棉纱手套、口罩
6	司机之家	停车区	—	停车区域停车位画线清晰可见，穿着反光衣发现有垃圾、障碍物，随手清除，保持地面干净整洁	需要时	穿着反光衣用美纹纸、地坪漆、油扫或滚筒对地面脱落的划线进行翻新。用洗衣粉兑水后，使用塑料扫把对地面进行冲刷清洗，扫干积水	每月	反光衣、塑料扫把、垃圾铲、美纹纸、地坪漆、油扫或滚筒、洗衣粉	—	—	—	棉纱手套、口罩
十一　第三方汽车服务区												
1	便利店租赁区（第三方）	墙面、地面等整个租赁区域	—	便利店第三方业态区域保持整洁干净、不杂乱，无异味无垃圾无积水	需要时（租赁使用方负责维护）	—	—	—	—	—	—	
2	便利店租赁区（第三方）	电器设备	—	各类电器正常使用，如故障需及时维修更换，在规定容量范围内安全用电	需要时（租赁使用方负责维护）	—	—	—	—	—	—	维护前先切断电源
3	汽车美容、修理区（第三方）	墙面、地面等整个租赁区域	—	地面干爽整洁，无异味无垃圾无积水，通风良好，排水通畅；消防器材完好，摆放整齐；废机油不得随意乱放，应按危险废物处置规范存放和处置	需要时（租赁使用方负责维护）	—	—	—	—	—	—	维护前先切断电源

续表

序号	清洁区域	清洁保养项目	标准配置	常态清洁要求（即加油站各区域在日常或实时状态下的常规清洁标准）	常态维护周期	定态清洁要求（即加油站各区域在固定周期频率下的常规清洁）	定态维护周期	常规清洁保养工具	深度清洁要求（对污垢严重区域通过高效清洁设备和清洁剂进行深度清洁）	深度清洁保养工具（清洁剂和设备）	深度清洁周期	安全防护用具
4	汽车美容、修理区（第三方）	机修设备、美容设备、电器设备	—	设备及周边干净整洁，无火源无易燃易爆物品；安全警示标识完好；防护设施完好有效	需要时（租赁使用方负责维护）	—	—	—	—	—	—	维护前先切断电源
5	自动洗车区域	地面	—	地面排水顺畅，整洁干净，无积水、污渍、垃圾	每日	用扫把清扫地面垃圾和积水	每日	扫把	1. 使用泡沫发生器，将1：9兑水配制的油必克除油剂均匀喷洒在地面，使泡沫停留5~10min； 2. 使用地刷对地面进行刷洗； 3. 使用冲水枪冲洗地面，并使用地刷将污水推至下水口，对平整地面可以使用水刮刮除地面残留污水	油必克、泡沫压力壶、地刷、冲洗机	污物程度而定	维护前先切断电源
6	自动洗车区域	设备及周边	—	设备正常有效使用，定期检查喷头、喷孔有无堵塞，定期清理排水沟和沉淀池内污泥；使用百洁布和洗洁精擦拭周边围蔽和指引标识	按需要求厂家维护	关闭电源，使用玻璃擦擦拭外表面，使用垃圾铲清除污泥	按需要求厂家维护	玻璃擦，扫把，垃圾铲，百洁布，洗洁精	使用速效除油剂喷洒在抹布或无刮痕百洁布上，对表面油污擦拭即可（如有电源，清洁之前请先断电）	—	每周或视污物程度而定	维护前先切断电源
7	自动洗车区域	配电箱	—	设备及周边干净整洁，无火源无易燃易爆物品	按需要求厂家维护	在进行任何清洁和保养时，应先切断电源。请专业第三方机构进行维护检修	按需要求厂家维护	棉布，毛巾	—	—	—	维护前先切断电源
十二　宣传物料												
1	宣传物料	进站口大喷绘	进站口、场地内	无破损污秽，视觉感官清洁靓丽	每日	使用棉布和清洁剂擦拭喷绘表面，保持干净无尘，显示内容清晰准确，如无法正常显示请及时报障维修或更换	每日	棉布、清洁剂	1. 使用1：20配制的过氧化氢，喷洒在抹布或无刮痕百洁布上； 2. 擦拭脏污表面，风干即可	过氧化氢、喷瓶、抹布或无刮痕百洁布	—	棉纱手套、口罩
2	宣传物料	场地刀旗	进站口、场地内	无破损污秽，视觉感官清洁靓丽	需要时	用砂纸清除旗杆焊接处锈迹，使用清水冲洗旗面和旗杆，自然垂晾干旗面，用干抹布擦干旗杆，确保刀旗干净整洁，旗杆无锈迹	每周	砂纸、干抹布	—	—	—	棉纱手套、口罩

续表

序号	清洁区域	清洁保养项目	标准配置	常态清洁要求（即加油站各区域在日常或实时状态下的常规清洁标准）	常态维护周期	定态清洁要求（即加油站各区域在固定周期频率下的常规清洁）	定态维护周期	常规清洁保养工具	深度清洁要求（对污垢严重区域通过高效清洁设备和清洁剂进行深度清洁）	深度清洁保养工具（清洁剂和设备）	深度清洁周期	安全防护用具
3	宣传物料	活动单页 / 折页	厅内、厅外	单页 / 折页无折角破损污秽，摆放架无破损污秽	每天	使用棉布、毛巾擦拭表面，除尘除杂物	每天	棉布、毛巾	—	过氧化氢、喷瓶、抹布或无刮痕百洁布	—	棉纱手套、口罩
4	宣传物料	X 展架易拉宝	厅内、厅外	无破损污秽，视觉感官清洁靓丽	—	—	—	—	—	—	—	棉纱手套、口罩
5	宣传物料	厅前大海报	便利店门口、进口处	有序悬挂或摆放，干净整洁，悬挂、摆放海报均在活动有效期内，活动信息内容清晰，干净整洁	每天	使用棉布、毛巾擦拭表面，除尘除杂物	每周	棉布，毛巾	1. 使用 1：20 配制的过氧化氢，喷洒在抹布或无刮痕百洁布上； 2. 擦拭脏污表面，风干即可	过氧化氢、喷瓶、抹布或无刮痕百洁布	—	棉纱手套、口罩
6	宣传物料	企标立柱 LED 屏	企标立柱	确保无蛛网、明显污渍，显示内容清晰准确，如无法正常显示，及时报障维修或更换	需要时	使用专业的电动毛刷清理显示屏模组表面的灰尘或污垢。清理时气动毛刷水平均匀地清扫，根据显示屏的污染程度和年限或老化可反复清扫	每周	电动毛刷	吹尘后，用喷瓶将专用清洗液对 LED 显示屏的表面进行清洗，注意不能将洗液弄到 LED 模组背面，清洗后自然风干。这一步的清洗可以由生产厂家进行售后维	电动毛刷、LED 专用清洗液	—	安全帽、棉纱手套、口罩
7	宣传物料	便利店 LED 横幅	便利店门口横幅	确保无蛛网、明显污渍，显示内容清晰准确，如无法正常显示，及时报障维修或更换	需要时	使用专业的电动毛刷清理显示屏模组表面的灰尘或污垢。清理时气动毛刷水平均匀地清扫，根据显示屏的污染程度和年限或老化可反复清扫	每周	电动毛刷	吹尘后，用喷瓶将专用清洗液对 LED 显示屏的表面进行清洗，注意不能将洗液弄到 LED 模组背面，清洗后自然风干。这一步的清洗可以由生产厂家进行售后维	电动毛刷、LED 专用清洗液	—	棉纱手套、口罩
8	宣传物料	加油机海报	油机上方广告位	有序悬挂或摆放，干净整洁，海报均在活动有效期内，活动信息内容清晰，干净整洁	每天	使用棉布、毛巾擦拭表面，除尘除杂物	每周		1. 使用 1：20 配制的过氧化氢，喷洒在抹布或无刮痕百洁布上； 2. 擦拭脏污表面，风干即可	过氧化氢、喷瓶、抹布或无刮痕百洁布	—	棉纱手套、口罩
9	宣传物料	厅内吊旗	便利店墙顶	无破损污秽，不卷边，视觉感官清洁靓丽	需要时	使用湿抹布擦拭表面，自然风干	每周	湿抹布	—	—	—	棉纱手套、口罩

续表

序号	清洁区域	清洁保养项目	标准配置	常态清洁要求（即加油站各区域在日常或实时状态下的常规清洁标准）	常态维护周期	定态清洁要求（即加油站各区域在固定周期频率下的常规清洁）	定态维护周期	常规清洁保养工具	深度清洁要求（对污垢严重区域通过高效清洁设备和清洁剂进行深度清洁）	深度清洁保养工具（清洁剂和设备）	深度清洁周期	安全防护用具
10	宣传物料	加油机小贴纸	油表显示屏上方	无破损污秽，不卷边，视觉感官清洁靓丽	每天	使用湿抹布擦拭表面，自然风干	每周	湿抹布	—	—	—	棉纱手套、口罩
11	宣传物料	收银台爆炸贴	收银台	无破损污秽，视觉感官清洁靓丽	需要时	有破损直接更换			—	—	—	棉纱手套、口罩
十三　收银台物料												
1	收银台物料	收银台桌面	充值电脑、管控、非油品POS机、热敏机、身份证阅读器、加油卡业务公示、折页展示转架、计算机、验钞机	收银台面油漆完好，无尘无污渍，按要求陈列，整洁干净，设备定位摆放，宣传物料有褪色的及时更换，禁止在收银台面摆放杂物，水渍、污渍及时清理，先用湿抹布擦拭，再用干抹布擦干水渍	每班	收银台面油漆完好，无尘无污渍，按要求陈列，整洁干净，设备定位摆放，宣传物料有褪色的及时更换，禁止在收银台面摆放杂物，水渍、污渍及时清理，先用湿抹布擦拭，再用干抹布擦干水渍	每天	干抹布、湿抹布	用洗涤灵加水制成清洁溶剂，如果可能，可使用热水以增强去污能力，清洁时轻重适宜，如底材上痕迹无法根除的，不要过分擦洗，不要让溶剂在设备外表面上干燥，应在20min内用清水清洁干净，清洁完毕后，再用干净的干毛巾把水渍擦干净	1. 清洁工具及清洁溶剂应为非摩擦性、非易燃性，酸碱性适中（9>pH>5），不含氯、酮、苯等成分； 2. 禁止使用天那水等酸性带腐蚀液体擦洗； 3. 清洗时不应用力过度，防止产品表面损坏	每周或视污物程度而定	丁腈手套、口罩
2	收银台物料	收银台抽屉	—	抽屉内物品摆放整齐有序，存放充值款等现金的抽屉，应做到人离柜随手上锁，避免资金管理风险	每班	按照7S手册摆放相应物品，用湿抹布擦拭后用干抹布擦干	每天	干抹布、湿抹布	用洗涤灵加水制成清洁溶剂，如果可能，可使用热水以增强去污能力，清洁时轻重适宜，如底材上痕迹无法根除的，不要过分擦洗，不要让溶剂在设备外表面上干燥，应在21min内用清水清洁干净，清洁完毕后，再用干净的干毛巾把水渍擦干净	1. 清洁工具及清洁溶剂应为非摩擦性、非易燃性，酸碱性适中（9>pH>5），不含氯、酮、苯等成分；	每周或视污物程度而定	丁腈手套、口罩

续表

序号	清洁区域	清洁保养项目	标准配置	常态清洁要求（即加油站各区域在日常或实时状态下的常规清洁标准）	常态维护周期	定态清洁要求（即加油站各区域在固定周期频率下的常规清洁）	定态维护周期	常规清洁保养工具	深度清洁要求（对污垢严重区域通过高效清洁设备和清洁剂进行深度清洁）	深度清洁保养工具（清洁剂和设备）	深度清洁周期	安全防护用具
2										2. 禁止使用天那水等酸性带腐蚀液体擦洗； 3. 清洗时不应用力过度，防止产品表面损坏		
3	收银台物料	收银台下柜	电脑主机、管控机、打印机、充值用表单	无尘无污渍，按要求陈列，整洁干净，设备定位摆放，禁止在收银台下面摆放杂物及私人物品，水渍、污渍及时清理，先用湿抹布擦拭，再用干抹布擦干水渍。表单纸张较多时需统一归档摆放，不得随意放置	每日	无尘无污渍，按要求陈列，整洁干净，设备定位摆放，禁止在收银台下面摆放杂物及私人物品，水渍、污渍及时清理，先用湿抹布擦拭，再用干抹布擦干水渍。表单纸张较多时需统一归档摆放，不得随意放置	每天	干抹布、湿抹布	用洗涤灵加水制成清洁溶剂，如果可能，可使用热水以增强去污能力，清洁时轻重适宜，如底材上痕迹无法根除的，不要过分擦洗，不要让溶剂在设备外表面上干燥，应在21min内用清水清洁干净，清洁完毕后，再用干净的干毛巾把水渍擦干净	1. 清洁工具及清洁溶剂应为非摩擦性、非易燃性，酸碱性适中（9>pH>5），不含氯、酮、苯等成分； 2. 禁止使用天那水等酸性带腐蚀液体擦洗； 3. 清洗时不应用力过度，防止产品表面损坏	每周或视污物程度而定	丁腈手套、口罩
4	收银台物料	收银台上柜	按要求摆放纸巾、方便面等较轻商品	物品应整齐摆放，做到无尘无污渍，避免摆放重物	需要时	物品应整齐摆放，做到无尘无污渍，避免摆放重物	每天	干抹布、湿抹布	用洗涤灵加水制成清洁溶剂，如果可能，可使用热水以增强去污能力，清洁时轻重适宜，如底材上痕迹无法根除的，不要过分擦洗，不要让溶剂在设备外表面上干燥，应在22min内用清水清洁干净，清洁完毕后，再用干净的干毛巾把水渍擦干净	1. 清洁工具及清洁溶剂应为非摩擦性、非易燃性，酸碱性适中（9>pH>5），不含氯、酮、苯等成分； 2. 禁止使用天那水等酸性带腐蚀液体擦洗；	每周或视污物程度而定	丁腈手套、口罩

续表

序号	清洁区域	清洁保养项目	标准配置	常态清洁要求（即加油站各区域在日常或实时状态下的常规清洁标准）	常态维护周期	定态清洁要求（即加油站各区域在固定周期频率下的常规清洁）	定态维护周期	常规清洁保养工具	深度清洁要求（对污垢严重区域通过高效清洁设备和清洁剂进行深度清洁）	深度清洁保养工具（清洁剂和设备）	深度清洁周期	安全防护用具
4										3. 清洗时不应用力过度，防止产品表面损坏		
5	收银台物料	宣传物料	按需配置	对内的宣传物料一律不许在营业厅内摆放，对外公示物料与营销物料应在每个吧台营业区划定一块指定区域摆放；对外公示物料的清洁维护参照宣传物料相关要求进行	需要时	对内的宣传物料一律不允许在营业厅内摆放，对外公示物料与营销物料应在每个吧台的营业区划定一块指定区域摆放；对外公示物料的清洁维护参照宣传物料相关要求进行	每周	干抹布、湿抹布	—	—	每周或视污物程度而定	丁腈手套、口罩

加能站清洁保养操作——清洁用品篇（建议非强制标准）

序号	分类	名称	规格型号	用途
1	日常清洁剂	玻璃清洁剂（瓶）	500g（威猛先生）	清洗玻璃、镜面
2	日常清洁剂	花露水（瓶）	195mL（六神）	兑水稀释装于喷壶，喷洒洗手间，除异味
3	日常清洁剂	化油清洁剂（罐）	410mL（3M）	按使用说明，喷在油机油枪立柱人孔井等地化油去污
4	日常清洁剂	洁厕灵（瓶）	900g	清洗洗手间
5	日常清洁剂	洗洁精（罐）	4kg（柠檬味）	兑水稀释喷于洗手池、台、镜面厨房，除油污
6	日常清洁剂	洗衣粉（包）	2kg	兑水装入脱水桶用竹扫把刷洗前庭及罐区水泥地面
7	日常清洁工具	剪草大剪刀（个）	可伸缩，最长 745mm，波浪刀头	绿化带隔离带剪草
8	日常清洁工具	玻璃刮水器（把）	长度 160cm，可伸缩，擦窗器	刮干玻璃面 / 镜面水渍
9	日常清洁工具	除尘掸（把）	伸缩折叠，最长可 1.5m	室内除尘
10	日常清洁工具	丁腈手套（个）	9 码，耐酸碱防滑耐油	清洁防护
11	日常清洁工具	垃圾袋（包）	55cm × 65cm 平口款 背心式 加厚，10 个 / 包	装垃圾
12	日常清洁工具	小方巾（条）	30cm × 30cm	用于擦拭
13	日常清洁工具	长夹子（把）	柄长 81cm，可折叠	夹垃圾
14	日常清洁工具	棉拖把（把）	麦当劳肯德基通用款拖把	清洁地面
15	日常清洁工具	气压式喷雾气壶（个）	*H*：90+210=300mm，*W*：135mm，400g，1.5L	装兑水清洁剂
16	日常清洁工具	长毛刷（把）	5 寸	清洁键盘、各类设备的缝隙，除尘
17	日常清洁工具	马桶刷（把）	50cm	清洗洗手间
18	日常清洁工具	圆头棉线拖把（把）	柄长 110cm，棉线 26cm，加固款拖把	清洁地面

续表

序号	分类	名称	规格型号	用途
19	日常清洁工具	胶扫把（把）	柄长：132cm；扫把宽：38cm；刷毛长：9.5cm、耐用款	清扫地面
20	日常清洁工具	垃圾铲（簸箕）（个）	口宽：约 28cm；深度：约 23cm；高度：约 78cm，PP 塑料、不锈钢手柄	装垃圾
21	日常清洁工具	垃圾桶（与如上垃圾袋尺寸配套）（个）	27cm×31cm，灰色，10L	装垃圾
22	日常清洁工具	手提水桶（个）	33cm×30cm，16L	装水
23	日常清洁工具	拖把脱水桶（与 24 圆头拖把配套）（个）	桶高 30cm，桶底宽 31cm，桶口宽 28cm，底部有轮款	地拖脱水
24	日常清洁工具	高压水枪水管套装（个）	高压水枪套装（含水枪），20m	用于冲洗洗手间地面和前庭罐区地面
25	日常清洁工具	多功能清洁车（台）	110cm×70cm×50cm（白云）	移动清洁时装工具和用品
26	日常清洁工具	竹扫把（把）	竹竿 130cm，宽 30cm，扫把头长 80cm，加厚款	清扫油庭地面
27	日常清洁工具	百洁布（包）	10cm×8cm，8 片装	清洁洗手池、台面、镜面、厨房等
28	日常清洁工具	钢丝球 6 个装（包）	6 个 / 包	清洁洗手池、台面、镜面、厨房等
29	高效清洁剂	速效除油剂	945mL/ 瓶	清洁洗手间涂鸦、加油机 / 加油枪 / 油机键盘、收银背柜、站内各种表面油污、各种不干胶痕迹
30	高效清洁剂	地板清洁剂（包）	包	清洁便利店、走廊地板
31	高效清洁剂	过氧化氢（桶）2L	2L	清洁卫生间便池、地面、墙面、洗手池、镜子以及其他表面；便利店货架、收银台、液晶屏、门窗等各种表面

续表

序号	分类	名称	规格型号	用途
32	高效清洁剂	省力波（桶）	艺康	清洁卫生间便池、地面、墙面、洗手池
33	高效清洁剂	油必克（桶）	艺康	清洁加油站檐口及高空标识，便利店、走廊地板，加油站前庭地面
34	高效清洁工具	长杆机（台）	琛雄	清洁檐口和便利店外墙及门楣
35	高效清洁工具	压力泡沫喷壶（台）	艺康	用于把高效清洁剂勾兑水后加压起泡，喷洒到有污地面进行清洁

附件 3

加油站服务流程指导书

（试行版）

第一章　加油服务“六步法”

一、引车入位。引导车辆准确驶入加油位，示意停车。

二、问候确认。微笑问候，提示熄火，确认油品和数量，询问支付方式，开油箱盖。

三、加注油品。提枪并示意泵码归零，加注油品，注意观察，防止异常。

四、增值服务。工况允许时，征得客户同意，提供增值服务，并同步推荐当期营销活动或特色商品。

五、结算收银。挂好油枪，盖油箱盖，提示金额，确认支付完成，唱收唱付。

六、送别离站。微笑道别，引导车辆出站。

第二章　室内收银服务“五步法”

一、进店问候。主动问候，微笑服务。

二、油品结算。询问油品、金额等情况，收款，唱收唱付，并向客户提供支付凭证。

三、非油品结算。推荐促销活动，扫码销售，询问支付方式，确认支付完成，唱收唱付，双手递交商品和小票。

四、开具发票。根据客户需求，协助开具发票。

五、致谢道别。微笑致谢，礼貌送客。

第三章　加油服务流程详解

一、引车入位（引导车辆准确驶入加油位，示意停车）

（一）动作。

1. 正面引车：双臂向前伸直，手心向上，五指并拢，小臂向上抬起，与上臂呈 90 度，前后挥动不过耳。

2. 侧方引车：伸直车辆行进方向的手臂，抬至与肩齐平，掌心向外；另一手臂平举，指向车辆行进方向，并水平挥动小臂与胸齐平。

3. 示意停车：侧向面对车辆，抬起左前臂，竖起左掌居中，五指并拢，同时抬起右臂，将右掌掌心置于左掌上方，五指并拢，且与左掌呈 90°。

停车：泵岛前有醒目的止停线，由各站根据实际情况划定。若未画止停线，则将车位框最顶端横线作为止停线。

（二）要求。

1. 空闲时。

（1）场地至少有一名员工巡场或等待在合适加油位，并在第一时间招呼、引导刚进站的客户到正确的加油位（根据车型预判），若出口处车位空缺，应往出口处、有促销商品堆头、便利店门口等处的泵岛引导。

（2）属于远距离引车的，应在车辆驶入进站口时，由泵岛等候的员工面向车辆做正面引车；属于近距离引车的，要站在泵岛上做侧方引车。员工在营业厅时，应小跑至停车位（注意避让车辆），车到人到，并视情况做好引车动作。

（3）引车时，声音响亮，准确向客户表达出引车意思，如“往前，请再往前一点。”“请往前，车头停在止停线处。”“好，请停车。”等。

2. 繁忙时。加油现场应有工作人员维持秩序，避免车辆顶头、横插或逆向行驶，造成拥堵。要尽量将车引至靠近出口位置，以方便后续车辆进站。泵岛员工在服务的同时，要维护好排队秩序，尽快将加完油的车辆导出，再导入排队等候车辆，可视繁忙情况，自行决定是否做引车动作。

二、问候确认（微笑问候，提示熄火，确定油品和数量，询问支付方式，开油箱盖）

（一）动作。

1. 等车辆停稳，问候客户，面带微笑，同时举起手掌至脸颊处，掌心向外向客户示意。

2. 在未接触油箱盖前，要注意观察，若油箱盖有损坏，要告知客户确认后再开启，避免纠纷。先旋开一半，待箱内油气放完后再完全旋开，避免油气喷出伤害。开启箱盖动作要轻巧，无挂绳的油箱盖应小心倒放在加油岛或加油机上，切勿随意放在客户车上，同时，注意查看油箱口油品提示。

（二）用语。

1. 空闲时。加油员一对一服务用语：“您好，欢迎光临！请熄火！（若车辆已熄火，提示省略）”“请问您加什么油，油卡还是一键加油？加满吗？”“请打开油箱盖。”

2. 繁忙时。加油员一对一服务用语：“您好，让您久等了。请熄火！（若车辆已熄火，提示省略）”“请问您加什么油，怎么支付？”。

（三）要求。

1. 空闲时。

（1）员工与客户目光接触，第一时间问候，微笑自然，动作标准，提醒熄火，问清油品（汽油车推荐高标号或品牌汽油）、支付方式、开油箱盖。以上步骤必做，且声音响亮。

（2）员工对车内客户问候时，应采用微蹲或弯腰姿势，使双方目光处于同一高度。

（3）征询客户同意后，帮助开启油箱盖，动作轻柔，避免油箱盖跌落。

2. 繁忙时。必说“您好，久等了。”，其余步骤由员工视繁忙情况自行决定。

3. 其他。员工在站内即使未当班，只要身着工装，与客户相遇，2m 内均须问候或打招呼。

三、加注油品（提枪并示意泵码归零，加注油品，注意观察，防止异常）

（一）动作。提起油枪，口头提示泵码已归零，同时，侧转面向客户，手掌向上 5 指并拢指向加油机显示屏，将油枪插入油箱，快速熟练加油。

（二）用语。提示回零用语“您好，请看油表已归零”。

（三）要求。

1. 加注油品时，动作熟练，同时注意观察，防止提枪走字、停枪走字或跑冒滴漏。

2. 繁忙时段，做到“加一看二照顾三”。在为车辆加油时，对后续排队车辆，举手示意。动作要求：面向排队客户，高举手臂过头，掌心向客户；用语要求：“请稍等”；对驶入加油位的排队车辆，执行繁忙时段问候标准。

四、增值服务（工况允许时，征得客户同意，提供增值服务，并同步推荐当期营销活动或商品）

（一）增值服务（可结合实际自行选择或增减）。

服务内容	适用站类型	建议使用场景
茶水	均适用	空闲、夏天
口香糖之类	均适用	繁忙，对等候车辆
垃圾袋	均适用	空闲
矿泉水	竞争站为主	高峰，对久候车辆
一次性擦拭车内驾控台纸巾	市区站、竞争站	均适用
零售营销活动推广	活动站	除高峰期外的时段均可
非油品活动商品	活动站	空闲时，以室内员工为主
美食地图	景区站	空闲
景区地图	景区站	空闲，或客户咨询

续表

服务内容	适用站类型	建议使用场景
擦拭反光镜	均适用	空闲，雨天
一次性湿纸巾	国省道、高速站	购买快餐品客户
独立包装牙线	国省道、高速站	购买快餐品客户
眼镜布	均适用	佩戴眼镜客户、夏季高温
节日随手小礼品	市区站、竞争站	节假日
自助式洗车工具提供	均适用	均适用
爆米花机	市区站、竞争站、新开站、景区站	均适用
冰激凌机	市区站、竞争站、新开站、景区站	均适用
电子血压仪	均适用	均适用
擦鞋机	市区站、竞争站、新开站、景区站	均适用

（二）要求。

1. 空闲时。

（1）向客户推介会员体系、当前营销活动，或在客户需要时，帮客户解决问题。推介时，关注客户表情，若开口即遭拒绝或客户冷场不搭话，立即停止推介，回复“不好意思，打扰了”，可为客户提供站内其他增值服务，并执行服务流程。

（2）专心为当前客户服务，与客户有效沟通，不得背对客户问候、加油，或远离客户、与同事聊天等。如遇确需在客户面前与同事交流的站内事务，需向客户示意致歉。

2. 繁忙时。增值服务由员工视繁忙情况或客户要求执行。

五、结算收银（挂好油枪，盖油箱盖，提示金额，确认支付完成，唱收唱付）

（一）动作。

加油结束后，迅速挂枪，盖好油箱盖，提示客户加油数量，提醒油箱盖已盖好，双手递接钱物或指引客户至室内结算，核验支付凭证，唱收唱付。

（二）用语。

1. 现金加油。“××号加油××元，收您××元，找您××元。”

2. 用户卡加油。“××号加油××元，卡内余额××元。”

3.POS 接单、授权码加油。“××号加油××元，系统将自动扣款，请您确认。”

4. 闪付、扫码付加油。“××号加油××元，已收款。”

六、送别离站（微笑道别，引导车辆出站）

（一）用语。“请您对本次服务进行评价，欢迎下次光临（再见）。”

（二）动作。

1. 空闲时。挥手道别，并引导车辆出站。

2. 繁忙时。员工视繁忙情况自行决定。

备注：客户至室内结算、开票或购买非油品等，泵岛员工应引导客户将车辆移出加油位，在合适位置停靠，避免影响后续车辆加油和站内通过率；对有语音提示的加油机，员工服务用语可结合语音提示进行优化。

第四章 室内收银服务流程详解

一、进店问候（主动问候，微笑服务）

（一）动作。员工需立即起身，站立等候；目光主动接触客户，抬手问候（手势参照场地服务标准）。

（二）用语。“您好，欢迎光临”“您好，让您久等了”“请问您有什么需要”。

（三）要求。

1. 空闲时。

（1）客户出现在营业室门口，员工需立即起身，站立等候；目光主动接触客户，抬手亲切问候进店客户，必要时可上前引导购物与咨询。

（2）多名员工在店内的，需暂停员工间交流，齐声问候“您好，欢迎光临”。

（3）柜内员工主动询问：“请问您有什么需要？”

2. 繁忙时。

（1）目光接触，可不起身、抬手，但不忘向进店客户问候。

（2）为等候客户服务时，再次问候“您好，让您久等了”。

二、油品结算（询问油品、金额等情况，收款，唱收唱付，并向客户提供支付凭证）

（一）动作。双手接拿或递送物品、单据。引导自助服务。

（二）用语。

1. 现金加油。“×× 号 ×× 元，收您 ×× 元，找您 ×× 元。”

2. 扫码付等支付。“您加 ×× 号 ×× 元，已收款。”

（三）要求。

1. 空闲时。双手接拿或递送物品、单据；员工能熟练操作开票、手机业务、加油卡业务；员工了解当期促销活动、优惠券、重点商品，根据客户要求，做出适当推荐。

2. 繁忙时。做到接一答二招呼三。

三、非油品结算（推荐促销活动，扫码销售，询问支付方式，确认支付完成，唱收唱付，双手递交商品和小票）

（一）动作。双手接拿或递送钱物、单据。

（二）用语。

1. “欢迎光临。”“让您久等了”。

2. “我们现在开展 ×× 活动，很多商品在参加满减，您可以看下。”

3. “这些都是您选购的商品，需要购物袋吗？ ×× 元 1 个。”

4. “您一共消费 ×× 元，请问您怎么支付？”

5. 支付方式

（1）现金支付。“共 ×× 元，收您 ×× 元，找您 ×× 元。”

（2）用户卡支付。“共 ×× 元，收您 ×× 元，卡内余额 ×× 元。”

（3）扫码支付。“请出示付款码。”“支付成功 ×× 元。”

6. “您要购物小票吗？”

（三）要求。

1. 空闲时。

（1）客户进店，面带微笑主动上前为客户服务，询问客户需求，是否会员，推荐“易捷加油”APP，并帮助推荐商品或促销活动，视客户需要帮助拿取购物篮。

（2）接过客户商品轻拿轻放，客户购买较多商品时应询问是否需要购物袋，如果有不可退换商品，扫码时提示客户。

（3）结算时唱收唱付，询问是否要使用卡内优惠券购买便利店商品；或主动推荐当期热销品。电子支付时提醒客户看支付金额，确认支付成功，询问客户是否需要小票，需要时双手递交，不需时撕毁。

（4）收银结束后，礼貌道别，需要装袋时，将大包装商品放在下面，易碎商品放上面。客户购买商品较多时，帮客户送至车上。

2. 繁忙时。

（1）致歉，并安抚后面排队的客户情绪，给出快速解决办法，如自助收银等，加快通过率。

（2）简单推荐当前营销活动，让客户知晓。

（3）规范收银，快速完成结算。

四、开具发票（根据客户需求，协助开具发票）

（一）用语。“您好，请提供电子邮箱或手机号码”“电子发票已发送至您电子邮箱 / 您手机号码”“请注意查收”。

（二）要求。

1. 空闲时。主动介绍电子发票，引导客户开具。

2. 繁忙时。打印电子发票二维码小票，提示电子发票已发至电子邮箱或手机号码，提醒客户通过公众号或“易捷加油”APP 自助开票。

五、致谢道别（微笑致谢，礼貌送客）

（一）空闲时。挥再见手势，并亲切、微笑告别，“慢走，欢迎下次光临”；主动提议帮助客户搬物品上车，再次道别。

（二）繁忙时。仅口头道别即可。

第五章 不同支付方式加油服务要点

一、现金加油。现场唱收唱付“加油 ×× 元，收您 ×× 元，找您 ×× 元。”

二、用户卡加油。加油前，核对限制信息（若有限车号信息，输入员工密码）；如有密码，邀请客户输入，提示卡内余额；加油后，提示本次加油金额及卡内余额，并视情况提醒客户充值。

三、POS 接单加油。核对订单的车牌、油品、金额等信息，刷卡接单后，开始加油，加油金额控制在订单范围内。加油后，提示客户“加油 ×× 元，系统将自动扣款，请注意确认。”

四、授权码加油。输入客户订单的授权码，未开通“免密支付”的，提醒客户在移动端确认。加油后，提示客户“加油 ×× 元，系统将自动扣款，请注意确认。”

五、闪付加油。加油后，指导客户，在移动端输入正确的油枪号，选择正确的加油流水，并确认支付。员工查验支付结果，提示客户“加油 ×× 元，已支付 ×× 元。”

六、扫码付加油。加油后，员工在 POS 机或 PC 端，选择加油记录，扫客户付款码收款，确认支付成功，提示客户“加油 ×× 元，已支付 ×× 元”，并向客户出具支付凭证。

七、刷银行卡加油。员工在 POS 机或 PC 端，选择加油记录，“请您出示银行卡，输入密码，注意遮挡”，提示客户“加油 ×× 元，已支付 ×× 元，请签字确认”，并向客户出具存根联。

附件 4　　加油机常见故障及解决方法

常见现象	解决方法
1. 加油机天热不出油 （1）夏天，汽油加油机常出现； （2）中午气温高时，加油机一直排气，不出油，早上晚上恢复正常出油； （3）气温最高的几天，全天不出油	（1）先检查油罐放置位置是否规范。若油罐埋得太浅，太阳直晒时，油罐内油液温度太高，油液容易汽化，引起管道内气体过多，加油机加油时，会出现一直排气，不出油。 （2）若油罐放置规范，再检查管道敷设是否规范。若管道放置太浅或有“几”字形忽高忽低现象，太阳照射地线，引起管线和油品温度升高，油品在管道内会形成大量的气体，出现严重的气阻现象，引起加油机排气不出油。 （3）若油罐放置、管道敷设都规范，检查加油机温度是否太高。若加油机防晒设施不完善，机器内部温度太高，油品在机器内部汽化现象较严重，引起加油机一直排气。 （4）若以上现象均正常，检查加油机排气是否通畅。天气热时，加油机排气量增大，在油泵内会聚集大量的气体而不出油。 （5）部分特殊地区的站，海拔高、气压低、昼夜温差大，自吸泵加油机管道内容易形成“气穴现象”，会在管道内形成气体，引起加油机大量排气。 （6）部分特殊地区的站，较易出现“加油机天热不出油”的故障，若油罐管道敷设规范且防晒措施良好，可有效减少或规避此类情况
2. 加油机开机不出油 （1）加油机开关机正常； （2）油泵声音很轻，好像空转，提枪不出油； （3）油泵声音很重，提枪不出油； （4）机器噪声很大，但不出油	(1) 检查转动机是否正常。若电动机转速慢，电动机倒转，都会导致油泵不能形成负压，不出油。 （2）检查皮带传递是否正常。若皮带过松、皮带老化，都会导致油泵不能形成负压，不出油。 （3）检查管道底阀是否正常。若一直排气，可能是管道漏气，若停机电动机倒转，可能底阀卡死。 （4）检查出油阀是否正常。若出油阀卡死，油泵声音很重，油泵有油也不能输送到油枪。 （5）检查油泵溢流阀是否正常。若溢流阀密封不严，油泵声音很轻，油泵内部不能形成负压。 （6）检查电磁阀是否正常。若电磁阀打不开，机器噪声很大，但不出油。 （7）检查流量计是否正常。若流量计卡死，机器噪声很大，但不出油
3. 加油机提枪走字 （1）加油机开关正常，出油正常； （2）提枪加油时，油枪没打开显示屏已少量走字	（1）检查输油胶管是否过长或有老化现象。因输油胶管有一定的膨胀性，当胶管较长时，开机瞬间胶管膨胀，有少量油液进入胶管引起计数。特点：每次计数数值基本一样。

续表

常见现象	解决方法
3. 加油机提枪走字 （1）加油机开关正常，出油正常； （2）提枪加油时，油枪没打开显示屏已少量走字	（2）检查底阀或管道是否漏油。在两次加油间隔期内，管道内液位逐渐降低，下次加油时有部分气体进入流量计，推动流量计转动计数。间隔时间越长，下次开机时加油计数就越多，且打开油枪时有气体排出，需维修管道。 （3）检查出油阀是否密封不严。当出油阀密封不严时，会引起部分油液倒流回油泵或部分气体进入流量计，导致加油机刚开机时没有油加出，开枪不停的排气，显示屏会跟着跳字（计数），过一会出油。 （4）检查管道是否有"几"字形。当管道有"几"字形时，管道内会停留气体，出现气阻现象，引起加油机开机没加油就计数，需维修管道系统
4. 加油时机器内部有异响 （1）异响可能是电动机发出的声音； （2）可能是油泵发出的声音； （3）可能是电磁阀的声音； （4）可能是机器共振发出的声音	（1）检查声音是否从电机发出。若声音是从电机发出，一般是由电动机缺相引起的，应立即关机，避免烧坏电动机，并检查进入加油机的三相电源是否缺相，如缺相，请检查电源及电源线，如电源不缺相，则检查电动机控制电路。 （2）检查是否从油泵发出。若声音是从油泵发出，一般是由油泵内部出现故障引起的，如叶片弹簧碎裂或泵内进入异物。若油泵溢流阀调得紧，也会出现此类故障。 （3）检查是否从电磁阀发出。若声音是从电磁阀发出，可能是电磁阀线圈出现故障，伴随着发热、振动等现象，遇见此类故障，一定要立即关机，避免机器故障更大化，并更换合格的电磁阀。 （4）检查是否是机器共振发出。若声音是机器共振发出，可能是机器安装不合格，也可能是维修加油机时机器内部结构件、门板、面板没装好或螺栓没拧紧
5. 加油机出油慢 （1）加油机开关机正常； （2）计量正常； （3）出油慢，流量不超出20~30L； （4）调节溢流阀无效； （5）个别机器共振较大	（1）检查底阀是否运动灵活。若底阀进入杂质或底阀运动不灵活，有卡顿的现象，都有可能造成油泵出油慢，遇到这种情况，只有更换底阀。 （2）检查加油机输出油管道是否有"几"字形或忽高忽低。在管道"几"字的最高处，往往会停滞油气（气体相对油液密度小），加油机很难能把此类管道的气体排完，因管道有部分气体存在，会把油路流动截面降低，引起加油机出油慢，此类情况常发生在夏天。 （3）检查加油机输油管道是否过长。加油机输油管道从油罐到加油机之间标准距离是 30m，最长不要超过 50m，若管线过长，加油机就会出油慢，甚至不出油，机器振动也较大。 （4）检查过滤网是否堵塞。在加油机内部，至少有 3 道过滤网装置，任一过滤网堵塞，都有可能造成加油机出油慢，机器振动大

续表

常见现象	解决方法
5. 加油机出油慢 （1）加油机开关机正常； （2）计量正常； （3）出油慢，流量不超出20~30L； （4）调节溢流阀无效； （5）个别机器共振较大	（5）检查油泵溢流阀是否正常。溢流阀在刚开机时处于密封，当液压系统达到一定压力时，溢流阀自动打开。若溢流阀该密封时密封不严，可引起油泵出油慢，甚至导致油泵不能形成负压，加油机不出油。 （6）检查出油阀（或称高压阀、平衡阀）是否能灵活打开。若出油阀有异物，出油阀打开关闭会不畅，引起加油机出油慢或油量不稳，需要清洗出油阀。 （7）检查皮带是否正常。若皮带过松或老化，电动机转动时，皮带会打滑，油泵转速低，加油机出油慢。 （8）检查电磁阀是否正常。若有杂质进入，可能会引起加油机大流量出油慢，甚至不出油，小流量出油更慢，遇到这种情况，往往机器振动较大，维修方法是清洗或更换电磁阀。 （9）检查油枪胶管接头是否堵塞。油枪胶管接头最细的部位，可能被胶管内壁脱落的橡胶块堵塞，引起油枪出油慢
6. 加油机单相电动机不启动 （1）使用单相电机的加油机往往是小型加油机或特殊加油机； （2）加油机供电电压低的时候，电动机启动不正常； （3）加油机供电电压正常，电动机有时启动不正常； （4）拿起油枪，电动机有时能启动有时不能启动； （5）加油时，加油机转动转速和声音有时异常	（1）检查加油机电源线是否规范。根据《加油机供电电源线规范安装要求》项目规定：加油机的电源总开关设在室内，开关保险应根据电动机启动时电流来确定（约 6A）。电源线应选择耐油、耐腐蚀性能好的四芯多股铜芯的两层保护电缆（$2.5mm^2 \times 4$）。使用单相电机时，用户电源线应为截面积不小于 $6mm^2$ 的铜芯护套线，否则，可能造成电动机不能启动或出现烧坏电动机故障。禁止使用单股导线和铝芯线。参照以上规定，要先检查加油机电源线是否为截面积不小于 $6mm^2$ 的铜芯护套线，或是单股导线和铝芯线。若电源线过细，会引起电动机供电电压不足，电动机启动困难或转速慢，发出“嗡嗡”的声音，若加油站不注意，可能会烧坏电机。 （2）通过以上检查，若发现电源线不正常或不规范，需更换电源线。 （3）若电源线正常，就要检查加油站的电压是否经常波动，用电高峰时，电压是否过低。 （4）若加油站用电设备大量使用时，比如加油机都加油，加油站电压就低落，可以判断出是加油站供电线路不正常，需更换加油站供电线路
7. 加油机送不上电的故障 （1）有些加油机时一送电就跳闸，反复送不上； （2）有些加油机时一提枪就跳闸，反复送不上； （3）有些加油机是加油的时候偶尔跳闸	（1）出现第一种现象，其加油机有漏电的故障，千万不要硬给加油机送电，加油机漏电有很大的安全隐患，要及时把故障排除再送电。 （2）出现第二种现象，其原因是加油机电动机或电磁阀有漏电的故障，处理方法详见第一种故障。 （3）出现第三种现象，其原因是加油机工作电流太大，或三相电不平衡引起个别相电不平衡，可把加油机油泵压力降低或重新安装转动部件。若三相电不平衡，需要在配电盘上把用电设备用电功率调均匀一些。

续表

常见现象	解决方法
7. 加油机送不上电的故障 （1）有些加油机时一送电就跳闸，反复送不上； （2）有些加油机时一提枪就跳闸，反复送不上； （3）有些加油机是加油的时候偶尔跳闸	（4）当出现以上三种故障时，还要注意以下事项：①不要在加油机的供电开关上加装漏电保护器；②在选择加油机供电空气开关时，要选择正品（标称电流 15A），不要过大或过小，否则，起不到保护作用；③更换加油机强电部件时，一定要选择正品部件，最好是加油机厂指定部件
8. 加油机皮带易损坏的故障 （1）加油机皮带容易损坏，和别的加油机相比，损坏比较频繁； （2）加油机皮带不久就变松，裂缝，老化	（1）出现第一种故障，可能是：①皮带质量问题，非加油机厂指定的皮带；②皮带安装不规范，皮带在非正常传动状态工作；③电动机皮带轮与油泵皮带轮不在一个平面上；④皮带调节过紧。 （2）出现第二种故障，可能是：①加油机内部漏油，有油液滴在皮带上，导致皮带腐蚀，加速皮带老化；②皮带张紧轮安装支架变形，致使张紧轮倾斜，加速皮带磨损
9. 加油机视油器玻璃破裂的故障 （1）在天气最热的时候，加油机视油器玻璃出现破裂的现象比较多； （2）加油机视油器玻璃有时破裂，但不定期，与外界环境因素不明显	（1）出现第一种故障，可能是：①加油机温度太高，加油量偏少，致使加油机内油液温度升高，体积膨胀，压力过大，使视油器玻璃破裂；②加油机泵压太高，胶管受到意外的挤压，致使视油器玻璃破裂，如车辆碾压胶管；③与加油机相连的油罐是高压罐，温度高时内部压力太大，致使视油器玻璃破裂。 （2）出现第二种故障，可能是：①加油机油泵溢流阀有时工作不正常，出现卡死，油液压力过大致使视油器玻璃破裂；②油泵压力调节过大，加油机在没开枪状态下，电动机空转时间过长，加油员在回收胶管时，胶管受到外力挤压，引起视油器玻璃破裂
10. 油枪易损坏的故障 （1）油枪频繁自封； （2）油枪小流量不自封； （3）油枪不自封； （4）油枪关闭后漏油； （5）油枪漏油； （6）油枪不出油或流量小	（1）出现第一种故障，原因可能是油枪嘴进气管被堵或油枪自封机构开关膜上腔弹簧力过小。 （2）出现第二种故障，可能是油枪自封机构开关膜上腔弹簧力过大。 （3）出现第三种故障，原因可能是：①自封机构开关薄膜上腔与外界密封不严；②油枪转接套和副阀座上的“O”形密封圈损坏；③油枪转接套的气孔被堵；④自封机构开关膜片上腔弹簧力过大。 （4）第四种故障，原因可能是主阀或副阀有异物，导致密封不严。 （5）出现第五种故障，原因可能是：①在油枪与胶管的活动接头处漏油，需要更换活动接头；②油枪嘴与枪体的结合处渗漏，需要更换转接套上的密封圈；③主阀顶部压盖处渗漏，需要拧紧压盖或更换密封圈；④顶杆枪体密封处渗漏，此处是油枪的薄弱环节，此处漏油，油枪修复的可能性不大，需要更换油枪，这也是影响油枪寿命最重要的因素。 （6）出现第六种故障，原因可能是油枪滤网或油带接头被异物堵塞，需要清洗

续表

常见现象	解决方法
11. 加油机计量不准确 （1）加油时，计量不稳定，出油忽多忽少，超出 ±3‰； （2）加油时，计量超差，超出 ±3‰，但重复性错误较小； （3）加油时，计量超差，超出加油机精度要求 ±3‰，但重复性错误较大； （4）加油时，随气温变化，加油机计量精度变化比较明显； （5）随着加油机加油间隔过长，加油机计量精度出现变化； （6）有时计量准确，有时计量不准确，但不固定期限或时间	（1）出现第一种故障，可能是：①加油机流量计磨损严重，超出流量计使用周期，需要更换流量计；②流量计进入硬性杂物，把流量计活塞或缸划伤，需要维修或更换流量计。 （2）出现第二种故障，可能是：①加油机油泵输出介质不平稳，需要检修油泵；②加油机油气分离功能失效，需要检修油气分离部分设备。 （3）出现第三种故障，可能是：①流量计磨损严重；②编码器或主板出现故障；③加油机油气分离功能失效。 （4）出现第四种故障，可能是：①加油机油气分离功能失效或排气不通；②加油机管线或底阀出现泄漏；③加油机管线不规范，或管线有气阻。 （5）出现第五种故障，可能是：①加油机管线或底阀出现泄漏；②加油机管线不规范，或管线有气阻。 （6）出现第六种故障，可能是：①编码器和主板之间连接电缆插头松动；②编码器轴过分灵活；③编码器或主板出现故障；④机器震动过大
12. 加油机排气管往外喷油 （1）加油时排气管往外喷油； （2）不加油时，排气管往外喷油； （3）天气热时，排气管往外喷油； （4）天气冷时，排气管往外喷油	（1）出现第一种故障，可能是加油机油气分离部件出现故障或回油阀打不开。 （2）出现第二种故障，可能是管线油液压力大，浮子、回油阀功能失常。 （3）出现第三种故障，可能是：①加油机管线铺设过浅，天气热时，管线温度升高油液膨胀；②加油机安装不规范，机器温度高。 （4）出现第四种故障，可能是浮子不能浮起、回油阀卡死，常发生于柴油加油机，需要清洗
13. 加油机加油时停顿 （1）加油时，加油枪出油有时停顿，电动机一直转动； （2）加油时，加油枪出油有时停顿，电动机停止； （3）加油时，加油枪出油有时停顿，电动机停止，显示屏回零； （4）加油时，加油枪出油有时停顿，电动机停止，显示屏显示 767676……	（1）出现第一种故障，可能是：①油泵溢流阀有时工作不正常；②管线有气阻；③油底阀有时打开不畅。 （2）出现第二种故障，可能是加油机电气部分连接线松动或部件故障。 （3）出现第三种故障，可能是加油机油枪联动开关出现故障。 （4）出现第四种故障，可能是加油机供电电压不稳定或加油机电源板输出电压工作不稳定

续表

常见现象	解决方法
14. 加油时流量由大变小 （1）加油时，机器声音突然变小，流量逐渐变小； （2）加油时，机器声音突然变大，流量逐渐变小	（1）出现第一种故障，可尝试的排除方法：①检查加油机过滤系统是否被堵，包括所有的过滤器，发现被堵，就要仔细清洗或换，一般情况下，加油机设有 3~4 道过滤器；②检查皮带是否老化或过松，特别是夏天；③检查溢流阀，看是否有杂质、磨损严重或运动不灵活；④检查出油阀、平衡阀或高压阀，看是否有杂质、磨损严重或运动不灵活；⑤检查电磁阀，看是否有杂质、磨损严重或运动不灵活。 （2）出现第二种故障，可尝试的排除方法是：①检查流量计，看转动轴是否均速转动，是否有噪声；②检查加油枪活结或主阀，看是否有堵塞、磨损严重或运动不灵活；③检查油底阀，看是否有堵塞、磨损严重或运动不灵活；④检查管线，特别是接头部位，看是否堵塞、磨损严重或运动不灵活；⑤检查管线是否敷设规范，若排气管不停排气，则极可能是管线的问题
15. 加油机参数累计数跳变 （1）加油机参数累计数偶尔出现跳变现象； （2）加油机参数累计数经常出现跳变现象	（1）出现第一种故障，可能是：①主板故障，可能是电池失效损坏或电压不足；②电源板故障。 （2）出现第二种故障，可能是：①加油机内部电缆排线接触不良；②加油机供电开关接触不良；③加油机接地线不规范或没接好。避免出现此类故障的方法：①加油机不要经常人为停电，否则将会降低加油机内部电池的使用寿命；②加油机接地线要尽可能粗，标准是 $4mm^2$ 以上的多股铜线；③电压不稳时，尽量不要给加油机送电或加油操作；④加油机供电开关一定要选正品；⑤加油站尽量不要使用通信设备和其他大型用电设备
16. 定量加油多走字。定量加油时，多走几角钱或几分钱，那是多出的油，就应该计量。为什么多出油呢？这是油路控制部分故障，只要是多出油，就会多走字，当出现这类现象时，证明加油机有故障	出现此类故障，可以从以下 4 点进行尝试排除故障：①电磁阀主阀故障，需要更换电磁阀；② IC 卡加油机，出现此类故障，键盘显示屏显示“电磁阀故障，请更换电磁阀”；③电磁阀控制电路出现故障（很少）；④加油机主板故障（很少）
17. 加油机喇叭不停地响 （1）加油机喇叭不停地响； （2）加油机喇叭阶段性响	（1）出现第一种故障，可能是：①键盘进水或粘连；②键盘插头进水。 （2）出现第二种故障，可能是：①编码器故障；②加油机供电线路不规范；③加油机行程开关状态不正常；④加油机锁机；⑤加油机处于报警状态

续表

常见现象	解决方法
18. 加油时流速忽大忽小 （1）加油机加油时流速忽大忽小，机器噪声大； （2）加油机加油时流速忽大忽小，机器噪声小	（1）出现第一种故障，可做以下检查逐渐排除故障：①检查加油机过滤系统是否被堵，包括所有的过滤器，发现被堵，要仔细清洗或更换，一般情况下，加油机设有 3~4 道过滤器；②检查皮带是否老化或过松，特别是夏天；③检查溢流阀，看是否有杂质、磨损严重或运动不灵活；④检查出油阀、平衡阀或高压阀，看是否有杂质、磨损严重或运动不灵活；⑤检查电磁阀，看是否有杂质、磨损严重或运动不灵活；⑥检查流量计，看转动轴是否均速转动，是否有噪声；⑦检查加油枪活结头或主阀，看是否有堵塞、磨损严重或运动不灵活；⑧检查油底阀，看是否有堵塞、磨损严重或运动不灵活；⑨检查管线，特别是接头部位，看是否堵塞、磨损严重或运动不灵活； （2）出现第二种故障，可做以下检查逐渐排除故障：①输油管线敷设不规范，忽高忽低，有气阻；②输油管线下埋太浅，太阳直射，管线内温度升高易形成气泡，产生气阻；③检查管线敷设是否规范，若排气管不停排气，则极有可能是管线的问题
19. 加油时不能停机 （1）定量加油时不能停机； （2）非定量加油时不能停机	（1）出现第一种故障，可做以下检查逐渐排除故障：①人为操作原因，在加油机预置加油操作时，忘记先按“清零”键，引起“定量没定住”；②检查加油机油枪行程开关是否有故障，或行程开关联动装置是否出现行程偏差，引起加油机关不了机。 （2）出现第二种故障，可做以下检查逐渐排除故障：①检查继电器板继电器是否出现粘连；②检查交流接触器是否出现粘连；③检查固态继电器是否击穿；④检查主板是否出现故障
20. 加油机经常不开机或断续开机 （1）加油机经常出现不开机故障； （2）加油机有时出现断续开机故障	（1）出现第一种故障，可能是：①加油机供电开关接触不良；②加油机供电线路不正常；③加油机油枪行程开关接触不良或行程装置不到位。 （2）出现第一种故障，可能是：①加油机直流供电线路接触不良或电源板块出现故障；②加油板主板出现故障
21. 有时不开机 有时出现不开机状态，但出现故障时间不定，有时一天出现几次，有时几天出现一次	可做以下检查逐渐排除故障：①加油机供电开关接触不良；②加油机供电线路不正常；③加油机油枪行程开关接触不良或行程装置不到位；④加油机供电电压不正常；⑤加油机直流供电线路接触不良或电源板出现故障；⑥加油机主板出现故障；⑦检查管控系统设置 / 加油机工作状态设置是否正常
22. 油液含有气体 （1）加油有时停顿，在停顿时有气体排出；	可做以下检查逐渐排除故障：①检查加油机排气管是否堵塞；②若排气管排气正常，要重点检查加油机进油口阀门接头是否有漏油或漏气现象；③检查油罐放置是否规范。若油罐埋得太浅，太阳直晒，

续表

常见现象	解决方法
（2）油枪出油时不断有气体排出； （3）油枪时出油时出气； （4）油枪一直大量排气，有时会伴随少部分油	油罐内温度太高，油液容易汽化，引起管道内气体过多，机油机加油时，油枪出油有停顿，在停顿时有气体从油枪排出；④若油罐放置规范，检查管道铺设是否规范。若管道放置太浅或有“几”字形忽高忽低现象，太阳照射，引起管线内部油液温度升高，产生大量气体，出现气阻现象，导致加油机一直排气，出油量很小或不出油；⑤若油罐放置、管道敷设都规范，检查加油机温度是否正常。若加油机防晒设施不完善，机器内部温度太高，油液在机器内部汽化现象比较严重，引起加油机内聚气过多
23. 加油机开机加油时出油缓慢 （1）加油时，声音正常，出油缓慢； （2）机器声音很轻，出油缓慢； （3）机器噪声很大，出油缓慢	（1）检查电机转动是否正常。若电机转动慢或倒转，都不能形成足够负压，导致出油缓慢。 （2）检查皮带传送是否正常。若皮带过松或老化，油泵无法形成足够负压，导致出油缓慢。 （3）检查油泵底阀是否正常。若停机电动机倒转，可能底阀卡死。 （4）检查出油阀工作是否正常。若出油阀卡死，油泵声音很重，使出油缓慢。 （5）检查油泵溢流阀工作是否正常。若溢流阀密封不严，机器噪声很大，会引起出油缓慢。 （6）检查电磁阀工作是否正常。若电磁阀打不开，机器噪声很大，会引起出油缓慢。 （7）检查流量计工作是否正常。若流量计卡死，机器噪声很大，会引起出油缓慢
24. 加油机不能报税 （1）新加油机不能报税； （2）加油机曾经报过税，现在不能报税了； （3）加油机装机好多年了，现在报税不成功了； （4）加油机有时能报成税，有时不能报税	（1）出现第一种故障，可能是税务 POS 机与加油机程序兼容问题或接口不兼容，要检查税务 POS 机，可让税务局换税务 POS 机试试。 （2）出现第二种故障，可能是加油机报税口损坏或接触不好，也可能是主板有问题，但可能性比较小。 （3）出现第三种故障，可能是税务 POS 机与加油机程序兼容问题或接口不兼容，主要检查税务 POS 机。 （4）出现第四种故障，可能是加油机报税口损坏或接触不好，主要检查税务 POS 机
25. 加油机不能调单价 （1）单价不能调； （2）单价可以调，但过一段时间又可调； （3）单价调后，只要提枪加油单价就回零	（1）出现第一种故障，可能是加油机参数锁损坏或参数锁插头松动。 （2）出现第二种现象，可能是加油机外部干扰引起的，若经常出现此类故障，可以重点排除加油机外界干扰因素或更换主板。 （3）出现第三种故障，只需把价格重新调入即可。若是防作弊加油机，可能是主板或编码器发生故障

续表

常见现象	解决方法
26. 装入 PSAM 卡后，键盘提示“PSAM 复位失败”	（1）与 PSAM 卡通信线是否插好。 （2）PSAM 卡通信线的线序是否正确。 （3）PSAM 卡是否接触好，重新插拔一下 PSAM 卡。 （4）PSAM 卡座重新上电
27. 插入 IC 卡后，提示“启用日期未到”或者“失效卡”	（1）查询油机时间，是否为当前时间； （2）查询 IC 卡的启用日期与截止日期

附件 5

加能站设备设施检查标准

区域	设备	检查内容	检查方式	检查频次	检查人
教育培训	证件管理	电工、电（气）焊工、锅炉等特殊工种应持有效证件上岗，特种设备管理、操作及巡护人员应持有效证件上岗	查资料	年	站经理
全寿命周期管理	档案台账	健全和完善设备技术档案（设备台账、竣工验收资料、检验检测报告、维修保养记录等）；平面图、工艺流程图、接地分布图、消防器材布置图、配电线路图、巡检路线图、危险区域划分图、电缆走向图八图齐全	查资料	年	站经理
	档案台账	基层单位应建立包含设备管理组织机构、设备使用说明书、操作规程等资料的设备管理台账	查资料	年	站经理
	“四定”管理	实行“定人员、定设备、定责任、定目标”的管理	查资料、查现场	季	站经理
	变更管理	设备变更遵循“变更申请→变更评估→变更审批→变更实施→变更关闭”的流程，各阶段相关手续资料齐全	查资料、查现场	发生时	站经理
		设备或工艺变更后要进行全员培训、教育，操作人员要熟练掌握新设备、新工艺的操作规程、设备性能	查资料、查现场	发生时	站经理
加油区	加油机	外观及内部应整洁无油污，运行正常；各部件完好、线路整齐、无渗漏	查现场	周	领班
		挂枪处有油品标识，枪套颜色与油品相对应	查现场	周	领班
		过滤器按使用时间或加油量定期清洗	查资料、查现场	周	领班
		安装符合整体防爆要求，防爆区域与主板弱电区分隔密封良好；主板弱电区保持整洁、干净，各部件无发热现象	查现场	周	领班

续表

区域	设备	检查内容	检查方式	检查频次	检查人
加油区	加油机	底部应用细沙填实，保持平整干燥，波纹管法兰、紧急切断阀底部丝口应露出沙外	查现场	周	领班
		外壳、电机、防爆接线盒等部件接地应保持良好有效、规范	查现场	周	领班
		内部电气密封良好	查资料、查现场	周	领班
		主板、计量器、传感器的铅封完好，铅封号和记录相符	查资料、查现场	周	领班
		加油枪与机体之间导通良好，阻值合格	查资料、查现场	月	站经理
		定期接受属地行业监管部门校验，取得合格证或检测报告	查资料	季 / 半年	站经理
		停用有审批手续，停用油枪应粘贴停用标识并有防误用措施	查资料、查现场	月	站经理
	照明系统	罩棚灯具应选用防护等级不低于 IP44 级的节能型照明灯具，罩棚照明灯完好	查现场	月	站经理
		油品灯箱距离加油机顶部距离不小于 15cm，且无损坏，标识清晰、准确	查现场	月	站经理
	罩棚	网架结构罩棚无严重锈蚀，混凝土结构罩棚无掉灰，罩棚无蜘蛛网，无明显积尘，无漏雨；檐口无破损，灯箱内部灯管能正常开启，无损坏	查现场	月	站经理

续表

区域	设备	检查内容	检查方式	检查频次	检查人
加油区	品牌柱	标识清晰，无污物、无破损，无严重褪色；内部灯管能正常开启，无损坏	查现场	日	领班
油罐区	油罐及附件	有罐号、油品等明显标识、标记	查现场	周	领班
		操作井盖有防撞击产生火花措施，并进行有效、规范接地	查现场	周	领班
		操作井内无杂物、无积水、无锈蚀、无明显油气味	查资料、查现场	日	领班
		油罐人孔盖螺栓齐全、连接牢固，垫圈密封完好	查现场	周	领班
		量油孔应设带锁的量油帽，密封垫圈完好有效，闭合严密	查现场	周	领班
		卸油、输油管线及各部件的法兰必须连接严密，做到无腐蚀、无渗漏	查现场	周	领班
		各部位阀门启闭灵活，无渗漏	查现场	周	领班
		油罐应进行防雷接地，接地点不应少于 2 处，且应引出地面，设置检测断接卡，断接卡材质、安装符合规范要求	查现场	月	站经理
		在爆炸危险区域内的输油管线上的法兰应用金属线跨接（当法兰的连接螺栓不少于 5 根时，在非腐蚀环境下，可不跨接），跨接线上不允许刷漆	查现场	周	领班
		定期对通气管阻火帽或呼吸阀进行保养维护，确保外观清洁、功能有效	查资料、查现场	季	站经理
		双层罐应具备出厂合格证及电子标签；应设置渗漏检测立管，在线检测系统运行正常	查资料、查现场	日	领班

续表

区域	设备	检查内容	检查方式	检查频次	检查人
油罐区	油罐及附件	油罐 3~5 年清洗 1 次	查资料	年	站经理
		停用油罐应注水，卸油口使用盲板封堵	查现场	年	站经理
	输油管线	管线不得穿越建、构筑物	查资料、查现场	年	站经理
		敷设管线的管沟应用沙子填实；输油管线不得与电缆线同沟敷设	查现场	周	领班
	输油管线	管线及各部件的连接法兰必须严密，做到无严重腐蚀、无渗漏	查现场	日	领班
		地上油品管道始、末端和分支处的接地装置的接地电阻不应大于 30Ω（单独接地时）	查资料	半年	站经理
	卸油口	卸油静电接地端子应距卸油口 1.5m 以上	查现场	半年	站经理
		卸油口应上锁，每个卸油口标明罐号和品号；卸油口安装阴阳接头	查现场	日	领班
		卸油管线法兰之间的安装间距不宜小于 100mm，小于 100mm 时，管线法兰之间做等电位连接	查现场	日	领班
	通气管	汽油罐与柴油罐的通气管应分开设置；通气管的公称内直径不应小于 50mm；通气管应安装阻火器	查现场	季	站经理
		通气管口应高出地面 4m 及以上，通气管口应距围墙 3m；沿建筑物的墙（柱）向上敷设的通气管管口，应高出建筑物的顶面 1.5m 及以上	查现场	季	站经理
		通气管使用法兰连接的，连接螺栓少于 5 根时应跨接	查现场	季	站经理
	液位仪	防爆挠性管密封良好	查现场	周	领班
		数据线保护钢管两端应做有效、规范接地	查现场	周	领班

续表

区域	设备	检查内容	检查方式	检查频次	检查人
油罐区	潜油泵	运行正常，外观无油污，出油管、法兰无渗漏	查现场	日	领班
		应进行规范、有效接地	查现场	日	领班
营业室	IC 卡管控设备	设备外观整洁，运行正常、线路整齐，系统中不安装与 IC 卡业务无关的软件	查现场	月	站经理
		IC 卡系统通信电缆应屏蔽，铠装电缆金属外皮两端、保护钢管两端均应接地	查现场	周	领班
		IC 卡系统室外地埋通信线应使用镀锌管穿管保护，并在加油机出口端高出地面 100mm，端口密封，接地可靠，接地电阻值不得大于 10Ω	查现场	半年	站经理
	办公辅助设备	设备外观整洁，运行正常，线路整齐，系统中不安装与工作无关的软件，不连接外部网络	查现场	半年	站经理
供配电系统	发电机	发电机组整体清洁，燃油、机油、冷却水无渗漏，发电间不得堆放与操作无关的物品	查现场	日	领班
		发电机组备有足够的燃油、润滑油、循环冷却液，按使用频率或时间更换润滑油	查资料、查现场	日	领班
		发电机组每周空载运行 1 次（10~15min），有保养运行记录，以确保处于良好状态	查资料	周	领班
		发电机排烟管应安装防烫措施，排烟口应安装阻火帽，排烟口至各爆炸危险区域边界的水平距离：排烟口高出地面 4.5m 以下时不应小于 5m；排烟口高出地面 4.5m 及以上时不应小于 3m	查现场	季	站经理
		发电机室应设通风窗保证空气流通	查现场	周	领班

续表

区域	设备	检查内容	检查方式	检查频次	检查人
供配电系统	发电机	发电机保护接地连接牢固、可靠，操作位置应设置绝缘垫	查现场	周	领班
		发电机室必须悬挂操作规程	查现场	日	领班
	配电柜	电缆金属外皮或电缆金属保护管两端均应接地	查现场	日	领班
		在供配电系统的电源端应安装与设备耐压水平相适应的过电压（电涌）保护器	查现场	周	领班
		配电柜应保持整体清洁、无灰尘、无脱漆	查现场	日	领班
		各部件连接螺栓应紧固可靠，接地装置应完好有效	查现场	日	领班
		仪表应完好有效，开关启闭灵活	查现场	日	领班
		电气设备维修时，配电柜断开工作回路的开关上应悬挂警示牌	查现场	日	领班
		配电室通风窗安装纱窗，配电柜为非密闭落地结构时，配电间应设置防小动物挡板，高度不得低于 500mm	查现场	日	领班
		电缆保护套管应采用耐火护套管，且保护套管两端应接地，密封严密	查现场	日	领班
		配电柜底部电缆管沟应用细沙填实	查现场	周	领班
		一次入户的配电柜（盘）下应配置绝缘胶垫	查现场	日	领班
		变配电间内不得放置与操作无关的物品	查现场	日	领班
		配电室应按规定设置或悬挂“禁止合闸”“有电危险”“正常运行”的警示牌	查现场	日	领班

续表

区域	设备	检查内容	检查方式	检查频次	检查人
供配电系统	变压器	安装在室内的变压器，通风窗应设纱窗，门锁完好并设置防小动物挡板，高度不得低于 500mm；安装在室外的变压器应设置围墙或围栏，悬挂“有电危险”“禁止攀爬”等警示标识	查现场	日	领班
	应急照明灯	加油区、营业室、变配电间内应急照明灯性能正常	查资料、查现场	周	领班
	电气线路及其他	防雷防静电接地、电气设备的工作接地、保护接地及信息系统的接地等，宜共用接地装置，其接地电阻不应大于 4Ω	查资料、查现场	半年	站经理
		配线电缆金属外皮两端和保护钢管两端的接地装置的接地电阻不应大于 10Ω（单独接地时）	查资料、查现场	半年	站经理
		信息系统（通信、液位、计算机系统等）采用铠装电缆或导线穿钢管配线；配线电缆金属外皮两端、保护钢管两端均应接地	查现场	日	领班
		信息系统的配电线路首、末端与电子器件连接时，应装设与电子器件耐压水平相适应的过电压（电涌）保护器	查现场	日	领班
		爆炸危险区内的电气装置应符合整体防爆要求	查现场	周	领班
		电气、线路应完好无损，电气连接处应采用专用接线头，紧密牢固	查现场	周	领班
		安装的电气设备配置符合使用要求的绝缘工具，定期检验	查资料、查现场	周	领班
防雷防静电系统	罩棚	罩棚应采用避雷带保护，避雷带（网）不得少于 2 处引下线，并设有断接卡	查现场	半年	站经理
	站房及附属房	站房应采用避雷带保护，避雷带（网）不得少于 2 处引下线，禁止在避雷带（网）上挂搭电话线、临时用电线路等	查现场	半年	站经理

续表

区域	设备	检查内容	检查方式	检查频次	检查人
防雷防静电系统	油罐	油罐应进行防雷接地，接地点不应少于 2 处，且应引出地面，设置检测断接卡，接地电阻不应大于 10Ω（单独接地时）	查现场	半年	站经理
	品牌立柱	品牌立柱应进行规范接地，并设有断接卡	查现场	半年	站经理
环保设备	油气回收系统	加油机真空泵无振动异常、温度异常，无积尘锈蚀、渗漏；积液井定期清理集液罐及罐井，阀门和法兰无渗漏、静电跨接完好，接地规范；油罐区卸油口区标识清晰，设备附件跨接有效、螺栓紧固，法兰和阀门无渗漏，真空压力阀工作正常，已启用的油气回收系统气液比、液阻、密闭性指标检测合格，有三次油气回收装置的油气排放浓度应检测合格	查资料、查现场	日	领班
	污水处理系统	运行正常，设备无锈蚀、渗漏	查现场	日	领班
	油水分离池	设置三级及以上油水过滤池，各级过滤池之间使用 U 形管连通，定期进行清理，不允许使用密闭式油水分离池	查现场	月	站经理
监控、报警系统	摄像头	设置位置及数量覆盖各重点区域，画面清晰	查现场	月	站经理
	显示器及主机	监控录像应完整记录，具有回放功能，数据存储时间不少于 90 天	查现场	月	站经理
	报警装置	声光报警装置的开关应隐蔽安装，便于操作；报警装置应声音洪亮，反应灵敏	查现场	月	站经理
消防及给排水	消防器材	落实“定点摆放、定人管理、定期维护、定期检查”管理	查现场	日	领班
		每 2 台加油机应设置不少于 2 具 4kg 手提式干粉灭火器或 1 具 4kg 手提式干粉灭火器和 1 具 6L 泡沫灭火器（加油机不足 2 台按 2 台计算），灭火器性能完好	查现场	日	领班

续表

区域	设备	检查内容	检查方式	检查频次	检查人
消防及给排水	消防器材	地下储罐应设置 1 具 35kg 的推车式干粉灭火器；当两种介质储罐之间的距离超过 15m 时，应分别设置，灭火器性能完好	查现场	日	领班
		一级、二级加油站应备灭火毯 5 块、沙子 $2m^3$；油气合建站，按同级别的加油站配置灭火毯和沙子	查现场	日	领班
		变配电间、发电间应各配置 2 具 2kg 二氧化碳灭火器，配备燃油发电机的发电间另需配置 2 具 4kg 手提式干粉灭火器，灭火器性能完好	查现场	日	领班
	给水设备	水泵功率、扬程符合供水要求，水泵泵体、地上供水管线无锈蚀、渗漏；控制柜运行正常、接线规范	查现场	周	领班
	排水系统	加油站排出建筑物或围墙的污水，在建筑物墙外或围墙内应分别设水封井（独立的生活污水除外）；油罐区观测井配置抽水机的必须使用防爆型水泵	查现场	日	领班

附件 6

CNG 加气站设备设施检查标准

区域	设备	检查内容	检查方式	检查频次	检查人
管理制度	操作规程	基层单位负责设备操作规程的制定、更新	查资料	年	站经理
教育培训	证件管理	电工、电（气）焊工、锅炉等特殊工种应持有效证件上岗，特种设备管理、操作及巡护人员应持有效证件上岗	查资料	年	站经理
全寿命周期管理	档案台账	健全和完善设备技术档案（设备台账、竣工验收资料、检验检测报告、维修保养记录等）；平面图、工艺流程图、接地分布图、消防器材布置图、配电线路图、巡检路线图、危险区域划分图、电缆走向图八图齐全	查资料	年	站经理
		基层单位应建立包含设备管理组织机构、设备使用说明书、操作规程等资料的设备管理台账	查资料	季	站经理
	四定管理	实行“定人员、定设备、定责任、定目标”的管理	查资料、查现场	月	站经理
	变　更	设备变更遵循“变更申请→变更评估→变更审批→变更实施→变更关闭”的流程，各阶段相关手续资料齐全	查资料、查现场	月	站经理
		设备或工艺变更后要进行全员培训、教育，操作人员要熟练掌握新设备、新工艺的操作规程、设备性能	查资料、查现场	月	站经理
加气区	加气机	外观应整洁无积尘，运行正常；各部件完好、线路整齐、无渗漏、无锈蚀	查现场	日	领班
		具备计量功能，计量精度不低于 1.0 级；每半年进行一次检验，检验有记录	检查检定证书	日	领班
		接地应保持良好有效，接地规范	查现场	日	领班

续表

区域	设备	检查内容	检查方式	检查频次	检查人
加气区	加气机	应整体防爆，防爆区域与电脑区分隔密封良好	查现场	周	领班
		进气管线上设有防撞事故自动切断阀	查现场	周	领班
		加气软管上设拉断阀	查现场	日	领班
		加气机附近应设防撞柱（栏），高度不低于 0.5m	查现场	月	站经理
	照明系统	罩棚灯具应选用防护等级不低于 IP44 级的节能型照明灯具，照明完好，不昏暗	查现场	月	站经理
		油品灯箱距离加气机顶部距离不小于 15cm，且无损坏，标识清晰、准确	查现场	月	站经理
	罩　棚	网架结构罩棚无严重锈蚀，混凝土结构罩棚无掉灰，罩棚无蜘蛛网，无明显积尘，无漏雨；	查现场	月	站经理
	品牌柱	标识清晰，无污物、破损，无严重褪色内部灯箱能正常开启，灯管无损坏	查现场 查记录	日	领班
生产区	天然气调压计量及脱水脱硫装置	天然气进站管道上应设置调压装置；计量装置计量精度不得低于 1.0 级	检查检定证书	月	站经理
		设置脱硫塔时，应设置在室外，设置为双塔；脱硫脱水装置的操作符合操作规程	查现场，查资料	日	领班
		脱硫塔前后的工艺管道上应设置硫化氢含量检测取样门，也可设置硫化氢含量在线检测分析仪，脱水设备的出口管道上应设置露点检测仪	查现场	月	站经理
		严格按操作规程对脱硫脱水装置更换填料操作，记录规范；废填料的处理符合环保要求，有处理记录	查资料	日	领班

续表

区域	设备	检查内容	检查方式	检查频次	检查人
生产区	子母站－高压CNG管束车及卸气柱	CNG管束车办理“压力容器使用证”，钢瓶的安全附件符合使用要求	查资料	年	站经理
		静电连接线截面面积不小于6 mm^2，接地电阻不应大于100Ω	查现场	半年	站经理
		连接管束车的管道上设置拉断阀和紧急截断阀，在加气柱上设置紧急报警按钮；紧急切断阀应能用手启动或关闭，复位自如	查现场	周	领班
		气相管道上拉断阀固定牢固、位置正确	查现场	周	领班
		做好充装用软管的检查维护	查现场 查记录	月	站经理
	子母站－高压CNG管束车及卸气柱	加气柱管线无泄漏	查现场	日	领班
		流量计符合防爆要求，精度不小于1.0级	检查检定证书	月	站经理
		静电接地情况良好	查现场	日	领班
		加气柱（卸气柱）靠汽车通道侧装有防撞设施	查现场	月	站经理
	储气瓶组（储气井）	储气井一般检测周期为两年，全面检测周期为六年，应有检测报告；储气瓶应每三年检验1次，严禁使用过期钢瓶，储气瓶应取得特种设备使用登记证	查资料	年	站经理
		储气瓶组（储气井）进气总管上应设安全阀及紧急放散管、压力表、超压报警器及排污装置；每个储气瓶（井）出口应设截止阀	查现场	年	站经理
		储气瓶组（储气井）与加气枪之间应设储气瓶组（储气井）截断阀、主截断阀、紧总截断阀和加气截断阀，设置应便于操作	查现场	年	站经理

续表

区域	设备	检查内容	检查方式	检查频次	检查人
生产区	储气瓶组（储气井）	储气瓶组及管道应设置泄压保护装置，泄压保护装置应采取防塞和防冻措施；一次泄放量大于 $500m^3$ 的高压气体应通过放散管排放；一次泄放量大于 $2m^3$，泄放次数平均每小时 2～3 次以上的操作排放，设置专用回收罐	查现场	日	领班
		不同压力级别系统的天然气放散管宜分别设置，如采用集中放散时，放散管应与放散的最大压力和最大排放量相适应，放散管管口应高出设备平台 2m 及以上，且应高出所在地面 5m 及以上	查现场	日	领班
		储气井（瓶）组必须进行防雷接地，接地点不应少于两处；接地电阻不应大于 10Ω（单独接地时）	查现场	半年	站经理
		储气瓶组或储气井与站内汽车通道相邻一侧，应设安全防撞栏或采取其他防撞措施	查现场	月	站经理
		储气瓶组的管道接口不宜朝向办公室、加气岛和邻近的站外建筑物；不可避免时，应设置厚度不少于 200mm 的钢筋混凝土实体隔离墙	查现场	年	站经理
		储气井应有铭牌标志，并应标有“高压气地下储气井”字样	查现场	日	领班
	压缩天然气管道	天然气进站管道上应设紧急截断阀，紧急截断阀的位置应便于发生事故时能及时切断气源	查现场	月	站经理
		天然气管道宜埋地或管沟冲沙敷设，其管顶距地面不应小于 0.5m，室内管道宜采用管沟冲沙敷设，管沟应用中性沙填充	查现场	周	领班
		天然气管道的始、末端和分支处应设防静电和防感应雷的联合接地装置，其接地电阻不应大于 30Ω（单独接地时）	查现场	半年	站经理

续表

区域	设备	检查内容	检查方式	检查频次	检查人
生产区	压缩天然气管道	天然气管道上的法兰、胶管两端等连接处应跨接（当法兰的连接螺栓不少于 5 根时，在非腐蚀环境下，可不跨接）	查现场	日	领班
		压力管道应三年检测 1 次，检测记录、报告齐全	查现场，查资料	年	站经理
	安全阀	缓冲罐、压缩机出口、储气瓶组应设置安全阀，前端针型阀处于常开状态；安全阀每年校验 1 次，检测压力值是否符合要求，其中： ①当 $p \leqslant 1.8$MPa 时，$p_0 = p+0.18$MPa； ②当 1.8MPa $< p \leqslant$ 4.0MPa 时，$p_0 = 1.1p$； ③当 4.0MPa $< p \leqslant$ 8.0MPa 时，$p_0 = p+0.4$MPa； ④当 8.0MPa $< p \leqslant$ 25.0MPa 时，$p_0 = 1.05p$； p——设备最大工作压力	查现场，查资料	半年	站经理
	压力表	站内的设备和管道均应设立压力检测点，压力表的精度不低于 1.5 级，压力表量程范围宜为工作压力的 1.5~2 倍；压力表安装前应进行校验，安装后每半年校验 1 次	查现场，查资料	半年	站经理
	可燃气体检测仪	压缩天然气储气瓶间（棚）、天然气泵和压缩机房（棚）等场所，设置可燃气体可燃气体检测报警仪；可燃气体检测报警仪每年校验 1 次，报警系统应配有不间断电源，并应设置在控制室或值班室内	查现场，查资料	年	站经理
	CNG 压缩机	天然气压缩机宜单排布置，压缩机房的主要通道宽度不宜小于 2m；压缩机房门、窗应向外开启，机房高度不低于 4m，机房通风良好	查现场	周	领班
		压缩机出口与第一个截断阀之间应设安全阀，安全阀的泄放能力不应小于压缩机的安全泄放量	查现场	周	领班

续表

区域	设备	检查内容	检查方式	检查频次	检查人
生产区	CNG 压缩机	压缩机进、出口应设高、低压报警和高压越限停机装置，报警及停止装置运转良好	查现场	周	领班
		压缩机组的冷却系统应设温度报警及停车装置，报警及停止装置运转良好	查现场	周	领班
		压缩机组的润滑油系统应设低压报警及停机装置，报警及停止装置运转良好	查现场	周	领班
		压缩机的固定牢固可靠；定期巡检有记录；压缩机运行记录规范	查现场	日	领班
		压缩机定期维护有计划、有记录	查现场	月	站经理
		压缩机运行时无异响，压缩机各级间压力温度在正常范围内，无“跑冒漏滴”现象	查现场	日	领班
		压缩机控制柜工作正常，显示数据与实际相符，柜内电器仪表无过热、积灰现象	查现场	日	领班
		压缩机的卸载排气不得对外放散；压缩机产生的油污、污水应集中处理	查现场	日	领班
营业室	IC 卡管控设备	设备外观应整洁，运行正常、线路整齐	查现场	日	领班
		IC 卡系统的安装应符合加油机整体防爆要求	查现场	周	领班
		IC 卡系统通信电缆应屏蔽，铠装电缆金属外皮两端、保护钢管两端均应接地	查现场	周	领班
		IC 卡系统室外地埋通信线应使用镀锌管穿管保护，并在加油机出口端高出地面 100mm，端口密封，接地可靠，接地电阻值不得大于 10Ω	查现场	半年	站经理

续表

区域	设备	检查内容	检查方式	检查频次	检查人
营业室	办公辅助设备	使用、运行正常，无故障	查现场	日	领班
供配电系统	发电机	发电机组整体应清洁，燃油、机油、冷却水无渗漏，发电间不得堆放杂物和存放与操作无关的物品	查现场	日	领班
		发电机组应备有足够的燃油、润滑油、循环冷却液，按使用频率或时间更换润滑油	查资料、查现场	日	领班
		发电机组每周应空载运行 1 次（10~15min），有保养运行记录，以确保处于良好状态	查资料	周	领班
		发电机排烟管应安装防烫措施，排烟口应安装阻火器，排烟口至各爆炸危险区域边界的水平距离：排烟口高出地面 4.5m 以下时不应小于 5m；排烟口高出地面 4.5m 及以上时不应小于 3m	查现场	周	领班
		发电机室应设通风窗保证空气流通	查现场	日	领班
		发电机保护接地连接牢固、可靠，操作位置应设置绝缘垫	查现场	日	领班
		发电机室必须悬挂操作规程	查现场	日	领班
	配电柜	加气站应采用电压为 380V/220V 的外接电源，供配电系统采用 TN-S 系统	查现场	年	站经理
		电缆金属外皮或电缆金属保护管两端均应接地	查现场	日	领班
		在供配电系统的电源端应安装与设备耐压水平相适应的过电压（电涌）保护器	查现场	月	站经理
		配电柜应保持整体清洁、无灰尘、无脱漆	查现场	周	领班
		各部件连接螺栓应紧固可靠，接地装置应完好有效	查现场	周	领班

续表

区域	设备	检查内容	检查方式	检查频次	检查人
供配电系统	配电柜	仪表应完好有效，开关启闭灵活	查现场	日	领班
		电气设备维修时，配电柜断开工作回路的开关上应悬挂警示牌	查现场	日	领班
		配电室通风窗安装纱窗，配电柜为非密闭落地结构时，配电间应设置防小动物挡板，高度不得低于 500mm	查现场	日	领班
		电缆保护套管应采用耐火护套管，且保护套管两端应接地，密封严密	查现场	日	领班
		配电柜底部电缆管沟应用细沙填实	查现场	周	领班
		一次入户的配电柜（盘）下应配置绝缘胶垫	查现场	日	领班
		变配电间内不得放置杂物及与操作无关的物品	查现场	日	领班
		配电室应设置或悬挂“禁止合闸”“有电危险”“正常运行”的警示牌	查现场	日	领班
	变压器	安装在室内的变压器，通风窗应设纱窗，门锁完好，设置防小动物挡板，高度不得低于 500mm；安装在室外的变压器应设置围墙或围栏，悬挂“有电危险”“禁止攀爬”等安全标识	查现场	日	领班
	应急照明灯	加油区、营业室、变配电间内应急照明灯性能正常，每周试验 1 次	查资料、查现场	周	领班
	电气线路及其他	加气站的电力线路宜采用电缆并直埋敷设；电缆穿越行车道部分，应穿钢管保护	查现场	周	领班
		当采用电缆沟敷设电缆时，电缆沟内必须充沙填实；电缆不得与油品、液化石油气和天然气管道、热力管道敷设在同一沟内	查资料、查现场	周	领班

续表

区域	设备	检查内容	检查方式	检查频次	检查人
供配电系统	电气线路及其他	加气站的防雷防静电接地、电气设备的工作接地、保护接地及信息系统的接地等，宜共用接地装置，其接地电阻不应大于 4Ω	查资料、查现场	半年	站经理
		配线电缆金属外皮两端和保护钢管两端的接地装置的接地电阻不应大于 10Ω（单独接地时）	查资料、查现场	半年	站经理
		加气站的信息系统（通信、液位、计算机系统等）采用铠装电缆或导线穿钢管配线；配线电缆金属外皮两端、保护钢管两端均应接地	查现场	周	领班
		加气站信息系统的配电线路首、末端与电子器件连接时，应装设与电子器件耐压水平相适应的过电压（电涌）保护器	查现场	周	领班
		爆炸危险区内的电气装置应符合整体防爆要求	查现场	周	领班
		电气、线路应完好无损，电气连接处应采用专用接线头，紧密牢固	查现场	周	领班
		加气站应根据安装的电气设备配置符合使用要求的绝缘工具，并定期进行检验	查资料、查现场	周	领班
防雷系统	罩棚	罩棚应采用避雷带保护，避雷带（网）不得少于 2 处引下线，并设有断接卡	查现场	半年	站经理
	站房及附属房	站房应采用避雷带保护，避雷带（网）不得少于 2 处引下线，禁止在避雷带（网）上挂搭电话线、临时用电线路等	查现场	半年	站经理
	储气罐	储气罐应进行防雷接地，接地点不应少于 2 处，且应引出地面，设置检测断接卡，接地电阻不应大于 10Ω（单独接地时）	查现场	半年	站经理
	品牌立柱	品牌立柱应进行规范接地，并设有断接卡	查现场	半年	站经理
监控、报警系统	摄像头	设置位置及数量是否覆盖各重点区域，画面是否清晰	查现场	月	站经理

续表

区域	设备	检查内容	检查方式	检查频次	检查人
监控、报警系统	显示器及主机	监控录像应完整记录，具有回放功能，数据存储时间不少于 90 天，定期校验和维护	查现场	月	站经理
	报警装置	声光报警装置的开关应隐蔽安装，便于操作；报警装置应声音洪亮、反应灵敏，定期校验和维护	查现场	月	站经理
消防及给排水	消防器材	每 2 台加气机应设置不少于 1 只 8kg 手提式干粉灭火器或 2 只 4kg 手提式干粉灭火器（加气机不足 2 台按 2 台计算）	查现场	日	领班
		地下储气井（储气瓶）处应设 35kg 推车式干粉灭火器 1 个	查现场	日	领班
		泵、压缩机操作间（棚）应按建筑面积每 $50m^2$ 设 8kg 手提式干粉灭火器 1 只，总数不应少于 2 只	查现场	日	领班
		一级、二级加气站应配置灭火毯 5 块，沙子 $2m^3$；三级加气站应配置灭火毯 2 块，沙子 $2m^3$；加油加气合建站按同级别的加气站配置灭火毯和沙子	查现场	日	领班
		变配电间、电控间、发电间应各配置 4kg 二氧化碳灭火器 2 只	查现场	日	领班
		消防灭火器材应设置在明显和便于取用的地点	查现场	日	领班
		灭火器定期检验换药，有更换记录和有效期标签：干粉灭火器每 2 年换药一次，二氧化碳灭火器每年称重一次	查现场	年	站经理
		灭火器应保管良好，无锈蚀、胶管无开裂老化、喷嘴无堵塞、水带无破损，压力表指针处于正常范围	查现场	周	领班
	给水设备	水泵功率、扬程符合供水要求，水泵泵体、地上供水管线无锈蚀、渗漏，控制柜运行正常、接线规范	查现场	周	领班

附件 7

LNG/L-CNG 加气站设备设施检查标准

区域	设备	检查内容	检查方式	检查频次	检查人
管理制度	操作规程	基层单位负责设备操作规程的制定、更新	查资料	年	站经理
	培训效果	营业员熟悉设备操作规程等应知应会内容	查现场	周	站经理
	证件管理	电工、电（气）焊工、锅炉等特殊工种应持有效证件上岗，特种设备管理、操作及巡护人员应持有效证件上岗	查资料	年	站经理
全寿命周期管理	档案台账	健全和完善设备技术档案（设备台账、竣工验收资料、检验检测报告、维修保养记录等）；平面图、工艺流程图、接地分布图、消防器材布置图、配电线路图、巡检路线图、危险区域划分图、电缆走向图八图齐全	查资料	年	站经理
		市公司设备管理部门对设备选用、调拨、报废等资料应规范存档；基层单位应建立包含设备管理组织机构、设备使用说明书、操作规程等资料的设备管理台账	查资料	季	站经理
	四　定	实行“定人员、定设备、定责任、定目标”的管理	查现场	月	站经理
	变　更	设备变更遵循“变更申请→变更评估→变更审批→变更实施→变更关闭”的流程，各阶段相关手续资料齐全	查资料、查现场	月	站经理
		设备或工艺变更后要进行全员培训、教育，操作人员要熟练掌握新设备、新工艺的操作规程、设备性能	查资料、查现场	月	站经理
加气区	加气机	外观应整洁无积尘，运行正常；加气机各部件完好、线路整齐、无渗漏、无锈蚀	查现场	日	领班
		LNG 加液机的静电报警器运作完好	查现场	日	领班
		加气机具备计量功能，计量精度不低于 1.0 级；每半年进行 1 次检验，检验有记录	检查检定证书	半年	站经理

续表

区域	设备	检查内容	检查方式	检查频次	检查人
加气区	加气机	接地应保持良好有效，接地规范	查现场	周	领班
		整体防爆，防爆区域与电脑区分隔密封良好	查现场	周	领班
		进气管线上设有防撞事故自动切断阀	查现场	月	站经理
		加气软管上设拉断阀（拉断阀在外力作用下分开后，两端应自行密封），LNG 加气软管不得超过 6m	查现场	日	领班
		加气机附近应设防撞柱（栏），高度不低于 0.5m	查现场	周	领班
	照明系统	罩棚灯具应选用防护等级不低于 IP44 级的节能型照明灯具，罩棚照明灯完好	查现场	周	领班
		油品灯箱距离加油机顶部距离不小于 15cm，且无损坏，标识清晰、准确	查现场	周	领班
	罩　棚	网架结构罩棚无严重锈蚀，混凝土结构罩棚无掉灰，罩棚无蜘蛛网，无明显积尘，无漏雨	查现场	月	站经理
	品牌立柱	标识清晰，无污物、破损，无严重褪色；内部灯箱能正常开启，灯管无损坏	查现场 查记录	月	站经理
生产区	LNG 卸车口	连接槽车的液相管道上应设置紧急切断阀和止回阀，气相管上宜设置切断阀	检查检定证书	周	领班
		液相、气相、增加卸气口应该有对应的标识标牌	查现场	周	领班
		静电报警器运作完好，卸车口有人体静电释放装置	查现场	日	领班
		装卸软管应设置防拉脱的联锁保护装置	查现场	月	站经理

续表

区域	设备	检查内容	检查方式	检查频次	检查人
生产区	LNG 卸车口	卸车软管应经每年进行 1 次检查，并要相应检定证书	查现场，查资料	年	站经理
		靠汽车通道侧装有防撞设施	查现场	周	领班
	储气瓶组（储气井）	加气站储气选用地下储气井或同一种规格型号的大容积储气瓶；单个储气井的水容积不应超过 $3m^3$；当选用小容积储气瓶时，每组储气瓶的总容积不宜大于 $4m^3$，且瓶数不大于 60 个	查现场，查资料	月	站经理
		加气站内的储气井（瓶）宜按运行压力分高、中、低三级设置，各级井（瓶）组应自成系统	查现场，查资料	月	站经理
		储气井一般检测检测周期为两年，全面检测检测周期为六年，应有检测报告；储气瓶应每三年检验 1 次，严禁使用过期的未检钢瓶；储气瓶应取得特种设备使用登记证	查资料	年	站经理
		小容积储气瓶应固定在独立支架上，且宜卧式存放卧式瓶组限宽为 1 个储气瓶的长度，限高 1.6m，限长 5.5m；同组储气瓶之间净距不应小于 0.03m，储气瓶组间距不应小于 1.5m	查现场，查资料	月	站经理
		储气瓶组（储气井）进气总管上应设安全阀及紧急放散管、压力表、超压报警器及排污装置；每个储气瓶（井）出口应设截止阀	查现场	月	站经理
		储气瓶组（储气井）与加气枪之间应设储气瓶组（储气井）截断阀、主截断阀、紧总截断阀和加气截断阀，设置应便于操作	查现场	月	站经理
		储气瓶组及管道应设置泄压保护装置，泄压保护装置应采取防塞和防冻措施；一次泄放量大于 $500m^3$ 的高压气体应通过放散管排放；一次泄放量大于 $2m^3$，泄放次数平均每小时 2～3 次以上的操作排放，设置专用回收罐	查现场	月	站经理

续表

区域	设备	检查内容	检查方式	检查频次	检查人
生产区	储气瓶组（储气井）	不同压力级别系统的天然气放散管宜分别设置，如采用集中放散时，放散管应与放散的最大压力和最大排放量相适应；放散管管口应高出设备平台 2m 及以上，且应高出所在地面 5m 及以上	查现场	月	站经理
		储气井（瓶）组必须进行防雷接地，接地点不应少于两处；接地电阻不应大于 10Ω（单独接地时）	查现场	半年	站经理
		储气瓶组或储气井与站内汽车通道相邻一侧，应设安全防撞栏或采取其他防撞措施	查现场	月	站经理
		储气瓶组的管道接口不宜朝向办公室、加气岛和邻近的站外建筑物；不可避免时，应设置厚度不少于 200mm 的钢筋混凝土实体隔离墙	查现场	月	站经理
		储气井应有铭牌标志，并应标有“高压气地下储气井”字样	查现场	月	站经理
	压缩天然气管道	天然气进站管道上应设紧急截断阀，紧急截断阀的位置应便于发生事故时能及时切断气源	查现场	月	站经理
		天然气管道宜埋地或管沟冲沙敷设，其管顶距地面不应小于 0.5m；室内管道宜采用管沟冲沙敷设，管沟应用中性沙填充	查现场	月	站经理
		室外高压管道宜埋地敷设；若采用低架敷设，其管底距地面不应小于 0.3m；管道跨越道路时，管底距地面净距不应小于 4.5m	查现场	月	站经理
		天然气管道的始、末端和分支处应设防静电和防感应雷的联合接地装置，其接地电阻不应大于 30Ω（单独接地时）	查现场	半年	站经理
		天然气管道上的法兰、胶管两端等连接处应用金属线跨接（当法兰的连接螺栓不少于 5 根时，在非腐蚀环境下，可不跨接）	查现场	日	领班

续表

区域	设备	检查内容	检查方式	检查频次	检查人
生产区	压缩天然气管道	埋地管道防腐应采用特加强级防腐层	查现场	年	站经理
		压力管道应三年检测 1 次，检测记录、报告齐全	查现场，查资料		
	LNG 天然气管道	真空管道无凹陷、鼓包，无出汗、结霜情况	查现场	日	领班
		管道各接口螺纹连接紧固，无泄漏现象，各抽真空口有防护装置	查现场	日	领班
		LNG 管道应取得特种设备压力登记使用证，每三年进行 1 次全面检测，并在有效期内	查现场，查资料	年	站经理
	安全阀	缓冲罐、压缩机出口、储气瓶组应设置安全阀，前端针型阀处于常开状态；安全阀每年校验 1 次，检测压力值是否符合要求，其中： ①当 $p \leqslant 1.8\text{MPa}$ 时，$p_0 = p + 0.18\text{MPa}$； ②当 $1.8\text{MPa} < p \leqslant 4.0\text{MPa}$ 时，$p_0 = 1.1p$； ③当 $4.0\text{MPa} < p \leqslant 8.0\text{MPa}$ 时，$p_0 = p + 0.4\text{MPa}$； ④当 $8.0\text{MPa} < p \leqslant 25.0\text{MPa}$ 时，$p_0 = 1.05p$ p——设备最大工作压力	查现场，查资料	半年	站经理
	压力表	站内的设备和管道均应设立压力检测点，压力表的精度不低于 1.5 级，压力表量程范围宜为工作压力的 1.5~2 倍；压力表安装前应进行校验，安装后每半年校验 1 次	查现场，查资料	半年	站经理
	可燃气体检测仪	压缩天然气储气瓶间（棚）、天然气泵和压缩机房（棚）等场所，设置可燃气体可燃气体检测报警仪；可燃气体检测报警仪每年校验 1 次，报警系统应配有不间断电源，并应设置在控制室或值班室内	查现场，查资料	年	站经理
	LNG 储罐	储罐应设置液位上、下限及压力上限报警，并远程监控	查现场	月	站经理

续表

区域	设备	检查内容	检查方式	检查频次	检查人
生产区	LNG 储罐	罐体无凹陷、鼓包，无出汗、结霜情况	查现场	日	领班
		罐体地脚螺栓已紧固	查现场	日	领班
		储罐根部已做保温，保温效果理想，外表无结冰现象	查现场	日	领班
		真空度达到检查要求	查现场	日	领班
		储罐安全阀处于双阀投用位置，根部回液阀处于全开状态	查现场	日	领班
		防爆接线盒、防爆绕线管密封严密，外观完整，无破损，内部无进水、线路锈蚀现象	查现场	日	领班
		橇架整体美观，无积尘、积水、锈蚀、油漆脱落现象	查现场	日	领班
		罐池场地保持清洁，无堆放杂物，地面无积水、青苔，出入口设置静电消除装置	查现场	日	领班
		防护堤内宜设置排水设施，但不应直接排入市政排水管道，抽水泵防爆要求达标，具备自动抽水的功能	查现场	日	领班
	LNG 潜液泵	LNG 潜液泵无晃动声响，泵盖无泄漏	查现场	日	领班
		LNG 潜液泵取得特种设备登记证书，并在有效期内	查现场	年	站经理
	CNG 柱塞泵	柱塞泵出口应设置温度和压力检测装置，超压联锁停泵	查现场	日	领班
		CNG 柱塞泵在长时间空载的情况下，应自动停机或重新启动	查现场	周	领班
		CNG 柱塞泵无干磨声响，无泄漏现象	查现场	日	领班
		润滑油处于最低油位线以上	查现场	日	领班

续表

区域	设备	检查内容	检查方式	检查频次	检查人
生产区	L-CNG 程序控制盘	卡帽无外漏、无变形、无锈蚀	查现场	日	领班
		程序控制盘上开关阀门开启状态正确，操作灵活；各连接处无渗漏	查现场	日	领班
	气化器	气化器无外漏、无变形；高压气化器无严重结冰现象；接口处无渗漏	查现场	日	领班
	LNG 空气压缩机及干燥机	空压机、冷干机保养良好，无积尘、锈蚀等现象	查现场	日	领班
		皮带防护罩已安装	查现场	日	领班
		排水装置工作正常，对冷干机定期排水，储水罐体无大量水体，并做好排水记录	查现场	日	领班
营业室	IC 卡管控设备	设备外观应整洁，运行正常、线路整齐	查现场	日	领班
		IC 卡系统的安装应符合加油机整体防爆要求	查现场	周	领班
		IC 卡系统通信电缆应屏蔽，铠装电缆金属外皮两端、保护钢管两端均应接地	查现场	周	领班
		IC 卡系统室外地埋通信线应使用镀锌管穿管保护，并在加油机出口端高出地面 100mm，端口密封，接地可靠，接地电阻值不得大于 10Ω	查现场	半年	站经理
	办公辅助设备	使用、运行正常，无故障	查现场	半年	站经理
供配电系统	发电机	发电机组整体应清洁，燃油、机油、冷却水无渗漏，发电间不得堆放杂物和存放与操作无关的物品	查现场	日	领班
		发电机组应备有足够的燃油、润滑油、循环冷却液，按使用频率或时间更换润滑油	查资料、查现场	日	领班

续表

区域	设备	检查内容	检查方式	检查频次	检查人
供配电系统	发电机	发电机组每周应空载运行 1 次（10~15min），有保养运行记录，以确保处于良好状态	查资料	周	领班
		发电机排烟管应安装防烫措施，排烟口应安装阻火器，排烟口至各爆炸危险区域边界的水平距离：排烟口高出地面 4.5m 以下时不应小于 5m；排烟口高出地面 4.5m 及以上时不应小于 3m	查现场	周	领班
		发电机室应设通风窗保证空气流通	查现场	日	领班
		发电机保护接地连接牢固、可靠，操作位置应设置绝缘垫	查现场	日	领班
		发电机室必须悬挂操作规程	查现场	日	领班
	配电柜	加油站应采用电压为 380V/220V 的外接电源，供配电系统采用 TN-S 系统	查现场	年	站经理
		电缆金属外皮或电缆金属保护管两端均应接地	查现场	日	领班
		在供配电系统的电源端应安装与设备耐压水平相适应的过电压（电涌）保护器	查现场	周	领班
		配电柜应保持整体清洁、无灰尘、无脱漆	查现场	日	领班
		各部件连接螺栓应紧固可靠，接地装置应完好有效	查现场	周	领班
		仪表应完好有效，开关启闭灵活	查现场	日	领班
		电气设备维修时，配电柜断开工作回路的开关上应悬挂警示牌	查现场	日	领班
		配电室通风窗安装纱窗，配电柜为非密闭落地结构时，配电间应设置防小动物挡板，高度不得低于 500mm	查现场	日	领班

续表

区域	设备	检查内容	检查方式	检查频次	检查人
供配电系统	配电柜	电缆保护套管应采用耐火护套管，且保护套管两端应接地，密封严密	查现场	日	领班
		配电柜底部电缆管沟应用细沙填实	查现场	周	领班
		一次入户的配电柜（盘）下应配置绝缘胶垫	查现场	日	领班
		变配电间内不得放置杂物及与操作无关的物品	查现场	日	领班
	配电柜	配电室应设置或悬挂“禁止合闸”“有电危险”“正常运行”的警示牌	查现场	日	领班
	变压器	安装在室内的变压器，通风窗应设纱窗，门锁完好；设置防小动物挡板，高度不得低于 500mm；安装在室外的变压器应设置围墙或围栏，悬挂“有电危险”“禁止攀爬”等安全标识	查现场	日	领班
	应急照明灯	加油区、营业室、变配电间内应急照明灯性能正常，每周试验 1 次	查资料、查现场	周	领班
	电气线路及其他	加油站的电力线路宜采用电缆并直埋敷设；电缆穿越行车道部分，应穿钢管保护	查现场	周	领班
		当采用电缆沟敷设电缆时，电缆沟内必须充沙填实；电缆不得与油品、液化石油气和天然气管道、热力管道敷设在同一沟内	查资料、查现场	周	领班
		加油站的防雷防静电接地、电气设备的工作接地、保护接地及信息系统的接地等，宜共用接地装置，其接地电阻不应大于 4Ω	查资料、查现场	半年	站经理
		配线电缆金属外皮两端和保护钢管两端的接地装置的接地电阻不应大于 10Ω（单独接地时）	查资料、查现场	半年	站经理

续表

区域	设备	检查内容	检查方式	检查频次	检查人
供配电系统	电气线路及其他	加油站的信息系统（通信、液位、计算机系统等）采用铠装电缆或导线穿钢管配线；配线电缆金属外皮两端、保护钢管两端均应接地	查现场	周	领班
		加油站信息系统的配电线路首、末端与电子器件连接时，应装设与电子器件耐压水平相适应的过电压（电涌）保护器	查现场	周	领班
		爆炸危险区内的电气装置应符合整体防爆要求	查现场	周	领班
		电气、线路应完好无损，电气连接处应采用专用接线头，紧密牢固	查现场	周	领班
		加油站应根据安装的电气设备配置符合使用要求的绝缘工具，并定期进行检验	查资料、查现场	周	领班
防雷系统	罩棚	罩棚应采用避雷带保护，避雷带（网）不得少于2处引下线，并设有断接卡	查现场	半年	站经理
	站房	站房应采用避雷带保护，避雷带（网）不得少于2处引下线，禁止在避雷带（网）上挂搭电话线、临时用电线路等	查现场	半年	站经理
	储气罐	储气罐应进行防雷接地，接地点不应少于2处，且应引出地面，设置检测断接卡，接地电阻不应大于10Ω（单独接地时）	查现场	半年	站经理
	品牌立柱	品牌立柱应进行规范接地，并设有断接卡	查现场	半年	站经理
监控、报警系统	摄像头	设置位置及数量是否覆盖各重点区域，画面是否清晰	查现场	月	站经理
	显示器	监控录像应完整记录，具有回放功能，数据存储时间不少于90天，定期校验和维护	查现场	月	站经理
	报警装置	声光报警装置的开关应隐蔽安装，便于操作；报警装置应声音洪亮、反应灵敏；定期校验和维护	查现场	月	站经理

续表

区域	设备	检查内容	检查方式	检查频次	检查人
消防及给排水	消防器材	每 2 台加气机应设置不少于 1 只 8kg 手提式干粉灭火器或 2 只 4kg 手提式干粉灭火器（加气机不足 2 台按 2 台计算）	查现场	日	领班
		地下储气井（储气瓶）处应设 35kg 推车式干粉灭火器 1 个	查现场	日	领班
		泵、压缩机操作间（棚）应按建筑面积每 $50m^2$ 设 8kg 手提式干粉灭火器 1 只，总数不应少于 2 只	查现场	日	领班
		一级、二级加气站应配置灭火毯 5 块，沙子 $2m^3$；三级加气站应配置灭火毯 2 块，沙子 $2m^3$，加油加气合建站按同级别的加油站配置灭火毯和沙子	查现场	日	领班
		变配电间、电控间、发电间应各配置 4kg 二氧化碳灭火器 2 只	查现场	日	领班
		消防灭火器材应设置在明显和便于取用的地点	查现场	日	领班
		灭火器定期检验换药，有更换记录和有效期标签：干粉灭火器每两年换药 1 次，二氧化碳灭火器每年称重 1 次	查现场	年	站经理
		灭火器应保管良好，无锈蚀、胶管无开裂老化、喷嘴无堵塞、水带无破损，压力表指针处于正常范围	查现场	周	领班
	给水设备	水泵功率、扬程符合供水要求，水泵泵体、地上供水管线无锈蚀、渗漏，控制柜运行正常、接线规范	查现场	周	领班

附件 8

加氢站设备设施检查标准

区域	设备	检查内容	检查方式	检查频次	检查人
管理制度	操作规程	检查设备操作规程时效性	查资料	年	站经理
教育培训	培训效果	营业员熟悉设备操作规程等应知应会内容	查现场	周	站经理
	证件管理	电工等特殊工种应持有效证件上岗，特种设备管理、操作人员应持有效证件上岗	查资料	年	站经理
全寿命周期管理	档案台账	健全和完善设备技术档案（设备台账、竣工验收资料、检验检测报告、维修保养记录等）；平面图、工艺流程图、接地分布图、消防器材布置图、配电线路图、巡检路线图、危险区域划分图、电缆走向图等图齐全	查资料	年	站经理
		市公司设备管理部门对设备选用、调拨、报废等资料应规范存档，基层单位应建立包含设备管理组织机构、设备使用说明书、操作规程等资料的设备管理台账	查资料	季	站经理
	四　定	实行“定人员、定设备、定责任、定目标”的管理	查资料、查现场	月	站经理
	变　更	设备变更遵循“变更申请→变更评估→变更审批→变更实施→变更关闭”的流程，各阶段相关手续资料齐全	查资料、查现场	月	站经理
		设备或工艺变更后要进行全员培训、教育，操作人员要熟练掌握新设备、新工艺的操作规程、设备性能	查资料、查现场	月	站经理
加氢区	加氢机	充装软管外观无破损	查现场	日	领班
		加氢枪开关手柄灵敏	查现场	日	领班
		加氢枪无外漏	查现场	日	领班

续表

区域	设备	检查内容	检查方式	检查频次	检查人
加氢区	加氢机	静电接地装置完好	查现场	日	领班
		加氢机内部接口无漏点	查现场	日	领班
		加氢枪与机身电阻合格	查现场	月	领班
卸氢区	卸气柱	卸氢软管无破损，防甩装置能保护整条软管，防甩装置连接在稳定位置	查现场	日	领班
		静电接地装置完好	查现场	日	领班
		卸气柱内部连接口无漏点	查现场	日	领班
		紧急切断阀开关状态与上位机一致	查现场	日	领班
		压力表与压力测量变送器显示一致	查现场	日	领班
		单向阀无内漏，无异响	查现场	日	领班
	氮气面板	连接软管无破损	查现场	日	领班
		氮气面板内所有接头无漏点	查现场	日	领班
		调压阀正常（吹扫氮气出口压力在 0.4~0.8MPa，仪表氮气出口压力在 0.7~0.8MPa）	查现场	日	领班
	放散塔	放散塔无积水（检查时打开排污阀排放积水，检查后关闭）	查现场	日	领班
生产区	储氢罐（瓶组、井）	外观正常，连接口无漏点	查现场	日	领班
	压缩机区域	撬内管线无泄漏点	查现场	日	领班

续表

区域	设备	检查内容	检查方式	检查频次	检查人
生产区	压缩机区域	撬内油压油量正常、无漏油	查现场	日	领班
		压缩机及电机运行时声音无明显异常	查现场	日	领班
		压缩机地脚螺栓紧固	查现场	日	领班
		传动皮带无松动，磨损正常，无开裂	查现场	日	领班
		撬内强制排风机工作正常	查现场	日	领班
	冷却水塔	循环水泵正常工作，无异响	查现场	日	领班
		管线接口无漏点	查现场	日	领班
		水塔水槽无异物，液位正常（液位参考范围：水槽液位≥ 150mm，水箱液位：300~900mm）	查现场	日	领班
	冷冻机	冷冻液液位正常（参考范围：80~140mL）	查现场	日	领班
		制冷效果能达到设定值（比对目标出水）	查现场	日	领班
	顺序控制盘	管线接口无漏点	查现场	日	领班
		紧急切断阀开关状态与上位机一致	查现场	日	领班
	氢气管线	所有管线接口无漏点	查现场	日	领班
		固定管卡外观无松动	查现场	日	领班
		加氢机内部接口无漏点	查现场	日	领班
		接地线连接稳固	查现场	日	领班
		管沟内氢气接头无漏点	查现场	日	领班

续表

区域	设备	检查内容	检查方式	检查频次	检查人
生产区	氢气管线	安全阀、压力表前截止阀处于常开状态	查现场	日	领班
配电区	配电房	PLC 控制柜供电正常	查现场	日	领班
		配电柜供电正常	查现场	日	领班
		控制柜供电正常	查现场	日	领班
		UPS 配电柜供电正常工作	查现场	日	领班
		通风良好、空调正常运行	查现场	日	领班
安全设施	安全附件	站内安全阀、压力表、氢气探头经过检测，在有效期内	查现场、查资料	月	站经理
	报警系统	现场火焰探头、声光报警器、控制台、安防报警系统正常运行	查现场	月	领班
	应急物资	灭火器等消防器材配置齐全、性能完好	查现场	月	领班
	急停按钮	急停功能正常	查现场	月	领班

附件 9

充电站设备设施检查标准

区域	设备	检查内容	检查方式	检查频次	检查人
充电区	充电枪及充电电缆	充电枪完好、插芯无变形，内部无积水、积尘	查现场	日	领班
		充电线缆无破损	查现场	日	领班
		充电枪从车上插上、拔下时无电弧现象	查现场	日	领班
	充电桩	液晶显示器完好、无裂纹，显示正常	查现场	日	领班
		指示灯功能正常	查现场	日	领班
		各种充电功能正常	查现场	日	领班
		各种告警、保护功能正常	查现场	日	领班
		充电接口防水保护罩完好、无破损	查现场	日	领班
		箱体完好，无脱漆、腐蚀现象	查现场	日	领班
		平稳、牢固，固定螺母无缺失或松动	查现场	周	领班
		表面及箱内清洁、干燥，无渗、漏水现象	查现场	日	领班
		防小动物设施（电缆进线处封堵）完好、有效	查现场	日	领班
		配电电线及内部控制线无老化现象，接线端子无松动、烧黑现象	查现场	周	领班
		检查充电桩控制电路板，各设备无老化现象	查现场	周	领班
	充电柜	无异味、异响，散热风扇运转正常，柜体无明显发热迹象	查现场	日	领班
		运行指示灯指示正确，与实际运行情况相符	查现场	日	领班
		与智能充电控制系统连接正常	查现场	日	领班

续表

区域	设备	检查内容	检查方式	检查频次	检查人
充电区	充电柜	充电电流、电压自动控制正常	查现场	日	领班
		运行时，液晶控制器显示正常，充电电流、电压显示与充电桩显示一致	查现场	日	领班
		箱体完好，无脱漆、腐蚀现象	查现场	日	领班
		平稳、牢固	查现场	日	领班
		散热风扇不积尘、通风防尘网不堵塞	查现场	日	领班
		防小动物设施（电缆进线处封堵）完好、有效	查现场	日	领班
		表面及箱内清洁、干燥，无渗、漏水现象	查现场	日	领班
		整流模块外观清洁无破损，无短路、接地现象	查现场	日	领班
		端子排及设备接线牢固，无松动、脱落	查现场	日	领班
配电区	变压器	温度正常	查现场	日	领班
		无异常声响	查现场	日	领班
		冷却风机运转正常	查现场	日	领班
		电压指示正常，电压变动范围在允许范围内	查现场	日	领班
	变压器	引线接头无过热变色、弧光闪络痕迹和打火现象	查现场	日	领班
		套管外部无破损裂纹，无放电痕迹及其他异常	查现场	日	领班
	高低压配电柜	各种仪表、状态灯显示正常	查现场	日	领班
		各级电压、电流值显示正常，三相电流平衡	查现场	日	领班

续表

区域	设备	检查内容	检查方式	检查频次	检查人
配电区	高低压配电柜	低压配电交流电压表指标值与后台监控机的电压显示相符	查现场	日	领班
		散热风扇运转正常，柜内温度正常，无异响、异味	查现场	日	领班
		配电柜柜体完好，无脱漆、腐蚀现象	查现场	日	领班
		各种标志齐全、清晰、正确	查现场	日	领班
		配电柜表面和内部无水气，无渗、漏水现象	查现场	日	领班
		各种设备的外观清洁，无裂纹、损坏、放电痕迹等异常现象	查现场	日	领班
		各种设备、各部位接点无松动，无过热，无变色、打火、烧黑、弧光闪络痕迹，无熔接等异常现象	查现场	日	领班
		导体（线）无断股、裂纹、损伤，熔断器接触良好，开关运行正常	查现场	日	领班
		各散热风扇不积尘、通风防尘网不堵塞	查现场	日	领班
		防小动物设施（电缆进线处封堵）完好、有效，配电柜底板完整，配电柜内及周围无老鼠等小动物的尸体及足迹	查现场	日	领班
		配电箱周围无威胁安全、影响运行的堆积物等	查现场	日	领班
		各处漏电保护开关动作正常，按压漏电保护开关的试验按钮，开关可正确动作	查现场	日	领班
	电力电缆	电缆接头接触良好，无过热变色现象	查现场	日	领班
		电缆支持抱箍牢固，无锈蚀	查现场	日	领班
		电缆标志明显、清晰及完整	查现场	日	领班

续表

区域	设备	检查内容	检查方式	检查频次	检查人
配电区	电力电缆	电缆端头相色带无松散、褪色现象	查现场	日	领班
		电缆端头处无断股，端头屏蔽层接地良好	查现场	日	领班
		电缆沟盖板完好，安装紧密，缝隙和进线孔洞全部封堵密实	查现场	周	领班
		电缆沟内电缆完好，支架牢固，无锈蚀现象	查现场	周	领班
		电缆沟内无积水，无杂物堆积，无小动物或其粪便	查现场	周	领班
	接地，防雷装置	各处接地铜排上接地线无松动	查现场	周	领班
		接线牢靠接地线完好，外皮无破损，无断骨、损伤、严重腐蚀	查现场	周	领班
		防雷装置完好，无断裂	查现场	周	领班
安全设施	标志、标识	各种标志、标识齐全、清晰、完整	查现场	日	领班
	监控、管理系统	监控、管理的各种功能正常	查现场	日	领班
		充电桩各种通信功能正常，充电机在线，且在监控系统中显示正常（充电机状态、充电时的电压、电流等信息）	查现场	日	领班
		各种历史告警数据、故障数据不存在异常	查现场	周	领班
		各存储数据正常	查现场	周	领班
		计量计费功能正常、精准	查现场	周	领班
		各种结算数据正常	查现场	周	领班
		各通信线管道或桥架连接良好，无松动，断裂、盖板脱落情况	查现场	周	领班
	安防监控系统	各摄像头无损伤，运行良好，视频画面清晰	查现场	日	领班

续表

区域	设备	检查内容	检查方式	检查频次	检查人
安全设施	安防监控系统	后台机操作灵敏、可靠，各报警信号能及时发出	查现场	日	领班
		安防柜内所装电器元件应齐全完好、固定牢固	查现场	周	领班
	检查消防设施	消防系统完好	查现场	周	领班
		灭火器的重量足够、压力表指示压力正确	查现场	周	领班
		消防沙箱完好，无破损，沙量充足	查现场	周	领班
		应急照明装置完好	查现场	周	领班
	安全防护用品	安全防护用品齐全、完好有效	查现场	周	领班
	基础设施	安装牢靠，无漏水，排水措施良好；钢结构遮雨棚防腐措施完好、无明显腐蚀；膜结构遮雨棚无破损	查现场	周	领班
		基础完好，无下沉、裂缝	查现场	月	站经理
		充电桩、充电柜、配电房基础外观完好，砖、石结构基础无裂缝、倾斜、下沉，无倒塌可能；地面安装的围栏完好，车辆限位器完好	查现场	月	站经理
		各处防撞标志清晰完好	查现场	月	站经理
	基础设施	周围无杂草丛生、杂物堆积，无生长较高的农作物、蔓藤植物类接近设备	查现场	月	站经理
	计量计费系统	计量计费系统与监控后台机通信正常	查现场	月	站经理
		计量计费柜内电器元件应齐全完好、固定牢固	查现场	月	站经理
		电能计量表工作正常、计量准确	查现场	月	站经理
		二次接线牢固、无松动，电流回路无开路，电压回路无短路	查现场	月	站经理

附件 10

加能站安全培训内容

培训项目	培训内容
新营业员培训	加能站简介
	加油区、油罐及卸油区、加气区、加氢区等生产运行区域，营业房及生活区等区域布局介绍
	加油区、油罐及卸油区、加气区、加氢区等重点危险爆炸区
	学习个人防护用品的正确穿戴
	学习加注作业、收款作业等作业指导书
	学习加注机等设备操作规程
	消防及安全设施布局介绍：消防器材、紧急切断电源开关、应急疏散的紧急集合点位置
	学习加能站应急预案，明确消防组织分工与职责
	学习销售公司保命法则、现场禁令等
	学习安全防范措施，包括禁用明火、禁打手机、熄火加油、严禁向绝缘容器内直接加注汽油、逃单不追等
	学习加能站相关事故案例
	学习上下班安全、生活用电等其他站内生活设施和管理制度
	学习 HSE 管理体系的基本概念、基础知识
	进行上岗前的考试，考试合格后签订 HSE 承诺书，要求牢记承诺内容
转岗营业员培训	加能站简介
	加油区、油罐及卸油区、加气区、加氢区等生产运行区域，营业房及生活区等区域布局介绍
	加油区、油罐及卸油区、加气区、加氢区等重点危险爆炸区
	学习个人防护用品的正确穿戴

续表

培训项目	培训内容
转岗营业员培训	学习转岗后加油作业、收款作业等作业指导书
	学习转岗后加注机等设备操作规程
	消防及安全设施布局介绍：消防器材、紧急切断电源开关、应急疏散的紧急集合点位置
	学习加能站应急预案，明确转岗后应急预案组织分工与职责
	学习销售公司保命法则、现场禁令等
	学习安全防范措施，包括禁用明火、禁打手机、熄火加油、严禁向绝缘容器内直接加注汽油、逃单不追等
	学习加能站相关事故案例
	学习上下班安全、生活用电等其他站内生活设施和管理制度
	学习 HSE 管理体系的基本概念、基础知识
	进行转岗后上岗前的考试，考试合格后签订 HSE 承诺书，要求牢记承诺内容
施工人员安全教育	介绍加能站安全工作的重要性
	加能站重点危险区域、消防及安全设施布局介绍，告知作业须知、进站须知
	学习施工相关应急预案、消防器材的使用方法，消防组织分工与职责
	学习施工方案，制定相应的应急预案，明确施工方现场安全员和加能站现场安全监管员
	施工作业风险告知
	施工人员须持施工作业证上岗，监管员必须佩戴袖章，检查特种作业人员从业资格证
	明确施工现场安全措施，悬挂安全警示牌，防止闲杂人员进入，严格按施工方案进行施工
	施工人员必须遵守油站安全管理制度，服从现场安全监管员管理，油站有权叫停三违作业

续表

培训项目	培训内容
施工人员安全教育	涉及临时用电、用火、高处作业、破土作业、进入受限空间须按要求签发作业票，严禁作业人员擅自进行用火、进入受限空间等作业，严禁酒后作业、吸烟，严禁野蛮施工
	施工作业环保管理要求，固体废弃物处置要求
	施工作业完成后，应及时清理作业现场，确保不留隐患
	对所有施工人员进行分工种考试，考试合格后签订 HSE 承诺书，要求作业人员牢记承诺并遵守
	学习加能站施工相关事故案例
	对考试合格的人员办理入场证
两特安全教育	元旦、春节、清明节、五一劳动节、端午节、国庆节、中秋节等国家法定节日、“两会”等特殊时期需开展安全教育
	节假日期间按照省公司要求停止或升级一切用火、高处作业、进入受限空间等施工作业
	学习公司关于节日安全文件和应急预案、消防器材的使用方法，明确消防组织分工与职责
	落实值班制度，合理排班，掌握销售节奏，合理调度，保证油品正常供应
	散装油销售管理规定
	公共安全管理规定
	坚持优质服务，减少纠纷，遇纠纷投诉事件应立即按规定上报，妥善处理，避免事态扩大
	严格外出考勤管理，控制人员外出，当班和外出人员应防止偷盗、骗抢、交通事故的发生
	加强治安联防，关注周边单位烟花爆竹的燃放，发现隐患应立即阻止，防止事故发生
	加强重大作业管理，落实责任人，规范接卸油作业，严防跑冒滴漏及混油等事故发生
	落实资金收款事宜，加强资金管理，落实班组检查，规范操作，及时阻止不安全行为

续表

培训项目	培训内容
季节变更安全教育	春、夏、秋、冬季节交替前需开展全员安全教育
	熟悉季节气候的特点以及主要气象灾害，人体容易引起的疾病以及季节气候对加能站的影响
	要及时收听天气预报，注意天气变化，防止气候变化对加能站造成损失。学习相应季节气候多发的事件应急处置预案，营业员要做好现场应对与自我保护工作
	根据季节变换组织营业员学习个人防护用品使用

附件 11　　岗位危险事件清单

岗位名称				岗位职责			
岗位作业活动				岗位设备设施			
外部环境							
序号	危险源	存在位置	危害因素	可能发生的危险事件	主要保护措施和管理措施（硬件、个体防护和程序等）	初期应急处置措施	备注
1							
2							
3							
4							
5							

附件 12 **岗位危险源识别参考表**

序号	分类	来源示例
1 碳氢化合物（未加工）		
1.1	液化天然气	低温设施，储罐
1.2	凝 液	储罐、气井、气体管线、气体分离器
1.3	碳氢气体	油 / 气分离器、气体处理设施、压缩机、气体管线
2 碳氢化合物（加工）		
2.1	汽 油	加油站
2.2	柴 油	加油站
3 压 力		
3.1	带压气体	焊接瓶、运行管道、空气管路、气闸、气枪
3.2	真 空	储 罐
4 高度差		
4.1	人员在 2m 以上高度作业	脚手架、梯子、平台、栏杆、扶手、开凿、屋顶作业，二层平台作业
4.2	人员在 2m 以下高度作业	湿滑 / 不平表面，攀爬 / 下行梯子，障碍物
4.3	头顶上方存在的物体 / 设施	物体提升 / 处理时掉落或者工作平台上方有人员、设备或工艺系统，升降工作平台，吊挂，起重
4.4	地面 / 边坡稳定性	管沟，开挖，修复埋地设施
5 应力作用下物体		
5.1	压缩作用下物体	弹簧作用设施，如泄压阀、执行器和液压操作设备
6 运动状态		
6.1	陆运（驾驶）	站内车辆驾驶
6.2	含有移动或旋转部件的设备	发动机、电动机、压缩机
6.3	使用手工工具	挖掘作业

续表

序号	分类	来源示例
		7　自然环境
7.1	恶劣天气	台风，极端温度，暴风雨、雪，沙尘暴
7.2	地质灾害，包括地震	地震、滑坡或其他地质灾害
7.3	火　灾	潜在的外部自然火灾
7.4	雷　击	在开敞空间作业，树等
		8　电　力
8.1	电压 > 50V	电力电缆、临时电力线、电动机、电力开关设备、发电、焊接机、变压器、架空电力线路、办公设备和家用设备。考虑直流、交流，单相和三相
8.2	静　电	储罐和管道，产品输送软管，未接地的设备，高速气体排放、塑料盛油桶等
		9　物　理
9.1	可见光 – 波长 400~780nm（非电离）	电弧焊，阳光，泛光照明，夜间照明
9.2	微　波	家用厨房设备
9.3	无线电波 / 微波辐射 – 波长 1mm~30km（非电离）	电信，移动电话
9.4	噪　声	包括冲击噪声（急性）和背景噪声（慢性），来自减压阀、压力控制阀、压缩机室
9.5	振　动	手持电动工具
9.6	低温温差	工艺管道，储存容器，罐，低温设施
9.7	高温温差	炎热夏天
9.8	湿　度	潮湿气候导致汗液蒸发率过低，可能导致中暑；水分不足（寒冷干燥气候）

续表

序号	分类	来源示例
	10 大气、环境、媒介	
10.1	空气中氧气浓度 / 氮气和氧气缺乏	密闭空间，储罐
10.2	其他窒息性气体	焊接用氩毯，氦
10.3	空气 / 粉尘中颗粒物	切割砖和混凝土，喷砂，除锈
	11 生物、疾病方面	
11.1	植 物	致死的茄属植物，真菌（如蘑菇和霉），花粉等过敏源
11.2	动 物	野生动物、蛇、老鼠、昆虫、蜘蛛、蝎子、蜜蜂等
11.3	细菌、病毒	污染的食物、水、空气等
11.4	传染性疾病	霍乱、鼠疫、结核病、肝炎、艾滋病等病人或病原携带者
	12 人机工程	
12.1	工作场所	不方便、困难或不舒服的工作条件，不充足的光线条件、噪声等
12.2	需要体力的任务	对于工作所需的体力未知或不合理的期望，医疗不合适
12.3	人机界面	在正常和异常条件期间，操作者无法发现和理解的机械 / 设备信息和状态（通过视觉、声光等），从而导致人因错误
12.4	长时间 / 无规律的工作时长	过长或繁重的工作时间。超时、夜班加班、疲劳导致人因失误的风险
12.5	控制 / 显示设计	控制面板、刻度盘、报警等的设置使工作人员无法监测到异常事件、噪声等
12.6	操作和行动的现场位置	期望工人能够有效完成相关应急操作，而没有考虑将操作者置于更加危险的境地
12.7	人员响应时间 / 能力	在可用的时间内，操作者无法完成规定的工作
	13 公共安全	
13.1	恐怖袭击	对公共场所的暴力攻击

续表

序号	分类	来源示例
13.2	刑事、治安事件	盗窃物资、破坏设施、伤害人员等
13.3	群体性事件	游行、上访等带来公共秩序动乱
13.4	无关人员随意进出	门禁失控
13.5	输油气管道破坏	第三方施工

附件 13

岗位危害因素参考表

类别	序号	导致危险源释放的危害因素	说明（可能产生的危害或产生条件）
工艺危害因素	1	高　压	引发物理爆炸、产生泄漏
	2	压力过低	真空低于常压后空气进入的可能性
	3	高　温	烫　伤
	4	温度过低（如液体闪蒸）	冷脆、冻伤
	5	外部温度过低（如结冰）	特别是对于凝固后容易导致堵塞的产品
	6	外部温度过高	影响冷却能力
	7	由于设备、泵等失效导致失控反应	对每种情况要进行具体分析
	8	由于辅助系统、冷却、供电失效等导致失控反应	对每种情况要进行具体分析
	9	由于不同操作条件导致失控反应（初始温度、压力等）	对每种情况要进行具体分析
	10	所装物料重量导致的失效	考虑满液位情况
	11	电力供应中断	可分为局部失效和整个单元 / 装置失效
	12	冷却水中断	可分为局部失效和整个单元 / 装置失效
	13	仪表空气中断	可分为局部失效和整个单元 / 装置失效
	14	溢　流	环境污染、火灾、爆炸、中毒
设备危害因素	15	喘　振	设备损坏
	16	螺纹连接失效	泄　漏
	17	法兰连接失效	泄　漏
	18	润滑不及时或失效	设备损坏
	19	密封失效（泵、阀门等）	应作为不同的危害因素
	20	小口径管道失效	此类管道容易受到机械损伤导致失效
	21	软管失效	泄　漏

续表

类别	序号	导致危险源释放的危害因素	说明（可能产生的危害或产生条件）
设备危害因素	22	液位计失效	高压、高温、冲击、错误安装导致失效
	23	超速导致设备失效	（特别是压缩机／透平）应具体分析每种超速原因
	24	振　动	（泄放系统、各种设备、压缩机小连接件、两相流管道等）设备的部分部件需考虑此因素
外部影响	25	交通影响，如车辆撞击	人员伤亡、设备损坏、财产损失
	26	开挖、施工或第三方破坏影响	特别是对于埋地管线
	27	外来物体影响	对每种情况要进行具体分析
	28	火　灾	火灾爆炸、人员伤亡、财产损失
	29	恐怖袭击	人员伤亡、财产损失
	30	落物影响（起吊或拆除等）	与特定的作业和区域有关
操作与施工	31	误操作	对每种情况要进行具体分析
	32	错误的维护／替换	对每种情况要进行具体分析
	33	应急处置	对每种情况要进行具体分析
	34	建造失效	对每种情况要进行具体分析
	35	考虑每一种建筑结构类型，如钢结构或混凝土等	对每种情况要进行具体分析
	36	排　污	对每种情况要进行具体分析
	37	取　样	对每种情况要进行具体分析
	38	设备或管线开口	对每种情况要进行具体分析
	39	进入设备	对每种情况要进行具体分析
	40	装置开车	对每种情况要进行具体分析
	41	装置停车	对每种情况要进行具体分析

续表

类别	序号	导致危险源释放的危害因素	说明（可能产生的危害或产生条件）
其 他	42	病毒导致控制系统计算机失效	信息安全
	43	仪表失效	超压、泄漏
	44	静 电	火 灾
	45	火 花	火灾、爆炸

附件 14

常见车辆油箱标准容量与实际容量对比表

序号	车辆品牌	实测车辆型号	生产厂家	标准容量 / L	实际容量 / L	超标值 / L	超出比例 / %
1	通用五菱	上海通用五菱	上汽通用	38.5	55.03	16.53	42.94
2	江淮同悦	江淮同悦	安徽江淮	45	61.45	16.45	36.56
3	长安铃木	铃木天语	重庆长安	50	61.5	11.5	23.00
4	大众捷达	一汽大众捷达	一汽大众	55	65.2	10.2	18.55
5	丰田巡洋舰	日产丰田陆地巡洋舰	日本丰田	100	110	10	10.00
6	长丰猎豹	广汽长丰猎豹	广汽集团	75	85	10	13.33
7	别克君威	上海通用别克君威	上海通用	80	89.3	9.3	11.63
8	大众桑塔纳	上海大众桑塔纳	上海大众	60	68.7	8.7	14.50
9	中华骏捷	中华骏捷 Wagon	沈阳华晨	74	82.5	8.5	11.49
10	名爵 MG7	名爵 MG7	上汽集团	62	70.4	8.4	13.55
11	一汽威志	天津一汽威志 V2	天津一汽	37	45.2	8.2	22.16
12	奥迪 A6	奥迪 A6	一汽奥迪	80	88.2	8.2	10.25
13	雪佛兰科鲁兹	上海通用雪佛兰科鲁兹	上汽通用	60	68	8	13.33
14	凯美瑞	丰田凯美瑞	广汽集团	70	77.82	7.82	11.17
15	桑塔纳	上海大众桑塔纳	上海大众	60	67.8	7.8	13.00
16	奇瑞瑞虎	奇瑞瑞虎	安徽奇瑞	55	62	7	12.73
17	别克君威	上海通用别克君威	上海通用	70	76	6	8.57

续表

序号	车辆品牌	实测车辆型号	生产厂家	标准容量 / L	实际容量 / L	超标值 / L	超出比例 / %
18	奇瑞 A3	奇瑞 A3	安徽奇瑞	57	63	6	10.53
19	起亚狮跑	东风悦达起亚狮跑	东风悦达	65	71	6	9.23
20	中华骏捷	中华骏捷 FSV	沈阳华晨	55	60.8	5.8	10.55
21	通用五菱	上汽通用五菱荣光	上汽通用	45	50.5	5.5	12.22
22	江淮瑞风	江淮瑞风穿梭	安徽江淮	80	85.4	5.4	6.75
23	现代伊兰特	北京现代伊兰特	北京现代	55	60.2	5.2	9.45
24	斯柯达	上海大众斯柯达明锐	上海大众	55	60	5	9.09
25	切诺基	Jeep 吉普大切诺基	广汽菲克	60	65	5	8.33
26	丰田霸道	丰田霸道	日本丰田	80	85	5	6.25
27	别克凯越	上海通用别克凯越	上海通用	60	65	5	8.33
28	本田 CR-V	东风本田 CR-V	东风本田	50	55	5	10.00
29	起亚福瑞迪	东风悦达起亚福瑞迪	东风悦达	52	57	5	9.62
30	现代途胜	北京现代途胜	北京现代	55	60	5	9.09
31	丰田花冠	一汽丰田花冠	一汽丰田	50	55	5	10.00
32	重庆力帆	重庆力帆 620	重庆力帆	58	63	5	8.62
33	奇瑞 A5	奇瑞 A5	安徽奇瑞	52	56.8	4.8	9.23
34	一汽捷达	捷达 GT 型	一汽大众	55	59.53	4.53	8.24
35	中华骏捷	中华骏捷 FRV	沈阳华晨	55	59.2	4.2	7.64

续表

序号	车辆品牌	实测车辆型号	生产厂家	标准容量 / L	实际容量 / L	超标值 / L	超出比例 / %
36	奇瑞	奇瑞东方之子	安徽奇瑞	60	64.1	4.1	6.83
37	本田雅阁	广州本田雅阁	广州本田	70	74	4	5.71
38	本田飞度	广州本田飞度	广州本田	40	44	4	10.00
39	奔驰 gl 级	奔驰 gl 级 320	德国奔驰	100	104	4	4.00
40	奔驰 s 级	奔驰 s 级 350l	德国奔驰	90	94	4	4.44
41	长丰帕杰罗	长丰帕杰罗	广汽集团	90	94	4	4.44
42	现代雅绅特	北京现代雅绅特	北京现代	45	49	4	8.89
43	帕萨特	帕萨特 B5	一汽大众	62	66	4	6.45
44	福克斯	福特福克斯	重庆长安	55	58.84	3.84	6.98
45	别克君威	别克君威	上海通用	65	68.8	3.8	5.85
46	哈飞路宝	哈飞路宝	哈飞集团	40	43.7	3.7	9.25
47	长安铃木	长安铃木	重庆长安	45	48.7	3.7	8.22
48	天津夏利	夏利 7107U 型	天津夏利	37	40.69	3.69	9.97
49	大众速腾	一汽大众速腾	一汽大众	55	58.6	3.6	6.55
50	一汽马自达	一汽马自达睿翼	一汽马自达	64	67.5	3.5	5.47
51	帕萨特领驭	上海大众帕萨特领驶	上海大众	62	65.4	3.4	5.48
52	名爵 MG6	名爵 MG6	上汽集团	62	65.3	3.3	5.32
53	江铃全顺	江铃全顺 2008 款标准型	江铃集团	80	83.3	3.3	4.12

续表

序号	车辆品牌	实测车辆型号	生产厂家	标准容量 / L	实际容量 / L	超标值 / L	超出比例 / %
54	帕萨特领驭	上海大众帕萨特领驭	上海大众	62	65.2	3.2	5.16
55	长安马自达	长安马自达 2	重庆长安	42	45.2	3.2	7.62
56	雪佛兰乐弛	上海通用雪佛兰乐弛	上汽通用	35	38	3	8.57
57	雪佛兰景程	上海通用雪佛兰景程	上汽通用	65	68	3	4.62
58	奔驰 CLS	奔驰 CLS2010 款 CLS 300	德国奔驰	80	83	3	3.75
59	奔驰 M	Benz(奔驰)ML350	德国奔驰	85	88	3	3.53
60	福克斯	福特福克斯	重庆长安	55	57.9	2.9	5.27
61	MINI COOPER	MINI COOPER(Excitemant)	德国宝马	40	42.8	2.8	7.00
62	通用五菱	上汽通用五菱宏光	上汽通用	50	52.6	2.6	5.20
63	帕萨特领驭	上海大众帕萨特领驭	上海大众	62	64.6	2.6	4.19
64	大众朗逸	上海大众朗逸	上海大众	55	57.5	2.5	4.55
65	奥迪 A8	奥迪 A8	奥迪	90	92.4	2.4	2.67
66	重庆力帆	重庆力帆 520	重庆力帆	51	53.4	2.4	4.71
67	大众速腾	一汽大众速腾	一汽大众	55	57.2	2.2	4.00
68	大众 Polo	上海大众 Polo	上海大众	45	47.1	2.1	4.67
69	奔驰 CLK	奔驰 CLK 06 款 CLK 200K 双门轿跑车	德国奔驰	62	64	2	3.23
70	长丰猎豹	长丰猎豹飞腾 2010 款经典款	广汽集团	53	55	2	3.77

续表

序号	车辆品牌	实测车辆型号	生产厂家	标准容量 / L	实际容量 / L	超标值 / L	超出比例 / %
71	长安奔奔	长安奔奔 LOVE2010 款	重庆长安	41	43	2	4.88
72	长安悦翔	悦翔	重庆长安	45	47	2	4.44
73	长安之星	长安之星Ⅱ代 SC6382B	重庆长安	40	42	2	5.00
74	日产骊威	东风日产骊威	东风集团	52	53	1	1.92
75	金杯海狮	华晨金杯海狮	沈阳华晨	70	67.76	−2.24	−3.20
76	长城哈弗	长城哈弗 H3	保定长城	74	70.5	-3.5	-4.73

附件 15

加能站应急处置措施

序号	事件类型	事件情景	现场处置措施
1	服务纠纷	数量纠纷； 质量投诉； 服务中断	1. 现场营业员接待好投诉客户，稳定客户情绪，将客户带离加油现场，认真倾听客户的异议，做好解释工作，避免造成影响，同时向站经理报告
			2. 站经理立即对客户投诉的相关内容进行自查：查验设备设施故障情况，校验对应油枪、查询加油凭证、核实加油情况，查验油罐油品质量目测情况等
			3. 核实情况后与客户耐心解释和协商解决，防止事故扩大
			4. 站经理无权或者无法解决的立即上报上级主管部门，研究解决方案，并请客户留下姓名、联系电话和地址，承诺在一定时间内（24h）给予答复
2	火　灾	加油卸油作业环节火灾； 电气火灾； 车辆起火； 烟花爆竹造成起火	1. 现场营业员立即停止加油作业，按下附近的急停按钮，关闭电源，接卸作业区营业员停止油品接卸，关闭卸油口阀门，断开油管，同时大声呼救，站经理启动应急预案
			2. 现场营业员使用灭火器扑救
			3. 站经理组织其他营业员支援，使用灭火器材，站在上风口，扑灭初期火灾
			4. 领班疏散站内无关人员、车辆，设置警戒隔离
			5. 火灾无法扑灭时，站经理立即向“119”和“110”等部门报警救援。站内人员撤离到安全区域，持续做好警戒，接应救援车辆和人员，应确保人身安全
			6. 灭火结束，检查确认，清理现场，站经理上报事故情况
3	火　灾	加气站起火	1. 现场操作人员发现泄漏或着火后立即处置并报告
			2. 现场立即停止作业，按下紧急切断按钮，关闭气路总阀门
			3. 现场操作人员穿戴防火隔热服、正压式空气呼吸器迅速赶往发生火情的地点，启用站内消防栓，对准着火部位进行喷淋、降温并用现场灭火器进行灭火，如火势扩大无法控制，应将所有人员撤离至安全区域待命

续表

序号	事件类型	事件情景	现场处置措施
3	火灾	加气站起火	4. 迅速组织站内气罐车撤离现场，以防引发更大事故，如火势较大应迅速组织站内气罐车司机及押运员撤离至站外安全区域，并在站外设置警戒带，避免无关人员进入
			5. 安排人员引领消防队伍，消防队伍到达后，配合消防队伍进行灭火
			6. 灭火后，站经理组织人员对泄漏、着火部位进行处理，查明故障原因，做好记录
4	火灾	加氢站起火	1. 现场操作人员发现泄漏或着火后立即处置并报告
			2. 现场立即停止加氢作业，按下紧急切断按钮切断气源
			3. 若不能切断气源，则不允许熄灭泄漏处的火焰
			4. 喷水冷却容器
			5. 氢火焰肉眼不易察觉，灭火人员应佩戴正压自给式呼吸器，穿防静电服进入现场，注意防止外露皮肤烧伤
5	泄漏	加油、卸油过程油品溢出；车辆油箱油品泄漏；油罐、油机、管线油品泄漏	1. 发现油品泄漏，要立即停止作业，切断泄漏现场附近电源、判断渗漏部位、关闭阀门、通知毗邻单位，组织疏散、确定渗漏油品数量、上报上级部门
			2. 现场营业员利用应急物资、防爆设备（铝桶、吸油毡、棉布等）收集油品，围堵油品，防止流淌扩散
			3. 现场划定警戒范围，进行警戒，防止点火源进入现场。 注意事项：①严禁现场车辆启动离开；②严禁烟火；③严禁在警戒区域内使用手机；④布置消防器材
			4. 当油品溢出加油站控制范围时，站经理应立即上报公安、消防、应急等政府部门
			5. 现场清除余油，修复设备，领班检查所有井口、隔油池确保残油清理干净，同时组织监测人员现场采样，根据污染情况进行水体的监测，站经理确认无油气及火灾危险才能恢复营业
			6. 站经理确定泄漏油品数量，做好记录台账，填写报告单上报上级管理部门

续表

序号	事件类型	事件情景	现场处置措施
6	泄　漏	加气区（加液机、加气机、车辆）泄漏；储罐区（气罐车、气站设备）泄漏；CNG 管道或储气井泄漏	1. 立即停止加气作业，按下加气机急停按钮
			2. 大声呼喊，发出警报（营业员接到报警后，也可在操作系统按急停按钮）
			3. 判断漏气源头，采用堵漏工具进行堵漏，排除风险，可以维修的直接处理维修，超过气站维修能力的，上报厂家维修。如果是加气车辆气瓶管线、阀门漏气，控制漏气后，推到安全地带
			4. 抢险人员穿戴防护服手动关闭储罐或槽车主阀门。若储罐阀门不能关闭或者有其他泄漏，可对储罐进行放空，降低储罐压力
			5. 及时组织人员设置警戒，疏散站内人员（含营业员），严禁车辆启动。泄漏无法控制时，站内人员撤离，疏散周边民众，扩大警戒范围（注意事项：观察风向，撤离人员必须撤往上风向的位置；注意下风向的警戒范围，控制火源）
			6. 向上级部门报告
7	泄　漏	加氢站泄漏	1. 消除所有点火源
			2. 根据气体的影响区域划定警戒区，无关人员从侧风、上风向撤离至安全区
			3. 应急处理人员戴正压自给式空气呼吸器，穿防静电服。尽可能切断泄漏源。喷雾状水抑制氢气或改变氢气云流向。隔离泄漏区直至气体散尽
			4. 泄漏隔离距离至少为 100m。如果为大量泄漏，下风向的初始疏散距离应至少为 800m
8	治安事件	盗窃； 抢劫	1. 当班营业员应立即上报领班或站经理，并拨打 110 报警（或及时按动报警器）
			2. 站经理或领班组织人员保护现场，不要触摸现场任何物件，留下目击证人，等待公安人员到来
			3. 积极配合公安人员进行现场调查，提供可能的破案线索，包括作案人数、歹徒身高相貌、说话口音、年龄衣着等特征、使用工具、车牌号以及逃逸方向等，为破案提供有用线索
			4. 站经理清点财、物，登记被抢、被盗现金和物品数量，确认后上报主管部门
		加油逃单	5. 发生跑单营业员不要追赶，留取加油数据、车辆信息等上报处理

续表

序号	事件类型	事件情景	现场处置措施
9	治安事件	恐怖袭击	1. 遇到恐怖袭击或发现可疑物品时，立即停止作业，切断电源
			2. 保持镇定，立即向站经理或领班报告，告知同事
			3. 避开恐怖分子，拨打 110 报警，并向上级报告
			4. 疏导站内人员，组织无法疏散的客户及营业员进入安全位置躲避袭击
			5. 控制现场。不要试图打开可疑物品，安抚袭击人员情绪，劝说其离去，不与恐怖分子正面对抗和过激言语，维持稳定
			6. 在确保安全的情况下，稳定对方情绪，做好解释工作，防止矛盾激化，防止事态扩大
			7. 袭击无法控制时，重点做好自我保护，在确保安全情况下，组织人员撤离
10	自然灾害	地　震； 台　风； 洪汛（暴雨）； 暴　雪	1. 注意接收上级灾害预警信息
			2. 自然灾害抢险应以“先救人、后救物品。先抢救贵重物品，后抢救一般物品”为原则，首先确保人身安全
			3. 按照预警级别，做好人员值班安排，站经理应留站值班
			4. 灾害来临时立即停止加油作业，切断电源。停止卸油作业，关闭卸油和油气回收阀门。关闭油罐区阀门。保持镇定，站经理组织疏散站内无关人员，组织车辆有序撤离，站内人员在紧急避险区等安全地带避险
			5. 灾害警报解除后，要对房屋、设备设施等进行检查。组织力量进行抢修和重建工作，尽快恢复生产
			6. 大风预警做好防风准备，检查有关设备和物件的稳固情况，将户外一切未固定、易于移动的物品固定或者收起；停止一切油站操作和工地施工

续表

序号	事件类型	事件情景	现场处置措施
10	自然灾害	地 震；台 风；洪汛（暴雨）；暴 雪	7. 洪水、泥石流来临前应关闭电源，密封油罐、量油口，封堵下水道。携带票据、现金、贵重商品听从政府指挥转移至安全地点；如果突发洪水，首先确保人员安全情况下尽量转移重要物品，在时间允许的前提下对油罐内的油品转移，并将油罐注水密封防止油罐漂浮，如不能及时转移油罐油品，要加固计量口、卸油口密封，并将计量井内填满沙袋，杜绝发生环境污染事故，站内人员要逃离到安全的地方，并尽量保持与外界联系
			8. 雷暴雨预警做好油罐区的防水：包括检查人孔井、卸油孔、量油孔。注意房屋漏雨，注意电路、电器的防水

附件 16

加能站主要岗位常用个体防护装备配备标准

序号	工种	头部防护		眼面防护	呼吸防护	听力防护	手部防护	足部防护		躯干防护						
		安全帽	工作帽	护目镜（屏）	防毒 / 防尘面具	耳塞	防护手套	安全鞋	防水硅	防静电防护服夏装	防静电防护服春秋装	防静电防护服冬装	具有防静电性能的阻燃服夏装	具有防静电性能的阻燃服春秋装	具有防静电性能的阻燃服冬装	雨衣
		月 / 顶	月 / 顶	月 / 副	月 / 个	月 / 副	月 / 副	月 / 双	月 / 双	月 / 套	月 / 套	月 / 套	月 / 套	月 / 聪	月 / 套	月 / 件
1	加油员				按需		按需	12	按需	6	12	24				n
2	记账员						按需	12	按需	6	12	24				
3	加油站计量员		n	按需			按需	12	按需	6	12	24				n
4	CNG 加气员	n	n		按需		按需	12	按需	6	12	24	按需	按需	按需	n
5	LNG 加气员	n	n	n	按需		按需	12	按需	6	12	24	按需	按需	按需	n
6	加氢员	n	n	n	按需		按需	12	按需	6	12	24	按需	按需	按需	n
7	CNG、LNG、加氢站站长	n	n	n	按需		按需	12	按需	6	12	24	按需	按需	按需	
8	LNG 设备管理人员、操作工	n	n	n	按需		按需	12	按需	6	12	24	12	24	36	n
9	CNG、加氢站设备管理人员、操作工	n	n	按需	按需		按需	12	按需	6	12	24	12	24	36	n
10	直接现场管理人员	n						12		6	12	24				

续表

序号	工种	头部防护		眼面防护	呼吸防护	听力防护	手部防护	足部防护		躯干防护						
		安全帽	工作帽	护目镜（屏）	防毒 / 防尘面具	耳塞	防护手套	安全鞋	防水硅	防静电防护服夏装	防静电防护服春秋装	防静电防护服冬装	具有防静电性能的阻燃服夏装	具有防静电性能的阻燃服春秋装	具有防静电性能的阻燃服冬装	雨衣
		月 / 顶	月 / 顶	月 / 副	月 / 个	月 / 副	月 / 副	月 / 双	月 / 双	月 / 套	月 / 套	月 / 套	月 / 套	月 / 聪	月 / 套	月 / 件
11	机关工作人员							36		12	24	36				

说明：1.“n”表示按岗位人员的人数进行配发的防护用品，周期为产品说明书标注的使用期限。2. 空气呼吸器、安全带等根据需要配置到班组。3. 安全帽指具有基本防护性能，或是具有其他防静电、阻燃、侧向刚性、防寒、耐熔融金属飞溅、耐低温等特殊防护性能，根据防护需要选择配备具有相应防护性能的安全帽。安全鞋是指具有足趾保护、防刺穿、防静电、绝缘、隔热、防寒等单一或多种防护功能的低帮、高腰、半筒、高筒等式样的足部防护鞋，根据防护需要选择具有相应防护性能、式样的安全鞋。油库人员的夏季防静电服为长袖服。当可能接触 LNG 时，使用耐低温防护用品，如防冻围裙等。LNG 站、CNG 站和加氢站人员夏季防静电服为长袖。

附件 17

劳动保护用品使用方法

防护部位	防护用品	使用方法
头部	安全帽	安全帽进行外观检查，帽壳是否有裂纹、凹痕、深度划伤、被溶剂软化，帽衬是否有破裂、破损等
		帽箍松紧功能良好，固定牢固。帽衬与帽壳不能紧贴，应调整好松紧大小，以帽子不能在头部自由活动、自身又未感觉不适为宜。必须栓紧下颚带。应戴正、帽带系紧，帽箍的大小应据佩戴人的头型调整箍紧；女生佩戴安全帽应将头发放进帽衬
听力	耳塞	根据法律规定：噪声强度 80～85dB（A）的场所，可佩戴耳塞或耳罩；噪声强度 85dB（A）以上的场所，应佩戴耳塞或耳罩；噪声强度大于 95dB（A）的场所，宜同时佩戴耳塞和耳罩；噪声强度过大时，可选择佩戴防噪声头盔
		耳塞戴好后，轻轻地往外拉耳塞，听力耳塞不应该轻易移动，如果耳塞被轻易拉出，请重新按正确方法佩戴耳塞，耳塞的 1/4 部分应在耳道外。当您戴好耳塞，请大声说话，您的声音听起来有些空洞，您周围的噪声将变小
足部	保护鞋	足部防护鞋的选择应符合 GB/T 28409、GB 21148 等的要求。进入易燃易爆场所的作业人员应选择带有防静电功能的安全鞋；工程施工、检维修、机加工等作业人员应选择具有保护足趾和防刺穿等功能的安全鞋；钻井、井下等作业人员宜选择具有保护足趾、防刺穿、耐油、耐酸碱腐蚀、防滑、防水等功能的安全鞋；酸碱作业人员应选择耐酸碱鞋；焊接作业人员应选择焊接防护鞋；带电作业人员应选择电绝缘鞋；涉水作业人员应选择防水鞋
		保护鞋禁止带钉子的、高跟鞋等。操作配电柜的时候要穿绝缘电工鞋
身体	工作服	进入易燃易爆场所的作业人员应选择具有防静电性能的阻燃服。具有防静电性能的阻燃服应符合 GB 12014、GB 8965.1 及集团公司等的要求。作业过程中应配备具有防静电性能的阻燃服的作业人员，包括但不限于：液态烃装卸人员、涉及易燃易爆物品的受限空间作业人员、直接接触易燃易爆物品的操作处置人员和检维修人员、参与涉及易燃易爆物品的应急处置人员、天然气液化和压缩生产（装卸）人员、存在明火（散发火花）、易燃物品的金属热加工、工业炉窑操作人员、海上生产人员；环境复杂、光照不足、需要定位等场所作业人员、监护人员及指挥人员应同时配备具有明显辨识功能的可视型背心
		帽子扣戴端正，衣裤拉链到位，钮扣锁住，皮带束紧，袖口、裤腿不卷起
手部	手套	手套的选择应符合 GB/T 29512 等的要求。根据作业中实际需要的防割、磨、烧、烫、冻、电击、静电、腐蚀等防护要求，选择不同防护性能的手套

续表

防护部位	防护用品	使用方法
手部	手套	卸油人员要穿戴专用的耐油手套；在计量，清理加油机、发电机等设备、设施的时候要穿戴纯棉手套
		在操作发配电柜的时候要使用专业绝缘手套
		操作二氧化碳灭火器的时候，必须穿戴厚棉防冻手套
		在低温环境作业时，作业人员应穿戴好防冻服和防冻手套，必要时应佩戴面罩或头罩及防赛耳塞。人体未受保护部分不得接触未经隔离装有 LNG 的管道和容器。当皮肤接触 LNG 时，应迅速浸入大量温水中（水温在 40~42℃），禁止使用热水
登高防护	安全带	坠落防护装备的选择应符合 GB/T 23468、GB 6095 等的要求。安全带应选择全身式系带安全带；安全绳（含未打开的缓冲器）不应超过 2m，如果需要使用 2m 以上的安全绳应采用自锁器或速差式防坠器，有两根安全绳的安全带，单根绳的有效长度不应大于 1.2m。围杆作业安全带宜与坠落悬挂安全带配合使用。水平生命线装置应确保与个人坠落防护装备配套，且正确相连后不应意外脱开
		加能站营业员（包括外来施工人员）在高度高于 2m 以上的地方作业的时候，必须佩戴安全带，防止坠落，并同时佩戴安全帽